多元羧酸配体MOFs材料：合成及性能分析

Metal-Organic Frameworks Based on Polycarboxylate Ligands: Synthesis and Performance Analysis

张涛 著

化学工业出版社
·北京·

内容简介

本书共 8 章，介绍了在环境和能源领域的实际应用需求导向下，作者创新性地开发的 4 种多元羧酸配体金属有机骨架材料，针对材料的制备与活化、合成与表征、结构分析与性能测试展开了详细的阐述，展现了材料较强的荧光识别性能、传感性能，并对其在检测水溶液中污染物、催化二氧化碳加成和催化 Knoevenagel 缩合反应中的应用进行了介绍。

本书具有较强的专业性和先进性，可供从事金属有机骨架材料研究的科研人员、工程技术人员与管理人员参考，也可供高等学校材料类、能源类、环境类和其他相关专业师生参阅。

图书在版编目（CIP）数据

多元羧酸配体 MOFs 材料：合成及性能分析 / 张涛著 . 北京：化学工业出版社，2025. 10. -- ISBN 978-7-122-49143-5

Ⅰ. TB334

中国国家版本馆 CIP 数据核字第 2025N2T474 号

责任编辑：刘 婧 刘兴春
责任校对：边 涛　　　　装帧设计：刘丽华

出版发行：化学工业出版社
（北京市东城区青年湖南街 13 号 邮政编码 100011）
印 装：北京天宇星印刷厂
710mm×1000mm 1/16 印张 $10\frac{3}{4}$ 彩插 5 字数 204 千字
2025 年 10 月北京第 1 版第 1 次印刷

购书咨询：010-64518888　　售后服务：010-64518899
网 址：http://www.cip.com.cn
凡购买本书，如有缺损质量问题，本社销售中心负责调换。

定 价：98.00 元

前言

随着全球工业化的高速发展，环境污染与气候变化已成为威胁人类生存健康的紧迫挑战。水污染中的重金属离子、有机小分子以及温室气体（尤其是 CO_2）过度排放，亟须开发高效、经济的污染检测与资源化转化技术。金属有机骨架（MOFs）材料凭借其可设计的多孔结构、丰富的活性位点及优异的物理化学稳定性，在环境传感与催化领域展现出巨大的应用潜力。本书立足该领域前沿，探索了新型多孔 MOFs 材料在污染物精准检测与 CO_2 高值化转化中的作用机理与性能，旨在为绿色可持续发展提供新材料解决方案。

本书系统阐述了新型多元羧酸配体 MOFs 材料的设计策略与功能应用，聚焦以下应用领域：

① 解析异金属 MOFs 材料在痕量污染物荧光传感中的突破性性能。

② 揭示多活性位点协同催化 CO_2 增值转化的机制。

③ 建立“配体-金属组合—结构特性—应用效能”的构效关系模型，为环境材料设计提供理论支撑。

本书围绕含氮五/六元羧酸配体与 d^{10} 过渡金属（Zn^{2+}、Co^{2+}）及镧系金属（Ho^{3+}、Tb^{3+}、Tm^{3+}、Yb^{3+}）构筑的异金属有机骨架（MOFs）材料展开系统研究，重点探讨其荧光传感与催化性能，主要内容如下：

① 结构设计。通过六元羧酸配体 H_6TDP 与 Zn^{2+}/Co^{2+}、Ho^{3+}/Tb^{3+} 组装，成功合成了蜂窝状多孔 MOFs 材料（TIT-1、TIT-2）；通过五/六元羧酸配体与 Tm^{3+}、Ho^{3+} 和 Yb^{3+} 等镧系金属离子成功合成了双通道介孔 MOFs 材料（TIT-3、TIT-4 和 TIT-5），其高孔隙率、大比表面积及 Lewis 酸碱共存位点为功能化应用奠定了结构基础。

② 荧光传感性能研究。TIT-1 对水溶液中 Fe^{3+} 的检测限低至 0.17μmol/L，TIT-2 对色氨酸的检测限达 0.11μmol/L，性能显著优于同类 MOFs 材料，展现了其在环境污染物检测中的高效性与灵敏性。

③ 催化性能研究。TIT-1、TIT-2 在温和条件下催化 CO_2 与环氧化物环加成反应的转化率均超 90%；TIT-3 通过双通道多孔结构及丰富的 Lewis 酸碱位点，实现 CO_2 高效吸附（273K 下吸附量达 91.8cm^3/g）及与小尺寸环氧化物的催化转化；TIT-4、TIT-5 凭借分层微孔-介孔通道及共存的 μ_3—OH、μ_2—HCO_2 基团，在 CO_2 环加成及 Knoevenagel 缩合反应中均表现出优异的催化活性。

本书特色在于通过异金属协同效应与配体功能化设计，实现了 MOFs 材料在荧光传感与催化领域的双重突破，为构建多孔功能材料提供了理论参考与技术路径。

本书所介绍的 MOFs 材料的设计策略与结构调控方法、荧光传感材料的性能优化与应用案例、 CO_2 催化转化技术的实际反应条件与效果分析及异金属有机骨架材料在多功能集成中的创新思路对于环境科学、材料化学及化工领域的科研人员具有较大的参考价值。

本书的完成得益于山西省基础研究计划面上项目（项目编号 202203021221233） 和太原工

业学院引进人才科研资助项目（项目批准号 2023KJ019）的资助，以及太原工业学院材料科学与工程实验室在仪器测试与数据分析中提供的支持。在此谨向课题组全体成员、参与实验论证的同行及出版社编辑团队致以诚挚谢意。

限于笔者学术水平及撰写时间，书中难免存在疏漏与不足之处，恳请广大读者不吝指正，共同推动该领域研究的深入发展。

张　涛

2025 年 7 月

目录

第 1 章 金属有机骨架材料概述

1.1 金属有机骨架材料的定义

在过去的几十年里，多孔材料已经成为一个非常热门的研究领域。多孔材料的范围非常广泛，包括天然材料和合成材料、无机材料和有机材料、晶体材料和非晶态材料。众所周知，有机材料和无机材料是我们日常生产和生活方式的重要组成部分。为了将有机材料和无机多孔材料的性质联系起来，一种由有机组分和无机组分组成的新型杂化材料被开发出来，通常称为金属有机骨架（metal-organic frameworks，MOFs）材料[1]。一般来说，MOFs 材料是一类由金属离子或金属簇与有机配体通过配位键连接而形成的高度有序的三维网状结构材料（图 1-1）。有机配体和金属离子通过各种类型的相互作用（如共价和/或 π 相互作用、范德华力和氢键）结合在一起，形成无限的网络类型簇。MOFs 材料的整个框架的结构可以通过更换金属离子和有机配体进行调整，从而获得想要的性质。

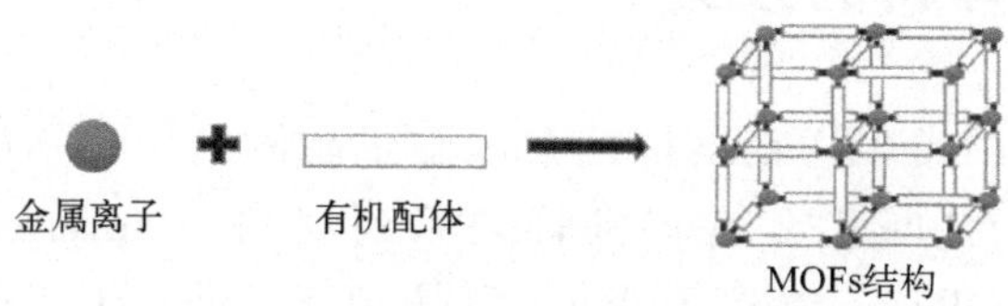

图 1-1 MOFs 材料的合成过程示意图

在 20 世纪 90 年代末，由 Yaghi 等[2] 首次成功制备出一种具有稳定孔结构的材料，因为它独特的合成方式，通过改变或修饰它所携带的官能团可以轻松赋予其一些性能，从而可以更好地适应各种使用需求，所以这种材料便进入了一个快速发展的时代，成为国内外科研领域的新宠。而后诸多课题组[3-5] 先后研发出了具有各种功能的 MOFs 材料，这种材料主要从有机配体获取其独特的骨架，然后通过配位键来携带金属离子，二者共同构成了一种孔道结构比较规整的多孔晶体材料，所以这种材料也被称为多孔配位聚合物。相较其他材料而言，这种新型材料具有比表面积大、孔径分布比较均匀以及孔隙率大等优点[6]，同时该材料的孔大小是可以进行调节的。最开始研发出来的 MOFs 材料主要用于各种气体的储存，而随着世界上众多科研工作者对于这种材料的不断剖析，它的各种性能特点、用途被进一步发掘。近年来，人们不断研究了 MOFs 材料在气体储存和分离[7-11]、H^- 导电[12,13]、催化[14-17]、化学传感[18-23] 和药物传递[24,25] 等方面的应用。

MOFs 材料一般是在较温和的条件下合成的，该骨架结构可以引入各种官能团，相比于其他的碳基或沸石基多孔材料有一定的优势。可以通过改变 MOFs 的孔隙形状、尺寸和存在于材料表面的官能团赋予其特定的功能，孔隙率以及其他物理和化学性质也可以相应地调整。从根本上说，得到的骨架类型取决于金属离子和有机配体的选择。不同的金属离子可以显示不同的配位数和几何形状，例如，过渡金属离子的配位数在 2 到 7 之间，会产生从线性到八面体的多种几何形状。然而，Ln 系离子由于其复杂的配位数通常在 7～12 之间[26-29]，可以产生不同寻常的几何/拓扑结构。对于有机配体来说，最优先选择的是刚性有机配体，因为即使在去除溶剂后，它也有助于识别网络的几何形状，并承受开放的孔结构。有机配体的分类基于它们的电荷，如中性、阴离子和阳离子。然而，阴离子羧酸有机配体由于其高亲和力和以团簇形式聚集金属阳离子的能力而得到广泛应用。中性有机配体，如吡嗪和 4,4-联吡啶也被广泛使用[30-32]。然而，阳离子性质的有机配体由于与金属离子的亲和性较低而不被经常使用[33-35]。在合成 MOFs 骨架结构过程中，用于预测金属有机网络拓扑和几何结构的扩展点被称为次级结构单元（SBUs）[36]，这些 SBUs 可以在 MOFs 材料组装中通过有机配体连接。

1.2 金属有机骨架材料的分类

MOFs 材料的种类多样且结构复杂，按照晶体结构的不同，常见的 MOFs 材料可以大致分为：网状金属有机骨架系列材料（isoreticular metal-organic frameworks，IRMOFs）、类沸石咪唑酯骨架系列材料（zeolitic imidazolate frameworks，ZIFs）、拉瓦希尔骨架系列材料（materials of institute Lavoisier，MILs）、多孔金属配位聚合物系列材料（porous coordination polymer，PCPs）、孔-通道式骨架系列材料（porous and channel-structured coordination networks，PCNs）和奥斯陆大学系列材料（University of Oslo，UiO）等[37]。

1.2.1 网状金属有机骨架系列材料

网状金属有机骨架系列材料（IRMOFs）作为第三代多孔材料的典型代表，其拓扑网络由八面体对称性的 $[Zn_4O]^{6+}$ 结构基元与对苯二甲酸类配体通过配位工程构筑而成。该体系由 Yaghi 研究团队于 1999 年首次制备[38]，其突破性优势体现在突破传统沸石材料极限的孔隙参数：比表面积可达 3000～4500m^2/g 量级，孔体积提升约 3～5 倍[39]。这种独特的锌氧簇节点与刚性芳香配体的协同组装，不仅实现了 2.9～3.4nm 可调介孔构造，更通过框架柔性调控机制在氢气存储、二氧化碳捕获及分子传感等领域展现出革命性应用前景。

1.2.2 类沸石咪唑酯骨架系列材料

类沸石咪唑酯骨架系列材料（ZIFs）作为类沸石金属有机框架的典范体系，由 Yaghi 研究团队于 2002 年通过仿生矿化策略开创性构建[40]。其核心设计采用四面体拓扑网络，以过渡金属离子（Co^{2+}/Zn^{2+}）为节点，通过咪唑配体的桥联作用实现等电子替换传统沸石的氧桥结构，形成孔径为 0.3～1.5nm 的类沸石开放框架。该体系突破性地融合了沸石的结构规整性与 MOFs 材料的化学可调性，其独特的 N-M 配位模式赋予材料高达 500℃的热稳定性及 pH＝2～12 的宽域化学耐受性，在分子筛分、催化转化及新兴的质子传导器件领域展现出卓越性能。

1.2.3 拉瓦希尔骨架系列材料

拉瓦希尔骨架系列材料（MILs）是由法国 Férey 课题组[41] 于 2005 年通过溶剂热晶化路径率先构筑，其结构多样性体现在两种典型组装模式。

① 金属-磷酸配位体系（M-O-P 键合），以过渡金属与膦酸/琥珀酸配体定向键合形成三维开放框架。

② 三价金属-羧酸拓扑网络（M^{3+}-OOC 键合），采用 Cr^{3+}/Fe^{3+} 等高价态金属节点与刚性芳香羧酸［如均苯三甲酸（BTC）］构建高稳定性多孔基元。

该体系的突破性在于实现 2000～5500m^2/g 的超高比表面积（BET 法测定），同时兼具 400℃热稳定性与 pH＝1～14 极端条件下的水相稳定性。其框架的动态呼吸效应（如 MIL-53 在 CO_2 吸附中呈现 0.8～1.4nm 孔径动态伸缩）及永久微孔特性（孔容为 0.6～1.2cm^3/g）为智能分子阀门、选择性催化及危险气体封存等先进技术提供了创新解决方案。

1.2.4 多孔金属配位聚合物系列材料

多孔金属配位聚合物系列材料（PCPs）是基于多齿含氮配体（如联吡啶、吡嗪衍生物）与八面体配位构型金属节点（Cu^{2+}、Fe^{2+} 等）的拓扑组装策略，构建出二维层状基元与有机支柱三维互锁的框架结构。该材料家族由日本京都大学 Kitagawa 课题组于 20 世纪 90 年代率先开发[42]，其通过金属中心的轴向配位键精准调控层间距（典型值为 5～15Å，1Å＝10^{-10}m，下同），形成具有亚纳米级定向通道的智能晶体材料。这种独特的柱撑式拓扑设计不仅保障了框架的结构稳定性与孔道可调节性，更为气体动态吸附、分子筛分及离子传导等过程提供了理想的限域反应空间。

1.2.5 孔-通道式骨架系列材料

孔-通道式骨架系列材料（PCNs）具有独特的立方八面体晶格构型，其通过多级孔道-笼状空腔的协同组装形成三维互穿拓扑网络。该体系的设计突破源于2006年周宏才课题组提出的仿生配位策略，该研究团队受血红蛋白卟啉环及维生素B_{12}-钴螯合结构的启发，开创性地实现了金属活性位点的原位封装[43]。

1.2.6 奥斯陆大学系列材料

奥斯陆大学系列材料（UiO）是以$[Zr_6O_4(OH)_4]$正八面体簇为结构基元(SBUs)，通过锆离子（Zr^{4+}）与二元羧酸配体的配位键合形成三维多孔框架结构。该材料家族由挪威奥斯陆大学 Lillerud 研究团队于2008年率先开发，其命名源自奥斯陆大学（University of Oslo）的英文缩写[44]。其独特的锆氧簇节点赋予材料优异的水热稳定性，在催化、气体存储等领域展现出重要价值。

1.3 金属有机骨架材料的配体

有机配体的种类丰富，可根据配位原子特性、配位模式及功能进行分类，以下是常见的有机配体类型。

1.3.1 羧酸类配体

羧酸类配体是一类在MOFs材料和其他配位聚合物中常用的有机配体。它们的特点在于能够与金属离子形成稳定的配位键，从而构建出具有特定结构和功能的材料。羧基（—COOH）能与多种金属离子（尤其是高价金属离子如Zr^{4+}、Cr^{3+}、Fe^{3+}、Al^{3+}、Cu^{2+}等）形成强配位键，通常形成多齿配位模式（螯合、桥联），有利于构建稳定的结构，配位后形成羧酸根基团（$—COO^-$）。以下是几种常见的羧酸类配体及其特点[45,46]。

（1）单羧酸

最简单的羧酸类配体，含有一个羧基（—COOH），可以提供一个配位点，与金属离子形成单齿配体，例如，甲酸、乙酸等（通常形成低维结构或作为辅助配体）。

（2）多羧酸

含有两个或更多的羧基，因此可以提供多个配位点，与金属离子形成桥联配体或多齿配体。这类配体通常具有更强的配位能力和更灵活的配位模式，能够形成更为复杂的结构，例如，草酸、酒石酸、柠檬酸等。

（3）芳香族羧酸

这类配体含有芳香环结构，如苯甲酸、对苯二甲酸等。它们不仅提供了羧基作为配位点，还通过芳香环参与 π-π 堆积作用或其他非共价相互作用，影响材料的整体结构和性能。

（4）取代羧酸

这些配体的羧基上带有各种取代基，如卤素、烷基等。取代基的存在会影响配体的电子云分布、溶解度以及与金属离子的配位能力，从而调控所得配位聚合物的性质。

（5）混合羧酸

有时会使用同时含有羧酸基团和其他官能团（如氨基、羟基等）的配体。这类配体能够在同一分子内提供多种配位模式和相互作用，增加材料的复杂性和功能性。

总的来说，羧酸类配体的种类繁多，它们通过不同的配位模式和与其他组分的相互作用，极大地丰富了金属有机骨架和配位聚合物的结构多样性，并影响了这些材料的物理化学性质和潜在应用。

1.3.2 含氮杂环类配体

主要利用杂环氮原子作为配位点，配位模式多样（单齿、螯合、桥联），常与过渡金属离子（如 Zn^{2+}、Cu^{2+}、Co^{2+}、Ni^{2+}）形成配位键，例如咪唑（imidazole）、吡啶、嘧啶、三氮唑（1,2,4-triazole）、四氮唑（1,2,3,4-tetrazole）、吡嗪（pyrazine）等。

（1）咪唑类

咪唑是一种共轭五元环，具有 2 个可以提供孤对电子的 N 原子配位位点，具备比吡啶更强的碱性和配位能力，因为 6 个电子在五元环的 5 个原子上离域，形成了更高的电子云密度[47]。咪唑在不同条件下可以具有中性、质子化、脱质子化的特性，从而实现配位模式多样化。

（2）吡啶类

吡啶配体的种类很多[48]，可以按在形成配合物中的作用概括为以下三类：第一类为多吡啶桥联配体，这类配体可与金属盐组装成配位聚合物；第二类为多吡啶螯合配体，易于与金属离子形成螯合物，这类配合物因配体的螯合作用而十分稳定，极强的配位场又强化了配合物的某种性质；第三类为既可起螯合配位作用又可起桥联作用的多吡啶类多功能配体，这类配体具有众多的配位原子和较为特殊的分子构型，在配位过程中可以采取各式各样的配位方式。以它们为构筑单元合成的金属配合物，不仅具有结构研究的意义，而且有可能筛选出在分子识别、分子交换、电子传递和选择性催化等方面具有特殊性质的功能材料。

（3）氮唑类

氮唑是一类含有多个氮原子（通常≥2 个）的五元芳香杂环化合物及其衍

生物，它们作为电子给体，在配位化学中发挥着至关重要的作用。其核心结构特征在于五元环内包含一个或多个吡咯型氮原子（具有孤对电子，可直接配位）以及吡啶型氮原子（具有芳香性）[49]。常见的代表性物质包括三氮唑和四氮唑等。

（4）吡嗪类

吡嗪是一类以吡嗪环（1,4-二氮杂苯，一种六元环，含有两个处于对位的氮原子）为核心骨架的有机化合物及其衍生物，具有独特的光学、电化学性质和催化活性中心（如金属卟啉）[50]。

1.3.3 有机膦类的含磷配体

有机膦类含磷配体是一类以磷原子为核心，通过碳-磷键与有机基团相连的化合物，因其独特的电子性质和结构可调性，在催化反应、材料科学及生物医药领域展现出重要价值。其配位能力强，形成的MOFs通常具有极高的热稳定性和化学稳定性（尤其耐酸碱性），但合成相对困难，孔隙率可能较低。膦酸根能与金属（尤其是高价金属如 Zr^{4+}、Ti^{4+}、Al^{3+}、Fe^{3+}）形成非常强的P-O-M键，构建稳固框架。

（1）单齿膦配体

单齿膦配体仅含有一个膦基团［如三苯基膦（PPh_3）、三丁基膦（PBu_3）］，结构简单且易于合成。其配位能力适中，广泛应用于Suzuki反应、Heck反应等过渡金属催化反应中[51]。

（2）双齿及多齿膦配体

双齿及多齿膦配体含有两个或多个膦基团［如双（二苯基膦）甲烷（DPPM）、双（二苯基膦）乙烷（DPPE）］，通过螯合作用增强配位稳定性，常用于需要高选择性的催化体系[52]。

（3）大位阻膦配体

大位阻膦配体中膦基团连接大体积取代基［如三环己基膦（PCy_3）、Buchwald配体］，其位阻效应可显著调控反应选择性，并提高催化剂稳定性。大位阻膦配体通过孤对电子与金属形成稳定的σ-π配位键，其配位能力受膦基团电子性质及位阻影响。例如，三苯基膦因苯基的共轭效应具有中等强度配位能力，而三环己基膦因环己基的供电子性表现出更强的配位稳定性。此类配体在Buchwald-Hartwig胺化反应中实现了低催化剂负载量下的高效转化[53]。

（4）富电子膦配体

富电子膦配体中膦原子连接供电子基团（如AuPhos配体），通过增强金属中心的电子密度，可加速氧化加成步骤，而贫电子配体则促进还原消除。通过取代基调控，可实现反应路径的精准优化。例如，在醛脱羰基反应中，富电子膦配体显著降低了反应活化能[54]。

（5）功能化膦配体

功能化膦配体中膦基团连接特定官能团（如羧基、吡啶基），兼具配位与功能化特性。例如，含吡啶基的膦配体在不对称催化中实现了高立体选择性[55]。

1.3.4 酰氨基配体

酰氨基配体（含特征基团—CONH—）作为金属有机骨架（MOFs）的新型构筑单元，通过配位-氢键协同作用实现了框架稳定性、孔道功能性与动态响应的统一。其氧/氮原子可与金属节点（如 Zn^{2+}、Al^{3+}、Zr^{4+}）形成配位键构建刚性骨架（如 CAU-10），同时未配位的—C═O 与—NH—基团在孔道内形成定向氢键网络，显著增强对极性分子（CO_2、H_2O、NH_3）的识别与捕获能力（典型材料 UiO-66-$NHCOCH_3$ 的 CO_2 吸附量提升 40%）。根据配位模式与结构特征，酰氨基配体可分为以下几类[56]。

（1）中性酰胺配体

酰胺基团保持中性形式（—CONHR 或—$CONR_2$），通常通过羰基氧原子以单齿形式配位，类似于酮或酯。这是较弱的配位模式。主要包括简单的有机酰胺分子（如 DMF、DMSO 中的杂质、乙酰胺、苯甲酰胺），或作为辅助基团存在于更复杂的分子中。该类配体的配位能力较弱，主要作为溶剂或辅助配体稳定金属中心，对金属电子态影响较小。其 O 供体性质与醇、醚类似。

（2）阴离子酰胺配体

酰胺氮原子失去一个质子形成酰胺根阴离子（—$CONR^-$）。脱质子化后，氮原子具有强给电子能力和孤对电子，使其成为优秀的 σ-给体。同时，羰基仍保留一定的 π-接受能力（但弱于 CO）。这种配体通常可以采取 *N*-单齿、*O*-单齿和 *N*,*O*-螯合等配位模式。其配位行为介于烷氧基（RO—，强 σ-给体，弱 π-受体）和亚氨基（RN^{2-}，极强的 σ-给体和 π-受体）之间。

1.3.5 混合型配体

同一配体分子上同时包含羧基和含氮杂环（或其他类型）配位基团。结合了羧酸根的强配位能力和含氮基团的功能性与多样性，例如吡啶二甲酸（如 2,5-吡啶二甲酸）、咪唑二甲酸（如 2-甲基-4,5-咪唑二甲酸）、喹啉羧酸等。

混合配体通过结合不同配体的特性，能够显著提高 MOFs 材料的结构稳定性。例如，氮杂环（如吡啶）与羧酸配体混合使用，可克服单一配体（如中性含氮杂环）骨架的不稳定性问题。研究表明，混合配体策略能生成更多样化的拓扑结构，例如二维或三维互穿结构，从而提升材料的性能。

混合配体的协同作用可赋予 MOFs 材料多功能性。例如，通过引入羧酸和咪唑类配体，可合成兼具新颖结构和高热稳定性的 MOFs 材料（如 ZIF-67）[57]，其在气体吸附和分离中表现出优异性能。此外，混合配体还能通过调控配位模式

（如 μ-桥联或 η-配位）实现材料的磁性、荧光等性质的调控。

1.4 金属有机骨架材料的性能及应用

MOFs 材料由于其独特的化学和物理性质，在工业和科学研究中具有巨大的潜力。而且合成 MOFs 材料的金属原子和有机配体的种类繁多，使得 MOFs 材料的结构多种多样。与其他材料相比，MOFs 材料具有多孔性、大的比表面积、结构与功能多样性、不饱和的金属位点等特性。由于性能优异，MOFs 材料在许多方面都有应用[58]。

1.4.1 金属有机骨架材料的性能

MOFs 材料的物理各向异性与其由有序晶格构建所产生的特性相关，这些特性是 MOFs 材料的迷人特征之一。通过在分子尺度上精心设计这些材料，可以实现孔隙朝向特定方向排列。这种取向性使得材料的独特性质得以实现，例如增强的机械强度、提升的热导率与电导率，以及特殊的光子特性。取向 MOFs 薄膜兼具面外和面内各向异性功能，这为它们在先进领域的应用提供了可能。这些薄膜可在两个方向上展现各向异性，从而适用于广泛的应用场景。

1.4.1.1 热性能

极端热机械特性包括巨大的框架膨胀和温度响应的“呼吸效应”。Islamov 等[59] 研究发现，具有高密度、小孔径及四配位金属节点的 MOFs 材料往往表现出较高的热导率。此外，相关研究发现具有大孔径结构的 MOFs 材料往往会展现出极低的热导率。

1.4.1.2 电子性能

电子特性涵盖导电性与电子传递行为。导电型 MOFs 材料在电化学捕获/释放、能量转换与存储、化学传感、电池系统及催化等领域展现出巨大应用潜力[60]。电荷传输行为亦受晶体取向调控。在（001）晶面上形成的互连网状结构，可促进与导电碳材料的深度融合，从而获得高导电性电极材料，并加速电极-电解质界面处的电子转移过程[61]。MOFs 材料内部延展的分子结构及其多样性排列方式，凭借其物理特性与定向调控活性客体分子的能力，在光学器件构建中极具吸引力。单层 MOFs 材料表现出强各向异性传输特性，能够有效促进激子等光学激发态粒子在层状结构中的定向迁移。

1.4.1.3 荧光性能

MOFs 材料中有一个重要的子类别被称为发光 MOFs 材料，其中对辐射的吸收导致光子发射。近十年来，人们对新型多功能发光 MOFs 材料进行了广泛的研究和探索。MOFs材料的金属离子、有机配体、各种客体分子和电荷转移等功能组分都可能诱发发光。除此之外，MOFs材料的光发射还取决于有机配体、金属离子（金属离子的电子构型和键合几何构型）和HOMO-LUMO轨道的取向和间距[62,63]。在MOFs材料与不同化合物之间的主-客体相互作用中，荧光猝灭过程可能通过激发/发射能量转移、阳离子交换、络合/结合、静电相互作用，以及Lewis酸碱相互作用等多种发光传感机制发生。

1.4.1.4 磁性能

磁性作为现代物理学中极具吸引力的研究领域，近年来日益受到关注。磁性MOFs材料继承了传统MOFs材料的优势特性，例如能够高效分离与回收磁性物质[64]。通过多组分复合材料的有效设计与构建，可赋予材料显著的介电与磁性特性，从而实现优异的阻抗匹配性能等[65]。

1.4.2 金属有机骨架材料的应用

为了推动该研究领域的实际应用，仍在探索的新的MOFs材料受到了许多研究者的关注，具有众多功能位点的各类MOFs材料得到了广泛的研究。MOFs材料的大比表面积和高孔隙率可以通过选择连接剂或金属离子进行调节，使其能够进行主-客体相互作用，在气体储存/分离、药物传递、储能器件、催化和化学传感[66,67]等领域发挥重要的作用。

1.4.2.1 气体储存

相对于传统的汽油烷烃类燃料，天然气（其成分95%是甲烷）是一种相对洁净、更加廉价的能源。天然气不仅存储量巨大，且相对石油燃料，燃烧天然气可以有效地降低CO_2的排放。但如何实现天然气的高效和大容量存储一直是限制天然气广泛应用于汽车能源的瓶颈。

天然气是一种很难压缩的气体，在−161.5℃才能液化，现在所使用的存储装置主要是冷冻液化存储装置和高压钢瓶（压力可以达到200atm以上），然而，这两种装置都耗能较高，并具有一定的安全隐患。使用孔状材料吸附天然气来实现甲烷的存储是一种高效可行的方案。英国曼彻斯特大学的杨四海课题组[68]报道了一种具有超级甲烷存储量的MOFs材料——MFM-115。研究表明，这是一种由六羧酸的有机配体和双核铜离子结构单元形成的具有立方堆积结构的多孔材料。在评估其甲烷的存储性能方面，当压力从85atm降为5atm时，MFM-115在室温下能够释放的甲烷达到208（体积比，即1体积的材料吸附气体的体积），高于任何已知的MOFs材料在相同条件下的甲烷吸附量。

1.4.2.2 气体分离

分离和纯化是化工领域的关键过程，而具有相似物理性质的气体混合物的分离是重难点之一。传统的气体分离主要采用蒸馏和液体吸附，前者需要对气体混合物进行反复的蒸发和冷凝，后者需要对大量惰性溶剂进行冷却和加热。这些传统的分离工艺能耗巨大，往往需要消耗整个生产工艺能耗的一半甚至更多。

最新的气体分离技术采用固体分离媒介，能耗更低。固体吸附技术的根本在于先进的固体吸附剂或者膜材料，这些固体吸附材料一般是孔径小于0.5nm，内部孔比表面积大于$300m^2/g$的多孔材料。固体吸附剂在对混合气体的物理吸附过程中，同时实现高吸附容量和高选择性实非易事，从而导致分离效率不理想。

为了提高分离效率，研究人员一方面通过内表面修饰来提高吸附容量；另一方面，通过孔尺寸的控制来提高选择性。其中，晶态MOFs材料孔道结构和尺寸可控，具有高选择性和高吸附容量的特性，在提高工业气体混合物的分离效果，降低能耗方面，展示了很好的应用前景。

1.4.2.3 药物传递

近年来，纳米药物载体因具有多功能性、靶向性、诊疗一体化等综合优势而受到科学家的重视。然而，纳米载体结构复杂，与药物作用千变万化，直接影响载体的靶向和释放效果，乃至生物安全性。所以，必须对载体-药物相互作用进行透彻研究，才能够有效控制和提升药物载体的功能，才有可能推进其进入真正临床应用。

MOFs材料由于具有稳定的单晶结构、大的表面积、可设计的空腔、可调的孔径以及易化学功能化的框架等优点，被用作药物传输的纳米载体，用于疾病诊疗和医学影像等领域。MOFs材料相对于大分子材料、无机介孔材料、可生物降解的高分子材料等药物载体具有高孔隙率、大比表面积、能包裹更多的药物分子、易变化的金属-配位键等理想特征，从而使金属有机骨架化合物有一定的生物降解能力，药物分子容易与其合成嫁接。在众多实验中的药物载体中，MOFs材料表现出了出色的应用前景。

浙江大学孔学谦课题组利用先进的固体核磁技术研究了多种不同的药物分子在MOFs载体中的作用机制，深入探讨了MOFs缺陷、药物官能团、分子量等因素对药物负载的关键影响，并将固体核磁与密度泛函理论模拟紧密结合，确定了药物分子在MOFs缺陷位点的吸附构象。

作者研究发现，具有缺陷的MOFs能极大提升药物负载量，而完美MOFs的药物负载量极少。此外，^{31}P固体核磁研究证实了药物的磷酸基团与缺陷的作用，并发现其中可能存在多种Zr-P配位构型。通过DFT计算发现，药物吸附量与磷酸根和缺陷的库仑作用、药物分子量大小都有半定量化的关联，这表明了此类MOFs材料在医药领域的应用潜力。

1.4.2.4 储能器件

近十年来，锂离子电池（LIBs）因其高功率/能量密度和长期循环稳定性，被广泛应用于各种储能装置中。然而，使用过渡金属化合物正极和石墨负极构建的商用LIBs遭遇了性能极限。特别是过渡金属化合物正极具有较低的质量比容量（$<$200mA·h/g），在满足高容量电池体系的需求方面面临着重大挑战。因

此，寻找大容量正极材料是提高锂离子电池性能的关键一环。

与过渡金属化合物相比，有机材料具有更吸引人的特点，包括低环境污染、高效的生产和处理、高成本效益和较高的比容量。然而，在非水电解质中的溶解和小分子本质上的低导电性严重阻碍了它们作为 LIBs 电极材料的应用。MOFs 材料作为一类由有机连接体和金属节点构成的新型晶体多孔配位聚合物，由于其具有刚性、延伸性以及在有机电解质中不易溶解，因而在电化学储能方面受到越来越多的关注。得益于有机桥联配体和金属离子/团簇的多样性，MOFs 材料的电化学性能可以得到有效的调节。此外，MOFs 固有的多孔通道使其能够方便地进行离子传输和电解质渗透，这些优点使得 MOFs 作为 LIBs 的电极材料非常有前景。

天津大学陈龙教授课题组[69] 采用简单的溶剂热法合成了一种具有氧化还原活性的二维铜-苯醌金属有机骨架（Cu-THQ MOF）材料。二维 Cu-THQ MOF 材料具有丰富的孔隙率和氧化还原特性，具有良好的电化学活性。作者对其储锂机制进行了深入的分析，电化学测试表明，作为锂离子电池正极的 MOFs 材料具有高的可逆容量（387mA · h/g）、高的比能量密度（775W · h/kg）、良好的循环稳定性和优异的倍率性能，该研究结果为合理设计和开发用于下一代锂离子电池的二维导电 MOFs 基正极材料提供了有效的思路。

1.4.2.5 荧光传感

最常见的荧光过渡金属包括 Zn^{2+} 和 Cd^{2+}，这是由于它们的 d^{10} 闭壳层电子构型。近几年来，多种含有各种过渡金属的 MOFs 材料已被报道。一些跃迁型 MOFs 材料通过电子/电荷转移（LMCT，MLCT）或配体基发射表现出很好的荧光性质。Qiu 等[70] 采用四唑有机配体和 Cd^{2+} 设计合成了 7 个 3D 镉基 MOFs 材料。这些化合物在不同波长的发光带表明，即使它们的金属离子相同，MOFs 材料的发光也可以根据有机配体的多样性进行调节。最近，Zhang 等[71] 采用溶剂水热法合成了 Cd(Ⅱ) 基三维发光 MOF。如图 1-2 所示，这种 Cd-MOF 具有很强的荧光发射性能，可以用于少量 2,4,6-三硝基苯（TNP）的高效传感，以及对其他 NACs（如二甲苯、对苯二酚、溴苯、硝基苯、1,3-二硝基苯和 2,4-二硝基苯等）发生荧光猝灭。实验证明，该材料可作为检测和定量分析 TNP 的有效传感器。同样，与 K^+、Na^+、Mg^{2+}、Ca^{2+}、Ni^{2+}、Mn^{2+}、Al^{3+} 等多种离子相比，该材料也可用于 Cu^{2+} 的高效传感。如图 1-2(b) 所示，随着 Cu^{2+} 溶液浓度增加，Cd-MOF 在溶液中的荧光发射光谱（$\lambda_{max}=390nm$）强度逐渐下降，当添加 100μL 的 Cu^{2+}（5mmol/L）时，Cd-MOF 在溶液中发生荧光猝灭[72]。这被认为是一种具有双功能荧光传感能力的 MOF，可选择性检测微量的 TNP 和 Cu^{2+}。

常见荧光 MOFs 材料传感的方式有三种：第一种是将一种物质加入 MOFs 中，制成悬浮液，可以通过荧光光谱仪观察到该材料的荧光增强；第二种是可以通过荧光光谱仪观察该材料的荧光是否发生猝灭；第三种是比率型荧光传感[73,74]。

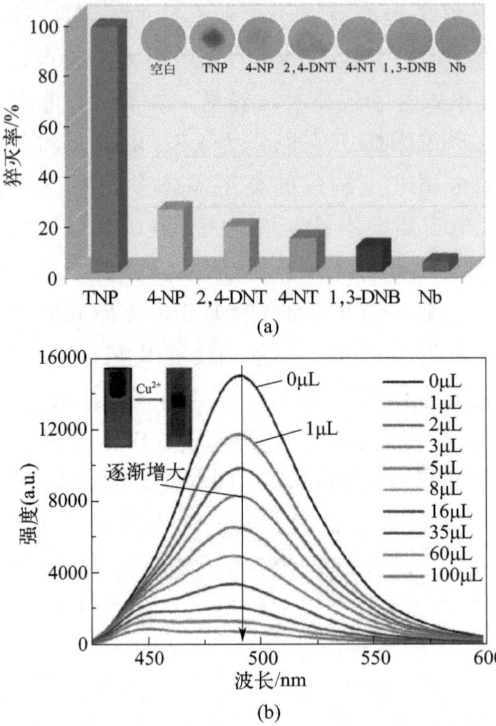

图 1-2 (a) Cd-MOF 与不同 NACs (5mmol/L, 100μL) 溶液相互作用的发光强度比较（插图是 Cd-MOF 与不同 NACs 溶液混合后在紫外光照射下的照片）；(b) 随着 Cu^{2+} 溶液浓度的增加 Cd-MOF 在溶液中的荧光发射光谱（λ_{max} = 390nm，插图显示了 Cu^{2+} 滴定前后 Cd-MOF 在水溶液中紫外光照射下的照片）[72]（书后另见彩图）

TNP—三硝基苯酚；4-NP—对硝基苯酚；2,4-DNT—二硝基甲苯；4-NT—4-硝基甲苯；1,3-DNB—1,3-二硝基甲苯；Nb—铌

（1）对小分子的传感性能

小分子荧光传感器的设计是当前的一个热门研究领域，对了解生物系统有着重要的贡献[75]。在过去的几十年里，生物小分子荧光传感器的开发活动呈指数级增长。这种传感器或探针，通常通过荧光颜色或强度的变化来检测小分子的存在。*N*，*N*-二甲基甲酰胺（DMF）是一种无色液体，具有淡淡的胺味，是工业上广泛使用的一种溶剂，因其与水或一些常见的有机溶剂具有很好的互溶性而被称为通用有机溶剂。毒理学实验研究表明，DMF 可以诱导肝脏病变，其特征包括肝细胞坏死、退化、肥大、有丝分裂和血清肝酶活性增加等，给人体带来很大的伤害[76]。

研究人员发现，人类严重的健康问题与许多工作场所中通过皮肤接触或吸入 DMF 有关。因此，对环境中 DMF 的检测是一项非常重要的任务。Yi 等[77] 报道了一种新的发光 NBU-8，将 NBU-8 浸泡在各种有机溶剂中 24h 后，观察到其荧光强度的变化。当浸泡在 DMF 中时，荧光强度迅速升高，如图 1-3(a) 所示。

对 DMF 发光寿命进行研究发现，DMF 与配体之间的相互作用产生了对 DMF 蒸气的荧光开启响应，明显地改变了配体的激发态能量，从而导致了 LMET 过程。研究人员进一步测试了传感反应率，并在 5min 内观察到 95%的物质发生了反应。传感器可以在几秒钟内用水蒸气清洗，因此很容易回收。

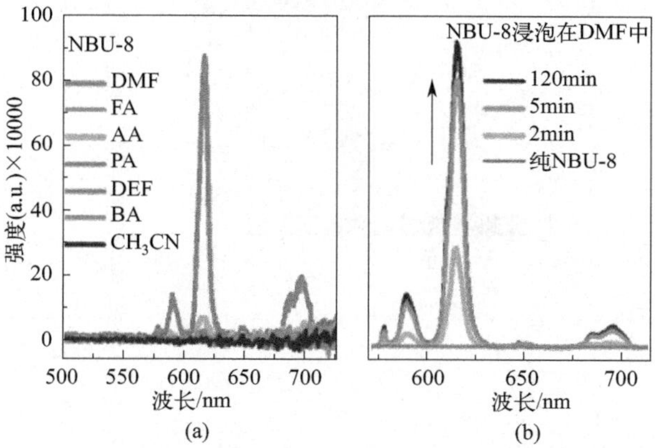

图 1-3 （a） NBU-8 在各种有机溶剂中的荧光增强图；（b）传感时间对荧光强度的影响[77]（书后另见彩图）

氨基酸作为重要的生物分子，是生命系统中不可或缺的组成部分，是构成蛋白质和酶的基本物质，广泛存在于食物、血液和组织中，在一系列的生理过程中，原子吸收被认为与蛋白质和肽的代谢有着不可分割的关系[78]。在一系列的生理过程中，氨基酸（AAs）被认为与蛋白质和肽的代谢有着不可分割的关系[79]，食品和生物中微量 AAs 的检测在营养分析和疾病诊断中尤为重要[80]。在 AAs 家族中，赖氨酸（Lys）是人类和哺乳动物必需的氨基酸之一[81]。Lys 对 Krebs-Henseleit 循环和多胺合成有重要影响，这与人、动物的代谢功能有关[82]。因此，通常将赖氨酸含量作为判断食品营养价值的评价标准，检测赖氨酸含量具有积极的营养意义[83]。另外，精氨酸（Arg）作为另一种重要的天然氨基酸，已被公认为幼龄/成年哺乳动物和鸟类的必需氨基酸。Arg 代谢的增加可导致人体相关系统的异常。同时，Arg 已被证明是一种特殊的代谢疾病的生物标志物，如氧化酶缺乏[84]，并被认为与许多心血管和肾脏疾病的发病密切相关[85]。因此，Arg 的检测对药物分析和医学诊断非常有帮助，对进一步的临床诊断和治疗具有重要意义[86]。因此，有必要开发一种简单、灵敏、有选择性的探针来区分 Lys、Arg 和其他 AAs。然而，生物传感器检测 AAs 的最大问题和挑战之一是传感材料在水介质中的稳定性和生物相容性[87-90]。

Wang 等[80] 合成了两种新型的近红外（NIR）发射的三维（3D）发光配位材料 NIR-MOF1 和 NIR-MOF2。其中，NIR-MOF1 可对其他抗生素中的呋喃唑酮和柳氮磺吡啶进行有效选择性鉴别；NIR-MOF2 可以通过“开启”荧光传感模式来区分 L-精氨酸和其他氨基酸（图 1-4）。

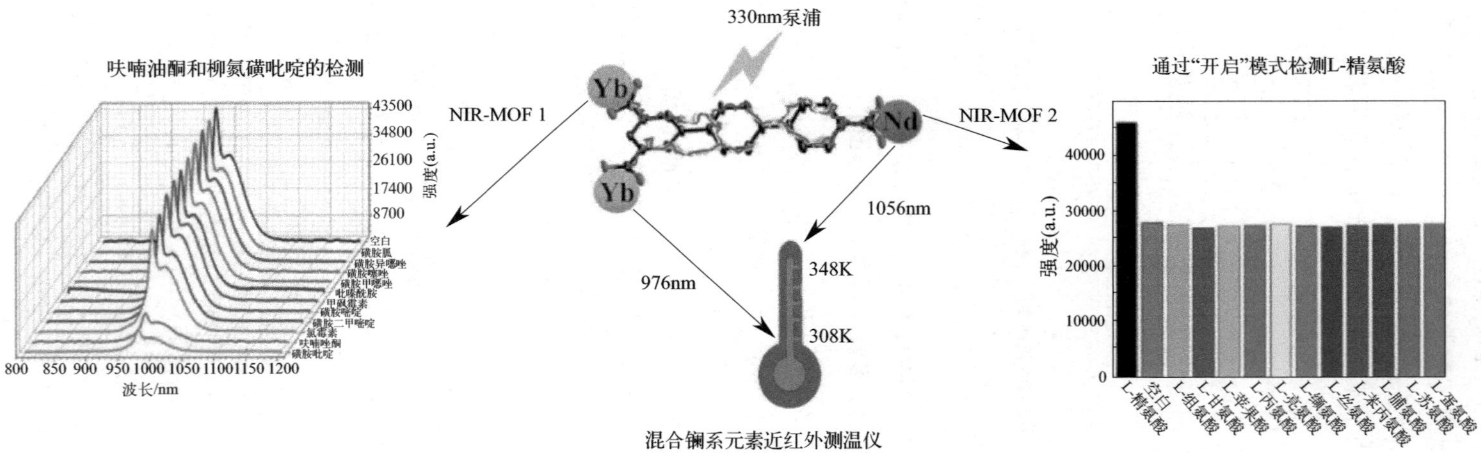

图 1-4　NIR-MOF1 和 NIR-MOF2 的比率温度传感、抗生素选择性检测和 L-精氨酸荧光“开启”鉴别原理图[80]（书后另见彩图）

Dong 等[90] 设计了一种 Zr(Ⅳ) 基 MOF——UiO-66-NH_2，该材料能够通过荧光开启机制选择性地从水介质中常见的必需氨基酸中检测 L-赖氨酸（Lys）和 L-精氨酸（Arg)。进一步研究表明，其灵敏度高，抗干扰能力强。此外，通过 FT-IR 和^1H NMR 对 Lys 和 Arg 的可能荧光机制进行了探讨，结果表明，荧光增强可能与 Lys/Arg 的吸附以及 Lys/Arg 与 UiO-66-NH_2 的氨基之间的氢键作用有关。UiO-66 和 UiO-66-NH_2 的传感能力和灵敏度的差异表明，氨基对其传感性能起着至关重要的作用。

（2）对金属离子的传感

汞、铅、铬、镉等重金属过渡离子即使浓度很低，也是众所周知的对人类和动物健康有害的物质。Hg^{2+} 对蛋白质和酶中的 N 原子和硫醇基团有较强的亲和力，对人体的健康有很大的危害[91]。Hg^{2+} 在进入环境后很容易被细菌转化为另一种神经毒性物质甲基汞。汞在人体中积累的浓度很低，但会导致各种疾病，如消化障碍、大脑和中枢神经系统疾病[92]。低水平的铅也会导致高血压、肾脏损伤、听力受损、发育迟缓和儿童身体的智商疾病[93]。人类的生活和人体都离不开铜，但人体对 Cu^{2+} 的过量摄入也会引起一些疾病，如阿尔茨海默病[94]，而且向环境中排放铜也会污染环境。铁元素在许多生物体中有着非常重要的作用，如向组织运输和储存氧气、免疫和酶系统、肌肉和大脑功能、DNA 合成等。如果缺乏或过量，细胞的正常功能就会紊乱，并可能引发帕金森病、贫血、阿尔茨海默病、糖尿病、肝炎、癌症等疾病。微量元素铝是人体健康安全所必需的元素，如果在人体内过量积累铝，就会扭曲活细胞的生物学过程，导致骨软化、帕金森病[95] 等疾病。Al^{3+} 可以通过铁结合蛋白进入大脑，如果在铁结合蛋白中积累过多，就会引起神经系统的损伤，从而引发阿尔茨海默病。因此，基于荧光对金属离子进行有效识别对人类健康和环境问题非常重要。到目前为止，已经报道了金属离子改变 MOFs 材料发光特性的四种可能机制：a. Lewis 酸碱弱相互作用，金属离子与 MOF 有机连接物中的自由碱性功能位点之间的酸碱弱相互作用；b. 诱导的客体或中心金属离子与目标金属离子之间的阳离子交换；c. 骨架结构的破坏（坍塌)；d. 吸收激发光。

近年来，Dong 等[96] 合成了一种新型三维 Tb-MOF[$Tb_4(OH)_4(DSOA)_2(H_2O)_8$]。$(H_2O)_{8n}$(Tb-DSOA）为采用磺酸基羧酸有机配体与 Tb$(NO_3)_3\cdot 6H_2O$ 混合物作为前驱体，并与 H_2O 分子一起在四方空间群及含有未配位氧原子的开放孔道中结晶的产物。Tb-DSOA 在 487nm、542nm、580nm 和 619nm 处表现出强烈的发光特性。这种基于 Tb 的发光 MOF 的显著重要性在于，在不干扰其他金属离子的情况下，它能在水溶液中选择性地荧光传感 Fe^{3+}（图 1-5)。而 Tb-DSOA 最为重要的地方在于，它可以在其他金属离子共存的情况下，对水介质中的 Fe^{3+} 进行选择性荧光识别（图 1-5)。

Wang 等[97] 报道了一种 Tb^{3+} 修饰的 Cd-MOF 材料，通过荧光猝灭的方式

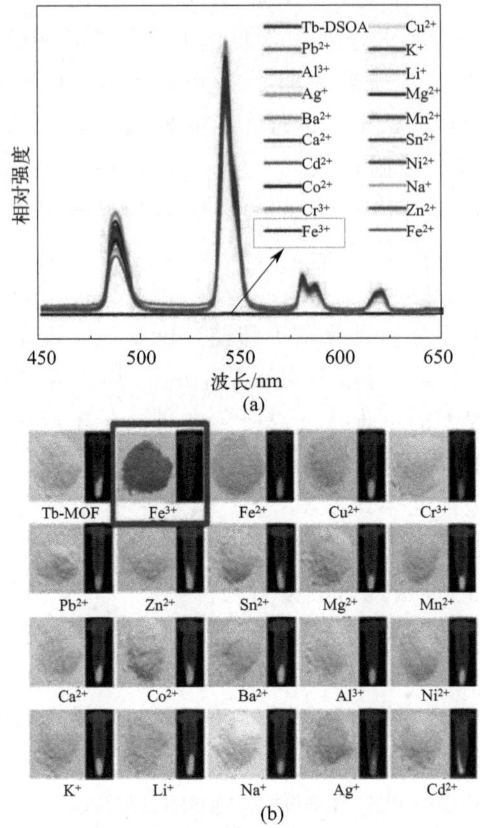

图 1-5 (a) Tb-DSOA 与不同 M^{n+} @Tb-DSOA（M^{n+} 分别为 Na^+、K^+、Li^+、Ag^+、Mg^{2+}、Ba^{2+}、Ca^{2+}、Pb^{2+}、Sn^{2+}、Fe^{2+}、Co^{2+}、Ni^{2+}、Cu^{2+}、Cd^{2+}、Zn^{2+}、Mn^{2+}、Al^{3+}、Cr^{3+}、Fe^{3+}）的光致发光强度比较；(b) M^{n+} @Tb-DSOA 样品在自然光下的照片（左）及其在 365nm 波长的紫外光照射下的颜色（右）[96]（书后另见彩图）

用于检测环境中的 Fe^{3+} 和 $Cr_2O_7^{2-}$，最低检出限分别为 0.010mmol/L 和 0.012mmol/L。除了吡啶溶剂以外，Tb^{3+}@Cd-MOF 在其他有机溶剂和水中都有很好的稳定性。研究发现，Fe^{3+} 使其荧光淬灭的机理为：一是 Fe^{3+} 与配体之间的相互作用，二是 Fe^{3+} 与 Tb^{3+}@Cd-MOF 中的 Tb^{3+} 发生离子交换。紫外-可见光谱（UV-vis）分析发现，$Cr_2O_7^{2-}$ 的 DMF 溶液与 Tb^{3+}@Cd-MOF 配体的 UV-vis 光谱发生了重叠，推测其荧光猝灭可能是由 $Cr_2O_7^{2-}$ 与 Tb^{3+}@Cd-MOF 配体之间对于紫外光的竞争吸收引起的。

Liu 等[98] 利用 3,5-二羧基苯酚有机配体与 Tb^{3+} 设计合成了一种水稳定性的二维 MOF 材料$[Tb(L)(H_2O)_5]_n$·溶剂（Tb-MOF，L＝3,5-二羧基苯酚配体），可以用来选择性荧光识别水溶液中的 Pb^{2+}。由于配体与 Tb^{3+} 之间的“天线效应”，Tb-MOF 在紫外光的激发下表现出明显的绿色荧光。而且，Tb-MOF 的荧光强度与 Pb^{2+} 浓度之间呈良好的线性关系，表明其可以作为一种用于检测 Pb^{2+} 的可靠、便捷的荧光传感器。此外，进一步研究了 Tb-MOF 在不同金属离子溶液中及多种金属离子共存情况下的荧光强度，结果显示，只有在 Pb^{2+} 存在的情况下，Tb-MOF 才会发生荧光猝灭，说明 Tb-MOF 对 Pb^{2+} 的检测具有较高的选择性。

Song 等[99] 合成了一种 MOF 材料[δ-Mo_8O_{26}](L)$_2$ · $2H_2O$[BUC-77，L＝1,1′-双(2,4-二硝基苯基)-4,4′-二氯化联吡啶]。BUC-77 既可以选择性检测水溶液中的 Pb^{2+}，又可以吸附 Pb^{2+}（最大吸附量为 425mg/g)，且使用 0.2mol/L 的 HNO_3 溶液洗脱后，可以循环使用。

(3) 对硝基芳香族化合物分子的传感性能

诸如硝基苯（NB)、1,4-二硝基苯（*p*-DNB)、1,3-二硝基苯（*m*-DNB)、4-硝基苯酚、4-硝基甲苯（4-NT)、2,4-二硝基甲苯（2,4-DNT)、2,6-二硝基甲苯(2,6-DNT)、2,4,6-三硝基甲苯（TNT）和苦味酸（PA）等硝基芳香族化合物(NACs）是已知的可以在地下水中、土壤中、空气中和其他安全应用领域发现的一类污染物[100]。而且硝基爆炸物进入环境的可能途径有很多，如生产车间、垃圾处理场、爆炸物试验场和武器测试场等[101]。大多数的 NACs 广泛用于染料、皮革、玻璃、烟花、炸弹、火箭等的生产。NACs 的毒性和易爆性会严重影响人类健康和环境安全。例如，吞咽或吸入 NACs 可能导致肾脏问题、贫血、肝脏损伤、癌症、昏迷、头痛、头晕、呕吐和腹泻，而接触这些化合物可能导致眼睛和/或皮肤过敏[102]。因此，可靠、高效的 NACs 检测方法引起了化学家们的广泛关注。近年来，可以通过气相色谱-质谱联用（GC-MS)、表面增强拉曼光谱、循环伏安法、中子活化分析、能量色散 X 射线衍射（XRD)、X 射线成像和离子迁移谱（IMS）等方法对炸药分子进行定性和定量检测[103]。这些技术对 NACs 的选择性和灵敏度非常高，但它们通常使用不方便、价格昂贵，而且需要频繁校准，运输和操作性不是很好。为了使检测方法更简单、价廉、快速、可行和便携，迫切需要一种新技术。在这种情况下，基于荧光的传感材料在 NACs 检测中显示出广阔的应用前景。

由于 NACs 的缺电子特性，π-共轭配合物可以与富电子的荧光基团结合，导致荧光猝灭。之前，一些有机聚合物、无机荧光粉、无机-有机配位聚合物等发光材料已经被合成并用于检测 NACs[104,105]。然而，由于 NACs 具有很强的电子亲和及吸收能力，以及发光 MOFs 结构中次级单元的广泛可调特性，开发具有基于荧光的检测性的新材料仍然是化学家面临的一大挑战。

Wang 等[106] 报道了一种 Zn 基 MOFs 材料（FJI-C8)，该研究首次用荧光 MOFs 材料识别 2,4-DNP。研究发现 FJI-C8 识别 2,4-DNP 的最低检出限为 0.002866mmol/L，检测出所用 FJI-C8 的浓度是 0.004mmol/L，响应时间小于

30s，表明该材料用于检测 2,4-DNP 具有较高的灵敏度。而且相对于同类硝基爆炸物，2,4-DNP 具有较大的荧光猝灭系数（图 1-6），也表明其对于传感 2,4-DNP 具有更高的选择性。

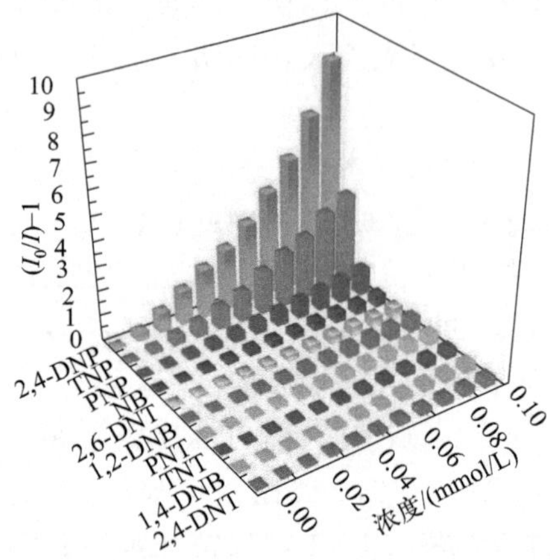

图 1-6 不同硝基化合物对 FJI-C8 的荧光猝灭系数[106]

2,4-DNP—2,4-二硝基苯酚；TNP—三硝基苯酚；PNP—嘌呤核苷磷酸化酶；NB—硝基苯；2,6-DNT—2,6-二硝基甲苯；1,2-DNB—1,2-二硝基苯；PNT—对硝基甲苯；TNT—2,4,6-三硝基苯；1,4-DNB—1,4-二硝基苯酚；2,4-DNT—2,4-二硝基甲苯

Dong 等[107] 合成并表征了一种新型的三维$[Mg(H_2TPTC)_2 \cdot 2(H_2O)]_n$ MOF，并成功将其用于三硝基苯酚（TNP）的测定。该 Mg-MOF 是能选择性检测 TNP 的为数不多的例子。猝灭机理是在传感过程中存在紫外光谱重叠，即 TNP 在 300～450nm 处宽的 UV-vis 光谱与 Mg-MOF 的荧光激发/发射峰完全重叠，从而导致了完全的发光猝灭。

Wang 等[108] 研究了一种 Ln(Ⅲ) 基 MOF 材料的应用，该材料对 NACs 具有高效的荧光传感能力。Eu(Ⅲ) 簇与两个羧酸基团连在一起形成 1D-SBU，1D 链通过有机配体进一步连接形成通道。对不同硝基化合物进行荧光传感性能测试，结果显示，在 DMSO 溶液（0.13mmol/L）中 NP 的猝灭效率约为 75%，而其他 NACs 溶液的猝灭效率更低。

Lan 等[109] 也在荧光 MOFs 材料检测爆炸物方面做了大量的工作。一种新型 MOF 材料$[Zn_2(bpdc)_2\text{-}(bpee)]$的研究表明，它是第一个以氧化还原为基础的荧光猝灭机制的微孔结晶 MOF 材料，甚至在气相中就能有效检测微量爆炸物。研究发现，将该 MOF 材料暴露于 DNT（0.18mg/L）和 DMNB（2.7mg/L）中 10s，该样品的荧光显著猝灭率达到 84%，并伴有红移。

（4）对融合芳香烃分子的传感性能

熔融芳香烃（FAHs）对环境和人体非常有害，可导致多种癌症，是有机聚合物不完全燃烧的产物。FAHs 与 MOF 骨架结构之间存在范德华力、π-π 键和氢键相互作用，通过 MOFs 材料的荧光传感性质的变化可以识别它们[110,111]。Norouzi 等[112] 通过将碘掺入 BPDC 配体中而构建了碘修饰的 UiO-67MOF，与 UiO-67 相比，UiO-67(I)$_2$ 对卤代芳烃（HAHs）表现出强烈的荧光响应（图 1-7）。增加 HAHs 上的卤素基团的数量，可以改善荧光响应并完全猝灭发射强度。

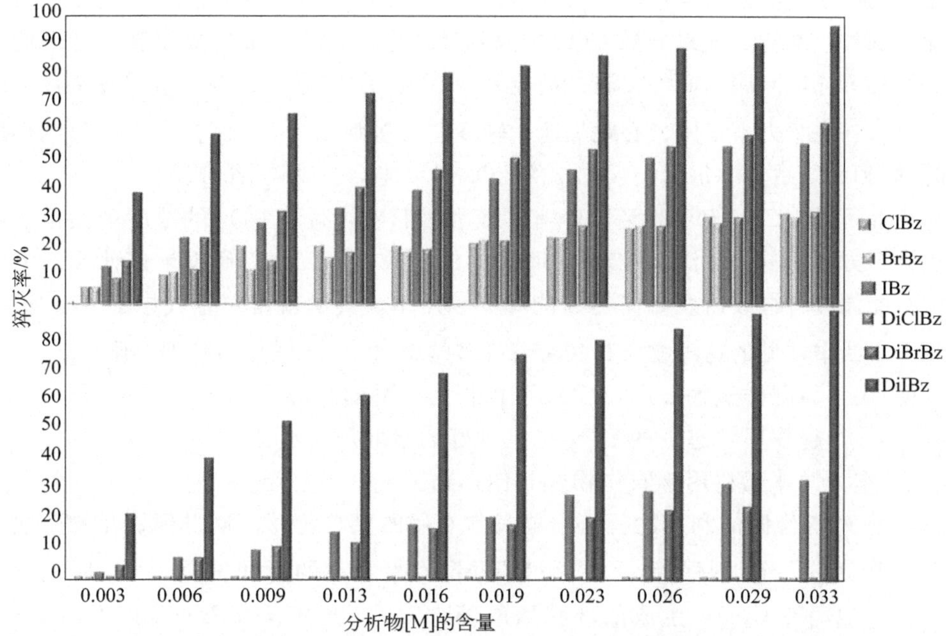

图 1-7　HAHs 对 UiO-67（下）和 UiO-67 (I)$_2$（上）的荧光猝灭率[112]（书后另见彩图）

Han 等[113] 合成了一种具有 π 共轭多孔的新型 MOF 材料，可用于传感熔融芳香烃分子。这种由 *N*-杂环多羧基配体和 Cd 离子组装的 MOF 材料显示出沿［100］和［010］方向的六角疏水通道，尺寸为 18.4×15.5Å^2。在 338nm 的激发下，该 MOF 材料发出蓝光，峰值为 397nm。将该 MOF 材料在含萘、蒽、菲等芳烃的溶液中浸渍不同时间，包封芳烃客体分子后，MOF 材料的发光强度有不同程度的增强。因此，该材料通过固态光致发光显示出良好的芳香烃分子识别特性。

1.4.2.6　催化性能

MOFs 材料的不饱和金属位点可以用作催化中心，现已用于氰基化反应、烃类和醇类的氧化反应、酯化反应、Diels-Alder 反应等多种反应，具有较高的活性，因此已逐渐成为目前研究最广泛的催化剂之一。目前，形形色色的 MOFs 材料在多相催化（有机催化）、光催化（水裂解、CO_2 还原、有机物转化）及电催化（氧还原、水裂解、CO_2 还原、N_2 还原）等催化领域都有着举足轻重的地位。

（1）催化 CO_2 环加成反应

二氧化碳（CO_2）是主要的人为温室气体，它主要通过各种社会活动排放，如化石燃料的燃烧和许多化学过程[114]。全球约 44%的 CO_2 是由煤、石油、压缩天然气（CNG）、燃料燃烧等排放出来的。由于工业化的快速发展，为了满足人类日益增长的需求，能源的消耗呈指数级增长[115]。目前，所需总能量的 85%是通过燃烧化石燃料产生的，最终导致 CO_2 排放到环境中，带来了如气候变暖、海平面上升和雾霾等环境问题。此外，当人类吸入约 2500μL/L 的 CO_2 时，会出现头痛、嗜睡、呆滞、注意力不集中、心跳加速、轻度恶心等症状[116]，而在室内或封闭环境（如潜艇和太空站）中每天吸入 1kg 的 CO_2 时可能会造成致命的影响。

由此可见，CO_2 对于生活已经有了较大的影响，减小 CO_2 的浓度现在也已经有了许多方法。首先从源头控制减少 CO_2 的排放，可以大力研发推广使用新的绿色清洁能源或者继续研发如何提高能源的利用率。其次就是对空气中的 CO_2 进行利用，生活中常见的这种物质其实有着许多的用途[117]。其中包括但不限于：

① 在食品制作运输途中，CO_2 可以作为一种储存环境。

② 处于超临界状态下的 CO_2 是一种好的萃取剂及清洁剂。

③ 作为气体肥料用于农作物或其他作物。

CO_2 最有价值的利用途径是合成其他有用的化合物，而通过环氧化物生成环状碳酸酯就是一个很好的反应，环状碳酸酯有着很高的附加价值[118]，反应还可以永久性地消耗 CO_2，生成的环状碳酸酯[119,120] 也可以带来一定的经济效应，也是符合绿色化学理念的反应过程。该途径是目前国内外专家学者主要研究的途径之一，也是 CO_2 利用的主要途径之一[121,122]。研究发现，通过 CO_2 和环氧化物反应生成的环状碳酸酯是一个在化工方面十分重要的物质。由于它具有高溶解性和可降解性等许多优异的性能，所以它具有极广泛的应用范围。其中脂肪族聚碳酸酯主要应用于医学领域，作为一种可降解的材料，其在医学领域中有着非常大的优势。还有就是其也是一种非常优异的溶剂，可以用来代替其他溶剂。而碳酸丙烯酯主要作为一种优良的介质被应用于电池以及电容器[123]。而且通过 MOFs 材料固定储存 CO_2 被认为是封闭环境中去除 CO_2 的有效解决方案。然而，选择在低压下具有高 CO_2 吸收量的 MOFs 材料以促进封闭区域 CO_2 的有效捕获是至关重要的。Rezaei 等[124] 验证了聚乙烯亚胺（PEI）植入 MIL-101 用于 CO_2 捕获的实用性，其在 3000μL/L 时的吸附量为 1.6mmol/g。

CO_2 环加成反应制备环状碳酸酯的过程如图 1-8 所示，CO_2 具有热力学稳定性与化学动力学惰性，很难在一般条件下自发地发生转化。并且，环加成反应涉及环氧化物的开环与闭环过程，在此过程中，环氧化物的活化也是催化反应需要考虑的问题，环氧化物需要亲核试剂进攻 β-C 原子，并且环氧化物的 O 原子也可以被 Lewis 酸性位点或者氢键供体（HBD）结合，二者协同作用共同促进环氧化物的开环，以实现在一般条件下发生 CO_2 环加成反应。

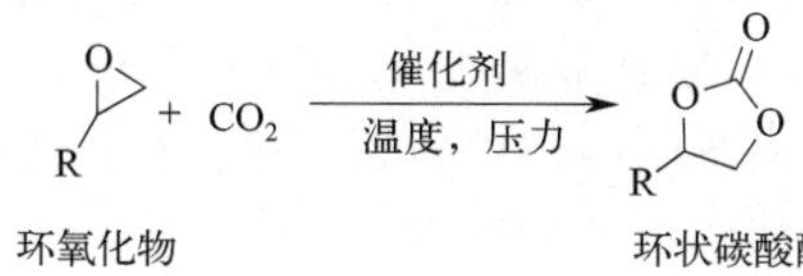

图 1-8　CO_2 与环氧化物环加成反应制备环状碳酸酯示意图

近些年来，MOFs 材料在催化 CO_2 与环氧化物环加成反应合成环状碳酸酯方面拥有巨大潜力，MOFs 材料中以金属原子作为 Lewis 酸，同时再引入的碱性配体可以起到 Lewis 碱的作用[125-129]。大多数 MOFs 材料具有一定的催化活性，这主要归因于 MOFs 材料中的金属、簇节点和/或有机基团位点。尽管这些金属位点通过强配位的有机配体而完全连接，但由于配位缺陷，MOFs 材料表面仍存在大量的不饱和金属配位位点。如果金属配位位点被挥发性溶剂分子部分配位，例如水、醇、乙腈、DMF 等，这些 MOFs 材料对于那些金属节点可促进的催化反应是有效的。这主要是因为这些 MOFs 材料，在合适的条件下，很容易通过除去挥发性溶剂分子被活化，形成不饱和金属配位活性位点[130,131]。然而，由于这些金属离子也是 MOFs 材料的关键组成部分，骨架结构在催化过程中很容易发生坍塌。另外，一种最直接的可有效构建活性位点的方法就是利用催化活性分子的引入构建 MOFs 材料催化活性位点[132-135]。这些催化活性分子的引入能够很好地体现多孔 MOFs 材料的催化性能。到目前为止，许多催化活性的组分（例如有机分子、无机纳米粒子、金属配合物、酶等）已经成功地固定在多孔 MOFs 材料的孔隙表面，表现出明显的尺寸和形状选择性[136-139]。

（2）催化氧化反应

在氧气协助下，醇能催化氧化，可以得到各类化学品。迄今为止，大多数用于该反应的多相催化体系都以贵金属为主（如金[140-144]、钌[145,146] 和钯[147-149]）或者需要添加碱性助剂。在温和的条件下，开发具有低成本、高催化性能和可循环利用的多相催化剂是有必要的。

最近，Li 等[150] 在 600～900℃的 Ar 气氛下热解 ZIF-67 制备了一系列负载钴的碳催化剂，具在不加碱和常温常压条件下能有效催化醇的氧化反应生成酯。这些催化剂由内嵌在氮掺杂石墨中的 Co 纳米粒子组成（平均尺寸为 9～30nm）。Co@C-N-800（热解温度为 800℃）在对硝基苯甲醇与甲醇的酯化反应中表现出较高的转化率和选择性，实现了目标产物对硝基苯甲酸甲酯极高的收率（>99%）。

（3）催化加氢反应

催化加氢是工业应用最广泛的反应类型之一。应用于该反应的一般是负载型催化剂（在载体上负载活性金属），例如 Au[151,152]、Pd[153]、Ru[154]、Pt[155]、

Ni[156]、Co[157] 等。近年来，一些具有独特性质的 MOF 衍生材料也能应用于各类加氢反应，例如不饱和双键/三键的氢转移[158]、4-硝基苯酚的还原[159]、各类硝基化合物的加氢[160] 等。过渡金属催化的氢转移反应能实现较高的原子利用率和较低的生产成本。在该反应中使用醇等氢供体试剂能避免使用高压反应装置和高压氢气。

（4）催化费托合成反应

费托合成反应（费舍尔-特罗普希合成法，FTS）能利用天然气衍生的合成气（CO 和 H_2 的混合物）生产液体燃料和化学品。高性能催化剂对 FTS 工艺至关重要[161,162]。其中，Fe 基 FTS 催化剂具有以下优势：烯烃选择性高、易获得、成本低、活性高。但在常见的 FTS 条件下，该催化剂会快速失活，这主要是由碳沉积、烧结和铁基组分发生相变等引起的。为了最大限度减少催化剂失活，Gascon 等[163] 提出了 MOF 模板策略，通过在 773K 的 N_2 氛围下热解 Fe 基 MOFs（Basolite F300，Fe-BTC）8h，将高度分散的铁碳化物嵌入多孔碳骨架中（表示为 Fe@C），见图 1-9(a)。在 Fe@C 中，尽管铁负载量很高（38%，质量分数），但是铁纳米颗粒仍是高度分散的，其平均尺寸为 3.6nm[图 1-9(b)、(c)]。Fe@C 在 FTS 中表现出与商业化标准催化剂相当的催化活性，其催化性能比先前报道的 Fe 催化剂高出 1 个数量级。此外，当加入 0.6%（质量分数）K 助剂时，Fe@C 对 C_2～C_5 烯烃具有最高的选择性（20.5%的碳选择性和 44.6%的非 CO_2 选择性），同时其甲烷选择性降低（5%）[图 1-9(d)]。显然，MOF 衍生策略能在多孔碳骨架中制备非常分散的铁纳米颗粒，进而实现优异的 FTS 催化性能。

除了上述提到的反应类型外，MOFs 衍生材料还能作为许多电催化反应的高效催化剂，例如 HER、OER、ORR、CO_2RR、NRR、尿素氧化、肼氧化、甲酸氧化、葡萄糖氧化和甲醇氧化等。

（5）催化 Knoevenagel 缩合反应

Knoevenagel 缩合反应是有机合成中形成碳碳双键的重要方法，它的一个重要用途是反应产物能够进一步发生共轭加成，即可用来制备各种有机合成中间体。此外，Knoevenagel 缩合反应还在天然产物的全合成以及组合化学上具有广阔的应用前景。例如，利用 Knoevenagel 缩合反应来合成香豆素及其衍生物是该反应比较经典的应用之一。香豆素类化合物是一种重要的香料，在医药、食品、塑料制品、橡胶制品等领域具有广泛的用途，常用作定香剂、增香剂、矫味剂、脱臭剂，还可用来配制香水和香料。

Ansari 等[164] 采用纳米浇铸法也成功制备了介孔 MCN。在微波辐射下，MCN 对芳香醛与氰乙酸乙酯的 Knoevenagel 缩合反应展示了极高的催化活性。在仅有 12min 的反应时间内，缩合产物的收率高达 95%。同时 MCN 对多种醛和活性亚甲基化合物底物都表现出较好的催化活性。该催化剂经重复使用 5 次后活性无明显损失。根据催化剂表征结果，该作者推测催化的关键步骤是 MCN 上含

N 官能团作为 Lewis 碱活化氰乙酸乙酯的亚甲基这一过程。

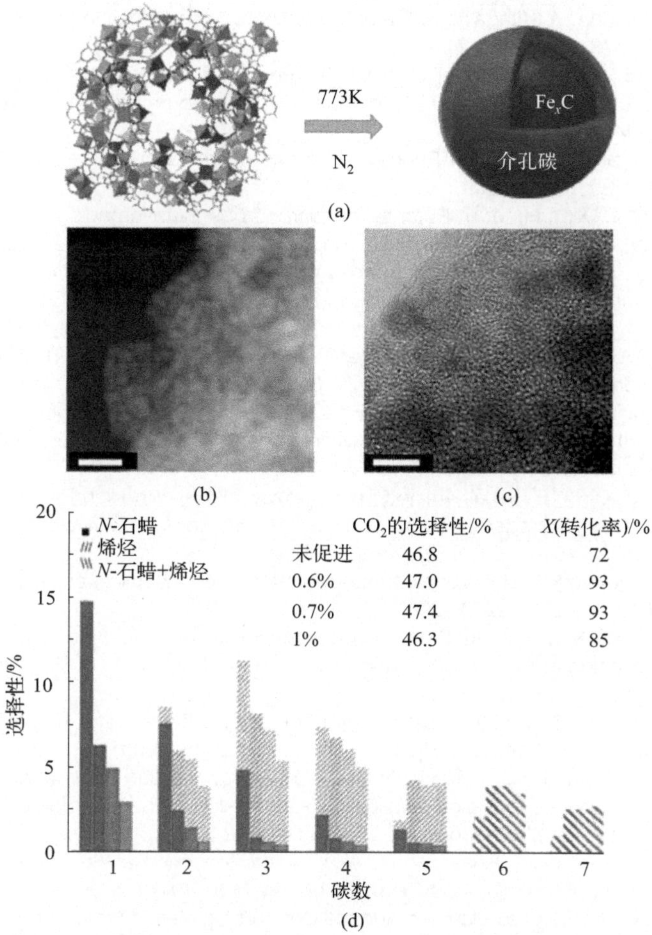

图 1-9 （a） MOF 衍生策略制备 Fe 基催化剂并应用于费托合成反应；（b） Fe@C 的 HAADF-STEM 图（比例尺为 20nm）；（c） Fe@C 的 HRTEM 图（比例尺为 5nm）；（d）未加助剂和添加助剂的 Fe@C 催化剂在 10h TOS 后的产物分布图

（FTO 反应条件：613K，20bar❶，$H_2/CO=1$，GHSV=30000h^{-1}）[163]

参考文献

[1] Yaghi O M，Li H. Hydrothermal synthesis of a metal-organic framework containing large rectangular channels[J].J Am. Chem. Soc.，1995，117（41）：10401-10402.

[2] Yaghi O M，Li G，Li H. Selective binding and removal of guests in a microporous metal-organic framework[J].Nature，1995，378（6558）：703-706.

❶ 1bar=10^5Pa，下同。

[3] Batten S R，Neville S M，Turner D R. Coordination polymers：Design，analysis and application [M].Cambridge，U. K：RSC Publishing，2009.

[4] Uemura K，Matsuda R，Kitagawa S. Flexible microporous coordination polymers[J].J Solid State Chem.，2005，178（8）：2420-2429.

[5] Huang Z，Song H B，Du M，et al. Coordination polymers assembled from angular dipyridyl ligands and CuⅡ，CdⅡ，CoⅡ salts：Crystal structures and properties[J].Inorg Chem.，2004，43（3）：931-944.

[6] Kitagawa S，Kitaura R，Noro Si. Functional porous coordination polymers[J].Angew Chem Int Ed，2004，43（18）：2334-2375.

[7] Bao Z，Chang G，Xing H，et al. Potential of microporous metal-organic frameworks for separation of hydrocarbon mixtures[J].Energy Environ Sci.，2016，9（12）：3612-3641.

[8] He Y，Zhou W，Krishna R，et al. Microporous metal-organic frameworks for storage and separation of small hydrocarbons[J].Chem Commun，2012，48（97）：11813-11831.

[9] Song Y，Sun Q，Lan P C，et al. Secondary Sphere Effects on Porous Polymeric Organocatalysts for CO_2 Transformations：Subtle Modifications Resulting in Superior Performance [J]. ACS Appl. Mater. Interfaces 2020，12（29）：32827-32833.

[10] Daglar H，Gulbalkan H C，Avci G，et al. Effect of Metal-Organic Framework（MOF）Database Selection on the Assessment of Gas Storage and Separation Potentials of MOFs [J]. Angew. Chem. Int. Ed. 2021，60（14）：7828-7837.

[11] Fan W，Wang X，Xu B，et al. Amino-Functionalized MOFs with High Physicochemical Stability for Efficient Gas Storage/Separation，Dye Adsorption and Catalytic Performance [J]. J. Mater. Chem. A，2018，6（17）：24486-24495.

[12] Morozan A，Jaouen F. Metal organic frameworks for electrochemical applications[J].Energy Environ Sci，2012，5（11）：9269-9290.

[13] Song B Q，Wang X L，Yang G S，et al. A polyrotaxane-like metal-organic framework exhibiting luminescent sensing of Eu^{3+} cations and proton conductivity[J].Cryst. Eng. Comm.，2014，16（30）：6882-6888.

[14] Liu J，Chen L，Cui H，et al. Applications of metal-organic frameworks in heterogeneous supramolecular catalysis[J].Chem. Soc. Rev.，2014，43（16）：6011-6061.

[15] Liu J，Zhao Y，Dang L L，et al. Highly Stable 3D Porous HMOF with Enhanced Catalysis and Fine Color Regulation by the Combination of d- and p-Ions When Compared with Those of Its Monometallic MOFs[J].Chem. Commun.，2020，56（62）：8758-8761.

[16] Samaniyan M，Mirzaei M，Khajavian R，et al. Heterogeneous Catalysis by Polyoxometalates in Metal-Organic Frameworks[J].ACS Catal，2019，9（11）：10174-10191.

[17] Gao X，Cui R，Jia G，et al. Size and Surface Controllable Metal-Organic Frameworks（MOFs）for Fluorescence Imaging and Vancer Therapy[J].Nanoscale，2018，10（13）：6205-6211.

[18] Lan Y Q，Jiang H L，Li S L，et al. Mesoporous metal-organic frameworks with size-tunable cages：Selective CO_2 uptake，encapsulation of Ln^{3+} cations for luminescence，and column-chromatographic dye separation[J].Adv. Mater，2011，23（43）：5015-5020.

[19] Wang H H，Hou L，Li Y Z，et al. Porous MOF with Highly Efficient Selectivity and Chemical Conversion for CO_2 [J].ACS Appl. Mater. Interfaces，2017，9（21）：17969-17976.

[20] Cui Y，Yue Y，Qian G，et al. Luminescent functional metal-organic frameworks[J].Chem Rev，2012，112（2）：1126-1162.

[21] Dan Z，Songwei T，Daqiang Y，et al. Surface functionalization of porous coordination nanocages via click chemistry and their application in drug delivery[J].Adv. Mater，2011，23（1）：90-93.

[22] Sapchenko S A，Samsonenko D G，Dybtsev D N，et al. Microporous sensor：Gas sorption，guest exchange and guest-dependant luminescence of metal-organic framework [J]. Dalton Trans，2011，40（10）：2196-2203.

[23] Fu H R，Wang N，Wu X X，et al. Circularly Polarized Room-Temperature Phosphorescence and Encapsulation Engineering for MOF-Based Fluorescent/Phosphorescent White Light-Emitting Devices[J].Adv. Optical Mater.，2020，8（13）：2000330.

[24] Yang G S，Li M N，Li S L，et al. Controllable synthesis of microporous，nanotubular and mesocage-like metal-organic frameworks by adjusting the reactant ratio and modulated luminescence properties of Alq3@MOF composites[J].J Mater Chem.，2012，22（34）：17947-17953.

[25] Ke F，Yuan Y P，Qiu L G，et al. Facile fabrication of magnetic metal-organic framework nanocomposites for potential targeted drug delivery[J].J Mater Chem.，2011，21（11）：3843-3848.
[26] Wu Y P，Tian J W，Liu S，et al. I-Microporous Metal-organic-frameworks with Cubane [M_4（OH）$_4$]（M= Ni，Co）Clusters and Pore Space Partition for Electrocatalytic Methanol Oxidation Reaction[J]. Angew. Chem. Int. Ed.，2019，58（35）：12185-12189.
[27] Chowdhuri A R，Bhattacharya D，Sahu S K. Magnetic nanoscale metal organic frameworks for potential targeted anticancer drug delivery，imaging and as an MRI contrast agent[J]. Dalton Trans，2016，45（7）：2963-2973.
[28] Furukawa H，Ko N，Go Y B，et al. Ultrahigh porosity in metal-organic frameworks[J].Science，2010，329（5990）：424-428.
[29] Hirscher M. Hydrogen storage by cryoadsorption in ultrahigh-porosity metal-organic frameworks [J]. Angew Chem. Int. Ed.，2011，50（3）：581-582.
[30] Zhou H C，Long J R，Yaghi O M. Introduction to metal-organic frameworks[J]. Chem. Rev.，2012，112（2）：673-674.
[31] Jiang H L，Makal T A，Zhou H C. Interpenetration control in metal-organic frameworks for functional applications[J].Coord Chem. Rev.，2013，257（15-16）：2232-2249.
[32] Hagrman P J，Hagrman D，Zubieta J. Organic-inorganic hybrid materials：From “simple” coordination polymers to organodiamine-templated molybdenum oxides[J].Angew Chem. Int. Ed.，1999，38（18）：2638- 2684.
[33] Moulton B，Zaworotko M J. From molecules to crystal engineering：Supramolecular isomerism and polymorphism in network solids[J].Chem. Rev.，2001，101（6）：1629-1658.
[34] Zaworotko M J. Superstructural diversity in two dimensions：Crystal engineering of laminated solids[J].Chem. Commun.，2001（1）：1-9.
[35] Zhang J，Matsushita M M，Kong X X，et al. Photoresponsive coordination assembly with a versatile logs-stacking channel structure based on redox-active ligand and cupric ion[J]. J Am. Chem. Soc.，2001，123（48）：12105-12106.
[36] Davidson G J，Loeb S J. Channels and cavities lined with interlocked components：Metal-based polyrotaxanes that utilize pyridinium axles and crown ether wheels as ligands[J]. Angew Chem. Int. Ed.，2003，42（1）：74-77.
[37] Perera A A P R，Madhushani K A U，Kumar A，et al. Metal-organic frameworks forwastewater treatment：Recent developments，challenges，and future prospects[J].Chemosphere，2023，339：139713.
[38] Li H，Eddaoudi M，O’Keeffe M，et al. Design and synthesis of an exceptionally stable and highly porous metal-organic framework[J].Nature，1999，402：276-279.
[39] Banerjee R，Phan A，Wang B，et al. High-throughput synthesis of zeolitic imidazolate frameworks and application to CO_2 capture[J].Science，2008，319：939-943.
[40] Eddaoudi M，Kim J，Rosi N，et al. Systematic design of pore size and functionality in isoreticular MOFs and their application in methane storage[J].Science，2002，295：469-472.
[41] Serre C，Millange F，Thouvenot C，et al. Very large breathing effect in the first nanoporous chromium（Ⅲ）-based solids：MIL-53 or Cr^{III}（OH）·{O_2C-C_6H_4-CO_2}·{HO_2C-C_6H_4-CO_2H}$_x$·H_2O_y [J]. Journal of American Chemical Society，2002，124：13519-13526.
[42] Cavka J H，Jakobsen S，Olsbye U，et al. A new zirconium inorganic building brick forming metal organic frameworks with exceptional stability [J]. Journal of American Chemical Society，2008，130：13850-13851.
[43] Ma S，Zhou H C. A metal-organic frameworks with entatic metal centers exhibiting high gas adsorption affinity [J]. Journal of American Chemical Society，2006，128：11734-11735.
[44] Liu Y，Kravtsov V C，Larsen R，et al. Molecular building blocks approach to the assembly of zeolite-like metal-organic frameworks（ZMOFs）with extra-large cavities [J]. Chem. Commun.，2006，14：1488-1490.
[45] 朱晗．含羧酸类配体的配位聚合物的合成、结构与性能研究 [D]．昆明：云南师范大学，2020.
[46] 杨艳艳．基于含多羧酸类配体配位聚合物的合成、结构及性能研究 [D]．福州：福州大学，2015.
[47] 许良焕．咪唑类配体在构建金属有机超分子中的作用 [J]．科学技术创新，2021，21：70-72.
[48] 郝昭然．基于含吡啶类非对称桥联配体的铂（Ⅱ）/铱（Ⅲ）配合物发光材料的合成及性能研究 [D]．湘潭：湘潭大学，2020.

[49] 郎晴．高氮唑类及全氮含能化合物的设计、合成与性能研究 [D]．南京：南京理工大学，2023.
[50] 陶颖．吡嗪四唑/羧酸类配体配合物的结构调控与性能研究 [D]．天津：南开大学，2010.
[51] 韩悦，刘思乐，陆姗姗，等．有机膦配体银金属配合物的合成及催化 Suzuki-Miyaura 交叉偶联反应 [J]．化工科技，2025，33（02）：1-6.
[52] 韩初侠．有机膦配体修饰的多核银簇及性质研究 [D]．抚顺：辽宁石油化工大学，2021.
[53] 石韬，张延辉，陈茜，等．基于联吡唑骨架的大位阻膦配体的合成与应用 [J]．精细化工中间体，2023，53（05）：17-22.
[54] 白东亚，贾历力，张垚，等．大位阻富电子金刚烷基有机膦配体的合成 [J]．合成材料老化与应用，2023，52（01）：16-19.
[55] 曹立芯．基于苯胺膦配体的镍、钯配合物的合成及其在烯烃（共）聚合中的应用 [D]．上海：东华大学，2023.
[56] 刘国成．新型酰氨基配合物的合成及其光催化活性的优化研究 [D]．沈阳：东北大学，2019.
[57] Bakar B，Dik G，Ulu A，et al. Immobilization of Xylanase into Zeolitic Imidazolate Framework-67（ZIF-67）and Manganese-Doped ZIF-67（Mn/ZIF-67）：A Comparison Study [J]．Top Catal，2024，67：698-713.
[58] Yaghi O M. Metal-organic frameworks：a tale of two entanglements [J]．Nature Materials，2007，6（2）：92-93.
[59] Islamov M，Babaei H，Wilmer C E. Influence of Missing Linker Defects on the Thermal Conductivity of Metal-Organic Framework HKUST-1 [J]．ACS Appl. Mater. Interfaces，2020，12（50）：56172-56177.
[60] Zheng B，Bai J，Duan J，et al. Enhanced CO_2 binding affinity of a high-uptake rht-type metal-organic framework decorated with acylamide groups [J]．Journal of the American Chemical Society，2011，133（4）：748-751.
[61] Alanagh H R，Alanagh H R，Fathi P，et al. Exploring Biliverdin's Molecular Interactions with Cu- and Fe-Based MOFs：A Unified In Vitro Study with Photoacoustic Analysis [J]．Langmuir，2024，40，35：18407-18417.
[62] Adhikari D，Karki R，Adhikari K，et al. Mg-MOF-74：A novel material for adsorption and detection of toxic gases [J]．AIP Advances，2025，15：025314.
[63] Feng Wenxuan，Liu Y，Bi Y，et al. Mingliang Ma Recent advancement of magnetic MOF composites in microwave absorption [J]．Synthetic Metals，2023，294：117307.
[64] Espallargas G M，Coronado E. Magnetic functionalities in MOFs：from the framework to the pore [J]．Chem. Soc. Rev.，2018，47：533-557.
[65] Lu Y，Zhou H，Yang H，et al. Anisotropy of metal-organic framework and their composites：properties，synthesis，and applications [J]．J. Mater. Chem. A，2024，12：6243-6260.
[66] Yong Yan，Daniil I. Kolokolov，Ivan da Silva，et al. Porous Metal-Organic Polyhedral Frameworks with Optimal Molecular Dynamics and Pore Geometry for Methane Storage [J]．J. Am. Chem. Soc.，2017，139：13349.
[67] Yao Fu，Zhengzhong Kang，Weicheng Cao，et al. Defect-assisted Loading and Docking Conformations of Pharmaceuticals in Metal-Organic Frameworks [J]．Angew. Chem. Int. Ed.，10. 1002/anie. 202010231.
[68] An Bing，Ma Yujie，Han Xue，et al. Defect-Assisted Loading and Docking Conformations of Pharmaceuticals in Metal-Organic Frameworks [J]．Angew. Chem.，2021，60（14）：7719-7727.
[69] Jiang Qiang，Xiong Peixun，Liu Jingjuan，et al. A Redox-Active 2D Metal-Organic Framework for Efficient Lithium Storage with Extraordinary High Capacity [J]．Angew. Chem.，2020，59（15）：5273-5277.
[70] Qiu Y，Li Y，Peng G，et al. Cadmium metal-directed three-dimensional coordination polymers：In situ tetrazole ligand synthesis，structures，and luminescent properties [J]．Cryst. Growth Des.，2010，10（3）：1332-1340.
[71] Yang Y J，Wang M J，Zhang K L. A novel photoluminescent Cd（Ⅱ）-organic framework exhibiting rapid and efficient multi-responsive fluorescence sensing for trace amounts of Fe^{3+} ions and some NACs，especially for 4-nitroaniline and 2-methyl-4-nitroaniline [J]．J. Mater. Chem. C，2016，4：11404-11418.
[72] Ye J，Zhao L，Bogale R F，et al. Highly Selective Detection of 2，4，6-Trinitrophenol and

Cu^{2+} Ions Based on a Fluorescent Cadmium-Pamoate Metal-Organic Framework [J]. Chemistry-An Asian Journal, 2015, 21 (5): 2029-2037.
[73] Karmakar A, Samanta P, Dutta S, et al. Fluorescent "Turn-on" Sensing Based on Metal-Organic Frameworks (MOFs) [J]. Chemistry-An Asian Journal, 2019, 14 (24): 4506-4519.
[74] Zhao S S, Yang J, Liu Y Y, et al. Fluorescent Aromatic Tag-Functionalized MOFs for Highly Selective Sensing of Metal Ions and Small Organic Molecules [J]. Inorg. Chem., 2016, 55 (5): 2261-2273.
[75] Long G, Meek M. N, *N*-dimethylformamide: Hazard characterization and exposure-response analysis [J]. J Environ Sci. Health C, 2001, 19 (1): 161-187.
[76] Ding R, Chen D J, Yang Y J. Liver and heart toxicity due to 90-day oral exposure of ICR mice to *N*, *N*-dimethylformamide [J]. Environ Toxicol Pharmacol, 2011, 31 (3): 357-363.
[77] Yi F Y, Chen J L, Wang S C, et al. A heterobimetallic metal-organic framework as "turn-on" sensor toward DMF [J]. Chem. Commun., 2018, 54 (59): 8233-8236.
[78] Zhou Y, Yoon J. Recent progress in fluorescent and colorimetric chemosensors for detection of amino acids [J]. Chem. Soc. Rev., 2012, 41 (1): 52-67.
[79] Liu Y H, Huangfu M J, Wu P Y, et al. Post-imparting Brønsted acidity into an amino-functionalized MOF as a bifunctional luminescent turn-on sensor for the detection of aluminum ions and lysine [J]. Dalton Trans., 2019, 48 (36): 13834-13840.
[80] Wang X Z, Wang X R, Liu Y Y, et al. Ultrasonic preparation of near-infrared emission cluster- based Yb^{III} and Nd^{III} coordination materials: Ratiometric temperature sensing, selective antibiotics detection and "turn-on" discrimination of l-arginine [J]. Ultrasonics Sonochemistry, 2019, 59: 104734.
[81] Cui R, Wan Y, Ji G, et al. A highly selective and sensitive fluorescent sensor based on Tb^{3+} - functionalized MOFs to determine arginine in urine: A potential application for the diagnosis of cystinuria [J]. Analyst, 2019, 144 (19): 5875-5881.
[82] Pu W D, Zhao H W, Huang C Z, et al. Visual detection of arginine based on the unique guanidino group-induced aggregation of gold nanoparticles [J]. Anal. Chim. Acta, 2013, 764: 78-83.
[83] Bhosale R S, Shitre G V, Kumar R, et al. A 8-hydroxypyrene-1, 3, 6-trisulfonic acid trisodium salt (HPTS) based colorimetric and green turn-on fluorescent sensor for the detection of arginine and lysine in aqueous solution [J]. Sens. Actuators B, 2017, 241: 1270-1275.
[84] Batten S R, Champness N R, Chen X M, et al. Terminology of metal-organic frameworks and coordination polymers [J]. Pure Appl. Chem., 2013, 85 (8): 1715-1724.
[85] Chavez J S, Harrison K L, Sava Gallis D F. Na intercalation in Fe-MIL-100 for aqueous Na-ion batteries [J]. RSC Adv., 2017, 7 (39): 24312-24320.
[86] Vermoortele F, Bueken B, Le Bars G, et al. Synthesis Modulation as a Tool To Increase the Catalytic Activity of Metal-Organic Frameworks: The Unique Case of UiO-66 (Zr) [J]. J. Am. Chem. Soc., 2013, 135 (31): 11465-11468.
[87] Rosi N L, Eckert J, Eddaoudi M, et al. Hydrogen Storage in Microporous Metal-Organic Frameworks [J]. Science, 2003, 300 (5622): 1127-1129.
[88] Li J R, Sculley J, Zhou H C. Metal-Organic Frameworks for Separations [J]. Chem. Rev., 2012, 112 (2): 869-932.
[89] Dong J, Zhang X D, Xie X F, et al. Amino group dependent sensing properties of metal-organic frameworks: Selective turn-on fluorescence detection of lysine and arginine [J]. RSC Adv., 2020, 10 (61): 37449-37455.
[90] Pujari C, Arindam M, Govardhan S, et al. Remarkably selective and enantiodifferentiating sensing of histidine by a fluorescent homochiral Zn-MOF based on pyrene-tetralactic acid [J]. Chem. Sci., 2016, 7 (5): 3085-3091.
[91] Wang Y, Li B, Zhang L, et al. Multifunctional magnetic mesoporous silica nanocomposites with improved sensing performance and effective removal ability toward Hg (Ⅱ) [J]. Langmuir, 2011, 28 (2): 1657-1662.
[92] Wang H M, Yang Y Y, Zeng C H, et al. A highly luminescent terbium-organic framework for rever- sible detection of mercury ions in aqueous solution [J]. Photochem Photobiol Sci, 2013, 12 (9): 1700-1706.

[93] Li L, Chen Q, Niu Z, et al. Lanthanide metal-organic frameworks assembled from a fluorene-based ligand: Selective sensing of Pb^{2+} and Fe^{3+} ions [J]. J Mater Chem. C, 2016, 4 (9): 1900-1905.
[94] Song Y, Qu K, Xu C, et al. Visual and quantitative detection of copper ions using magnetic silica nanoparticles clicked on multiwalled carbon nanotubes [J]. Chem. Commun., 2010, 46 (35): 6572-6574.
[95] Vallejos Calzada S, Muñoz Santamaría M A, Ibeas Cortes S, et al. Forced solid-state interactions for the selective "Turn-On" fluorescence sensing of aluminum ions in water using a sensory polymer substrate [J]. ACS Appl Mater Interfaces, 2015, 7 (1): 921-928.
[96] Dong X Y, Wang R, Wang J Z, et al. Highly selective Fe^{3+} sensing and proton conduction in a water-stable sulfonate-carboxylate Tb-organic-framework [J]. J Mater Chem. A, 2015, 3 (2): 641-647.
[97] Wang Y, Yang H, Cheng G, et al. A new Tb (Ⅲ) -functionalized layer-like Cd MOF as luminescent probe for high-selectively sensing of Cr^{3+} [J]. Cryst Eng Comm, 2017, 19 (48): 7270-7276.
[98] Ji G, Liu J, Gao X, et al. A luminescent lanthanide MOF for selectively and ultra-high sensitively detecting Pb^{2+} ions in aqueous solution [J]. J. Mater. Chem. A, 2017, 5 (21): 10200-10205.
[99] Song X X, Fu H, Wang P, et al. The selectively fluorescent sensing detection and adsorptive removal of Pb^{2+} with a stable [δ-Mo_8O_{26}] -based hybrid [J]. Journal of Colloid and Interface Science, 2018, 532: 598-604.
[100] Thomas S W, Joly G D, Swager T M. Chemical sensors based on amplifying fluorescent conjugated polymers [J]. Chem. Rev., 2007, 107 (4): 1339-1386.
[101] Li R, Yuan Y P, Qiu L G, et al. A rational self-sacrificing template route to metal-organic framework nanotubes and reversible vapor-phase detection of nitroaromatic explosives [J]. Small, 2012, 8 (2): 225-230.
[102] Kumar S, Venkatramaiah N, Patil S. Fluoranthene based derivatives for detection of trace explosive nitroaromatics [J]. J Phys. Chem. C, 2013, 117 (14): 7236-7245.
[103] Zhang L, Kang Z, Xin X, et al. Metal-organic frameworks based luminescent materials for nitroaromatics sensing [J]. Cryst. Eng. Comm., 2016, 18 (2): 193-206.
[104] Lan A, Li K, Wu H, et al. Insights into the selective sensing mechanism of a luminescent Cd (Ⅱ) -based MOF chemosensor toward NACs: roles of the host-guest interactions and PET processes [J]. Computation & theory, 2021, 56: 13684-13704.
[105] Vellingiri K, Boukhvalov D W, Pandey S K, et al. Luminescent metal organic frameworks for the detection of nitrobenzene in aqueous media [J]. Sens. Actuators B, 2017, 245: 305-313.
[106] Wang X S, Li L, Yuan D Q, et al. Fast, Highly Selective and Sensitive Anionic Metal-Organic Framework with Nitrogen-Rich Sites Fluorescent Chemosensor for Nitro Explosives Detection [J]. Journal of Hazardous Materials, 2018, 33 (15): 283-290.
[107] Dong S J, Hu J S, Wu K, et al. A Mg (Ⅱ) -MOF as recyclable luminescent sensor for detecting TNP with high selectivity and sensitivity [J]. Inorganic Chemistry Communications, 2018, 95: 111-116.
[108] Wang X, Zhang L, Yang J, et al. Lanthanide metal-organic frameworks containing a novel flexible ligand for luminescence sensing of small organic molecules and selective adsorption [J]. J Mater Chem. A, 2015, 3 (24): 12777-12785.
[109] Lan A, Li K, Wu H, et al. A Luminescent Microporous Metal-Organic Framework for the Fast and Reversible Detection of High Explosives [J]. Angew Chem. Int. Ed., 2009, 48 (13): 2334-2338.
[110] Ye R P, Zhang X, Zhai J Q, et al. N-donor ligands enhancing luminescence properties of seven Zn/Cd (Ⅱ) MOFs based on a large rigid π-conjugated carboxylate ligand [J]. Cryst Eng Comm, 2015, 17 (47): 9155-9166.
[111] Wang Y, Yan M, Ji Q, et al. Fast magnetic solid-phase extraction using an Fe_3O_4-NH_2@MOF material for monohydroxy polycyclic aromatic hydrocarbons in urine of coke-oven workers [J]. Anal. Methods, 2020, 12 (22): 2872-2880.

[112] Norouzi F, Khavasi H R. Iodine decorated-UiO-67 MOF as a fluorescent sensor for the detection of halogenated aromatic hydrocarbons [J]. New J. Chem., 2020, 44 (21): 8937-8943.

[113] Han L, Zhou J, Li X, et al. Recognition of harmful fused aromatic hydrocarbons via a metal-organic framework with hydrophobic pores [J]. Journal of Chromatography A, 2016, 1436: 42-50.

[114] Babu R, Roshan R, Kathalikkattil A C, et al. Rapid, Microwave-Assisted Synthesis of Cubic, Three-Dimensional, Highly Porous MOF-205 for Room Temperature CO_2 Fixation via Cyclic Carbonate Synthesis [J]. ACS Appl. Mater. Interfaces, 2016, 8 (49): 33723-33731.

[115] Li Y, Zhang X, Lan J, et al. A High-Performance Zinc-Organic Framework with Accessible Open Metal Sites Catalyzes CO_2 and Styrene Oxide into Styrene Carbonate under Mild Conditions [J]. ACS Sustain. Chem. Eng., 2021, 9 (7): 2795-2803.

[116] Li Y, Zhang X, Lan J, Xu P, et al. Porous Zn (Bmic) (AT) MOF with Abundant Amino Groups and Open Metal Sites for Efficient Capture and Transformation of CO_2 [J]. Inorg. Chem., 2019, 58 (20): 13917- 13926.

[117] Yang L, Zhang H, Tao P, et al. Microwave-Assisted Air Epoxidation of Mixed Biolefins over a Spherical Bimetal ZnCo-MOF Catalyst [J]. ACS Appl. Mater. Interfaces, 2021, 13 (7): 8474-8487.

[118] Deacy A C, Durr C B, Williams C K. Heterodinuclear complexes featuring Zn (Ⅱ) and M = Al (Ⅲ), Ga (Ⅲ) or In (Ⅲ) for cyclohexene oxide and CO_2 copolymerisation [J]. Dalton Trans., 2020, 49 (1): 223-231.

[119] Das P, Mandal S K. Unprecedented High Temperature CO_2 Selectivity and Effective Chemical Fixation by a Copper-Based Undulated Metal-Organic Framework [J]. ACS Appl. Mater. Interfaces, 2020, 12 (33): 37137-37146.

[120] Liang G M, Xiong P, Azam K, et al. A Discrete Tetrahedral Indium Cage as an Efficient Heterogeneous Catalyst for the Fixation of CO_2 and the Strecker Reaction of Ketones [J]. Inorg. Chem. 2020, 59 (3): 1653-1659.

[121] Yang X, Zou Q, Zhao T, et al. Deep Eutectic Solvents as Efficient Catalysts for Fixation of CO_2 to Cyclic Carbonates at Ambient Temperature and Pressure through Synergetic Catalysis [J]. ACS Sustainable Chem. Eng., 2021, 9 (31): 10437-10443.

[122] Chen H, Fan L, Zhang X, et al. Nanocage-Based $In^{Ⅲ}$ $\{Tb^{Ⅲ}\}_2$-Organic Framework Featuring Lotus-Shaped Channels for Highly Efficient CO_2 Fixation and I_2 Capture [J]. ACS Applied Materials & Interfaces 2020, 12 (24): 27803-27811.

[123] Nguyen P T K, Nguyen H T D, Nguyen H N, et al. New Metal-Organic Frameworks for Chemical Fixation of CO_2 [J]. ACS Appl. Mater. Interfaces, 2018, 10 (1): 733-744.

[124] Shane L, Connor G, Kambria R, et al. Amine-Functionalized MIL-101 Monoliths for CO_2 Removal from Enclosed Environments [J]. Energy Fuels, 2019, 33 (3): 2399-2407.

[125] Dhankhar S S, Ugale B, Nagaraja C M. Co-Catalyst-Free Chemical Fixation of CO_2 into Cyclic Carbonates by using Metal-Organic Frameworks as Efficient Heterogeneous Catalysts [J]. Chem Asian J., 2020, 15 (16): 2403-2427.

[126] Han Y H, Zhou Z Y, Tiana C B, et al. A dual-walled cage MOF as an efficient heterogeneous catalyst for the conversion of CO_2 under mild and co-catalyst free conditions [J]. Green Chem., 2016, 18: 4086-4091.

[127] Dhankhar S S, Das R, Ugale B, et al. Chemical Fixation of CO_2 Under Solvent and Co-Catalyst-free Conditions Using a Highly Porous Two-fold Interpenetrated Cu (Ⅱ) -Metal-Organic Framework [J]. Cryst. Growth Des., 2021, 21 (2): 1233-1241.

[128] Sharma N, Dhankhar S S, Nagaraja C M. Environment-friendly, co-catalyst- and solvent-free fixation of CO_2 using an ionic zinc (Ⅱ) - porphyrin complex immobilized in porous metal-organic frameworks [J]. Sustainable Energy Fuels, 2019, 3 (11): 2977-2982.

[129] Cheng Y J, Wang R, Wang S, et al. Encapsulating $[Mo_3S_{13}]^{2-}$ clusters in cationic covalent organic frameworks: enhancing stability and recyclability by converting a homogeneous photocatalyst to a heterogeneous photocatalyst [J]. Chem. Commun., 2018, 54 (96): 13563-13566.

[130] Sarkar P, Chowdhury A H, Riyajuddin S, et al. Zn(Ⅱ)@TFP-DAQ COF: an efficient mesoporous catalyst for the synthesis of N-methylated amine and carbamate through chemical fixation of CO_2 [J]. New J. Chem., 2020, 44(3): 744-752.
[131] Zhang H R, Gu J Z, Kirillov A M. Metal-Organic Architectures Designed from a Triphenyl-Pentacarboxylate Linker: Hydrothermal Assembly, Structural Multiplicity, and Catalytic Knoevenagel Condensation [J]. Inorg. Chem. Front., 2021, 8(18): 4209-4221.
[132] Yang Y, Gao C Y, Tian H R, et al. A Highly Stable Mn^{II} Phosphonate as Highly Efficient Catalyst for CO_2 Fixation Under Ambient Conditions [J]. Chem. Commun., 2018, 54(14): 1758-1761.
[133] Chen H, Fan L, Zhang X. Nanoporous Zn^{II}/Tb^{III}-Organic Frameworks for CO_2 Conversion [J]. ACS Appl. Nano Mater., 2020, 3 (7): 7201-7210.
[134] Chen H, Fan L, Zhang X. Highly Robust 3s-3d {CaZn} -Organic Framework for Excellent Catalytic Performance on Chemical Fixation of CO_2 and Knoevenagel Condensation Reaction [J]. ACS Appl. Mater. Interfaces, 2020, 12 (49): 54884-54892.
[135] Chen H, Fan L, Hu T, et al. 6s-3d $\{Ba_3Zn_4\}$ -Organic Framework as an Effective Heterogeneous Catalyst for Chemical Fixation of CO_2 and Knoevenagel Condensation Reaction [J]. Inorg. Chem., 2021, 60(5): 3384-3392.
[136] Qiu J, Zhao Y, Li Z, et al. Imidazolium-Salt-Functionalized Covalent Organic Frameworks for Highly Efficient Catalysis of CO_2 Conversion [J]. ChemCatChem, 2019, 12(11): 2421-2427.
[137] Chen H T, Hu T P, Fan L M, et al. One Robust Microporous Tm^{III}-Organic Framework for Highly Catalytic Activity on Chemical CO_2 Fixation and Knoevenagel Condensation [J]. Inorg. Chem., 2021, 60(2): 1028-1036;
[138] Zhao Y, Zhao Y, Qiu J, et al. Facile Grafting of Imidazolium Salt in Covalent Organic Frameworks with Enhanced Catalytic Activity for CO_2 Fixation and the Knoevenagel Reaction [J]. ACS Sustainable Chem. Eng., 2020, 8(50): 18413-18419.
[139] Zou Y H, Huang Y B, Si D H, et al. Porous Metal-Organic Framework Liquids for Enhanced CO_2 Adsorption and Catalytic Conversion [J]. Angew. Chem., 2021, 133(1): 2-8.
[140] Costa V V, Estrada M, Demidova Y, et al. Gold nanoparticles supported on magnesium oxide as catalysts for the aerobic oxidation of alcohols under alkali-free conditions [J]. Journal of Catalysis, 2012, 292: 148-156.
[141] Kegnæs S, Mielby J, Mentzel U V, et al. One-pot synthesis of amides by aerobic oxidative coupling of alcohols or aldehydes with amines using supported gold and base as catalysts [J]. Chemical Communications, 2012, 48: 2427-2429.
[142] Asao N, Hatakeyama N, Menggenbateer Minato T, et al. Aerobic oxidation of alcohols in the liquid phase with nanoporous gold catalysts [J]. Chemical Communications, 2012, 48: 4540-4542.
[143] Su F Z, Ni J, Sun H, et al. Gold Supported on Nanocrystalline β-Ga_2O_3 as a Versatile Bifunctional Catalyst for Facile Oxidative Transformation of Alcohols, Aldehydes, and Acetals into Esters [J]. Chemistry-A European Journal, 2008, 14: 7131-7135.
[144] Tanaka A, Hashimoto K, Kominami H, Preparation of Au/CeO_2 Exhibiting Strong Surface Plasmon Resonance Effective for Selective or Chemoselective Oxidation of Alcohols to Aldehydes or Ketones in Aqueous Suspensions under Irradiation by Green Light [J]. Journal of the American Chemical Society, 2012, 134: 14526-14533.
[145] Yamaguchi K, Mori K, Mizugaki T, et al. Creation of a Monomeric Ru Species on the Surface of Hydroxyapatite as an Efficient Heterogeneous Catalyst for Aerobic Alcohol Oxidation [J]. Journal of the American Chemical Society, 2000, 122: 7144-7145.
[146] Kim Y H, Hwang S K, Kim J W, et al. Zirconia-Supported Ruthenium Catalyst for Efficient Aerobic Oxidation of Alcohols to Aldehydes [J]. Industrial & Engineering Chemistry Research, 2014, 53: 12548-12552.
[147] Mori K, Hara T, Mizugaki T, et al. Hydroxyapatite-Supported Palladium Nanoclusters: A Highly Active Heterogeneous Catalyst for Selective Oxidation of Alcohols by Use of Molecular Oxygen [J]. Journal of the American Chemical Society, 2004, 126: 10657-10666.

[148] Chen G, Wu S, Liu H, et al. Palladium supported on an acidic metal-organic framework as an efficient catalyst in selective aerobic oxidation of alcohols [J]. Green Chemistry, 2013, 15: 230-235.
[149] Wu G, Wang X, Guan N, et al. Palladium on graphene as efficient catalyst for solvent-free aerobic oxidation of aromatic alcohols: Role of graphene support [J]. Applied Catalysis B: Environmental, 2013, 136-137: 177-185.
[150] Zhong W, Liu H, Bai C, et al. Base-Free Oxidation of Alcohols to Esters at Room Temperature and Atmospheric Conditions using Nanoscale Co-Based Catalysts [J]. ACS Catalysis, 2015, 5: 1850-1856.
[151] Okumura M, Akita T, Haruta M. Hydrogenation of 1,3-butadiene and of crotonaldehyde over highly dispersed Au catalysts [J]. Catalysis Today, 2002, 74: 265-269.
[152] Perret N, Wang X, Delgado J J, et al. Selective hydrogenation of benzoic acid over Au supported on CeO_2 and $Ce_{0.62}Zr_{0.38}O_2$: Formation of benzyl alcohol [J]. Journal of Catalysis, 2014, 317: 114-125.
[153] Huang J, Jiang T, Gao H, et al. Pd Nanoparticles Immobilized on Molecular Sieves by Ionic Liquids: Heterogeneous Catalysts for Solvent-Free Hydrogenation [J]. Angewandte Chemie International Edition, 2004, 43: 1397-1399.
[154] Prechtl M H G, Scariot M, Scholten J D, et al. Nanoscale Ru (0) Particles: Arene Hydrogenation Catalysts in Imidazolium Ionic Liquids [J]. Inorganic Chemistry, 2008, 47: 8995-9001.
[155] Corma A, Martínez A, Martínez-Soria V. Hydrogenation of Aromatics in Diesel Fuels on Pt/MCM-41 Catalysts [J]. Journal of Catalysis, 1997, 169: 480-489.
[156] Polshettiwar V, Baruwati B, Varma R S. Nanoparticle-supported and magnetically recoverable nickel catalyst: a robust and economic hydrogenation and transfer hydrogenation protocol [J]. Green Chemistry, 2009, 11: 127-131.
[157] Zhang Y, Jacobs G, Sparks D E, et al. CO and CO_2 hydrogenation study on supported cobalt Fischer-Tropsch synthesis catalysts [J]. Catalysis Today, 2002, 71: 411-418.
[158] Long J, Zhou Y, Li Y, Transfer hydrogenation of unsaturated bonds in the absence of base additives catalyzed by a cobalt-based heterogeneous catalyst [J]. Chemical Communications, 2015, 51: 2331-2334.
[159] Niu H, Liu S, Cai Y, et al. MOF derived porous carbon supported Cu/Cu_2O composite as high performance non-noble catalyst [J]. Microporous and Mesoporous Materials, 2016, 219: 48-53.
[160] Li Y, Zhou Y X, Ma X, et al. A metal-organic framework-templated synthesis of γ-Fe_2O_3 nanoparticles encapsulated in porous carbon for efficient and chemoselective hydrogenation of nitro compounds [J]. Chemical Communications, 2016, 52: 4199-4202.
[161] Dry M E, The Fischer-Tropsch process: 1950-2000 [J]. Catalysis Today, 2002, 71: 227-241.
[162] Dry M E, Practical and theoretical aspects of the catalytic Fischer-Tropsch process [J]. Applied Catalysis A: General, 1996, 138: 319-344.
[163] Santos V P, Wezendonk T A, Jaén J J D, et al. Metal organic framework-mediated synthesis of highly active and stable Fischer-Tropsch catalysts [J]. Nat Commun, 2015, 6: 6451.
[164] Ansari M B, Jin H, Parvin M N, et al. Mesoporous carbon nitride as a metal-free base catalyst in the microwave assisted Knoevenagel condensation of ethylcyanoacetate with aromatic aldehydes [J]. Catalysis Today, 2012, 185 (1): 211-216.

第2章　金属有机骨架材料的制备及活化

2.1 金属有机骨架材料的制备

MOFs材料由于具有非常好的性能，目前对它的研究也越来越深入，合成方法也逐渐成熟。MOFs材料的常规合成方法主要有水/溶剂热合成法、超声波辅助法、微波辅助法、离子热合成法、电化学合成法、流动化学法以及机械化学合成法等[1]。

2.1.1 水/溶剂热合成法

水/溶剂热合成法是指在密闭的高压釜内，按比例称取有机配体、金属离子化合物以及其他配合物，与水或有机溶剂混合均匀，在一定的温度和溶液的自生压力下，混合物进行反应的一种合成方法。采用这种方法在加热条件下就可以很容易得到MOFs微晶产物，这主要是因为通过这种高温高压的水/溶剂热反应，可以促进反应物在溶剂中的溶解，有利于混合物的反应和结晶。该方法合成的MOFs材料一般具有较好的耐热性，晶体的纯度较高、晶体颗粒也较完整。Yaghi等[2] 利用该方法合成了MOF-5，去除溶剂二乙基甲酰胺之后，MOF-5的比表面积达到2500m^2/g，在500℃的高温下保持良好的结构。

2.1.2 超声波辅助法

超声波辅助法是将原料溶于溶剂中进行不断地超声，该方法利用溶剂中不断地产生气泡、生长和破裂的过程，使成核均匀，缩短结晶时间，形成较小的晶体。但超声波辅助法合成的MOFs材料的相纯度较低。Qiu等[3] 首次使用此方法来合成MOFs材料$Zn_3(BTC)_2$，将醋酸锌和均苯三甲酸（BTC）溶于乙醇水溶液超声5min，$Zn_3(BTC)_2$的产率可达75.3%。

2.1.3 微波辅助法

微波辅助法是利用电磁辐射和分子的偶极矩相互作用进行反应的一种方法，

该方法制备 MOFs 材料的反应速率比传统的水/溶剂热合成法高。这主要是因为，与传统加热相比，微波加热具有内热效应，施加的高频磁场能迅速使分子产生热效应，迅速升高了反应体系的温度，促进反应的进行，而且能够保证反应体系的温度均匀，不会发生局部过热的现象。该方法制备的 MOFs 材料，具有很高的相纯度，比较适合制备小尺寸的 MOFs 晶体。Harris 等[4] 就通过该方法制备了 MOFs 材料［$Zn_4O(BDC)_3$］（BDC 为有机配体线性 1,4-苯二甲酸酯），其具有良好的 CO_2 捕集性能。

2.1.4 离子热合成法

离子热合成法是使用离子液体（ILs）同时作为溶剂和模板来指导合成固体结构的方法[5]。ILs 具有很低的挥发性，所以在合成过程中可以考虑蒸气压和沸点作为惰性参数，使用大多数离子液体微乳液作为溶剂，可以节省消耗的能量。ILs 由一系列 1-烷基-3-甲基咪唑卤化物结构（烷基链长为乙基到戊基；卤素为 Cl、Br、I 等）作为溶剂或模板剂参与合成含多元金属/有机连接体的 MOFs 材料。

然而，这些溶剂具有很大的动力黏度，影响溶质在溶液中的扩散，导致搅拌和过滤困难。此外，大多数溶剂的熔点不明确，在合成过程中可能意外结晶[6]。该方法主要涉及两个合成过程，一是合成 ILs，二是合成 MOFs 材料，这进一步增加了合成成本[7,8]。而且从反应产物中分离出晶体结构也比较困难。

2.1.5 电化学合成法

电化学合成法主要分为阴极合成法、阳极合成法、间接双极电沉积法、电泳沉积法和电位移法（电镀置换法），具有反应条件温和、合成速度快、孔隙率高以及溶剂用量少等优点，但产量较低、副产物多[9-11]。2005 年，巴斯夫在一项专利中首次提出利用电化学法合成 MOFs 材料，研究人员采用阳极合成法，在 1,3,5-苯三甲酸的甲醇溶液中通入 12～19V 电压 150min，成功制备了 Cu-MOF。而后，Ameloot 等[12] 在铜基上合成了厚度均匀的 HKUST-1［Cu_3-$(BTC)_2$］薄膜，其原理是首先利用电解时阳极金属板生成金属离子，然后与有机配体在电极表面自组装形成 MOF 膜。

2.1.6 流动化学法

流动化学法是一种超快速、连续的合成 MOFs 材料的过程，其特性可根据温度、停留时间和污泥体积进行调节[13]。该方法所用的设备由四大部分组成：注射器系统、微管反应器、温控油浴和收集产品的玻璃小瓶。注射器系统包括三个注射器，用于注射溶剂、金属溶液和有机配体溶液[14]。反应是通过反应物在反应器中的流动而发生的。然后，产生 MOFs 结晶并沉淀在反应器出口的小瓶底部。

2.1.7 机械化学合成法

机械化学合成法指将金属盐与有机配体通过机械研磨的方法来进行直接反应，或者将所有成分均匀混合，然后在特定温度下反应形成 MOFs 材料。这种方法不用大量使用有机溶剂，不仅可以减少对环境的污染，并且可以节约成本。Tomislav Frii 等[15] 利用机械化学合成法，以 ZnO 和 2-甲基咪唑为原料，同时加入少量乙酸或水作为催化剂，最终合成了 ZIF-8。

2.2 金属有机骨架材料的活化

MOFs 材料的活化（activation）通常是指通过物理或化学方法去除孔道中的溶剂分子或未反应的配体，获得开放孔道结构并提高材料的吸附性能。活化方法的选择直接影响 MOFs 材料的孔隙率、稳定性和应用效果。常用的活化方法包括：溶剂交换法、高温煅烧法、超声法、超临界 CO_2 干燥法、苯冷冻干燥法以及光照法等。

2.2.1 溶剂交换法

溶剂交换法活化是指通过低沸点溶剂（如甲醇、丙酮）替换 MOFs 材料孔道中的高沸点溶剂（如 DMF、DMSO），降低后续干燥温度，减少结构坍塌风险。首先将合成的 MOFs 材料浸泡在低沸点溶剂中，每隔 6～12h 更换溶剂，重复 3～5 次。然后用挥发性溶剂（如正己烷）置换，促进后续干燥。该方法主要适用于热稳定性较差的 MOFs 材料（如 ZIF 系列）和柔性 MOFs 材料（如 MIL-53）等。

2.2.2 高温煅烧法

高温煅烧法活化是一种特殊的后处理方法，最主要是通过高温热处理去除孔道中的溶剂或模板剂，甚至有可能将 MOFs 材料转化为衍生材料（如多孔碳、金属氧化物等）。首先用低沸点溶剂（甲醇、丙酮）替换合成溶剂（DMF、DMSO），减少高温分解副产物。然后在常温或低温下真空干燥去除表面溶剂。最后通过酸洗或超声处理去除表面无定形杂质（如碳化后的灰分）。

2.2.3 超声法

超声法活化是一种利用超声波技术优化材料孔道结构的方法，旨在有效去除合成过程中残留的溶剂或模板分子，从而提升其表面积和性能。超声波在液体中产生高频振动，导致微小气泡（空化泡）的形成和剧烈崩溃，释放局部高温（约5000K）和高压（约101.325MPa）。这种能量冲击波有助于分解溶剂分子，促进其从MOFs材料孔道中脱附。超声波的剪切力也可松动孔道内的分子，增强传质效率，尤其在顽固溶剂的去除中效果显著。首先将合成的MOFs材料分散于适当溶剂（如乙醇、水）中，形成悬浮液。然后使用超声设备（如探头式或浴槽式）在特定频率（20～40kHz）和功率（50～500W）下处理，时间通常为10min至2h，依材料类型调整。最后离心或过滤分离MOFs材料，结合真空干燥或低温加热以彻底去除残留溶剂。相较于高温煅烧或长时间真空处理，超声法在常温或低温下进行，降低结构坍塌风险。

2.2.4 超临界 CO_2 干燥法

超临界 CO_2 干燥法活化是一种利用超临界干燥机的液态 CO_2 优化材料孔道结构的方法。首先将合成的晶体在乙醇中浸泡3天，用乙醇交换所有的客体溶剂。同样，每24h将浸泡液更换为新的乙醇，然后将乙醇交换后的样品在超临界干燥机的液态 CO_2 中浸泡6h以上，每小时用新鲜的液态 CO_2 吹扫一次。在此期间，干燥机内温度应保持在−5～5℃之间。然后将温度升高到40℃［即高于 CO_2 的临界点（31℃）］并保持30min。最后，在18h的时间内缓慢释放干燥室内的超临界 CO_2[16]。

2.2.5 苯冷冻干燥法

苯冷冻干燥法活化是基于溶剂交换活化和 CO_2 超临界干燥的原理[17]。在MOFs材料中加入高沸点溶剂后，该溶剂可与苯发生交换。加入的苯很容易通过冷冻干燥去除。冻结的溶剂分子可以在低于其冰点的温度下通过真空固气转变从MOFs材料中去除。绕过液相，消除了表面张力导致介孔坍塌的负面影响，从而提高了MOFs材料的永久孔隙率[18]。

2.2.6 光照法

光照法活化是一种依赖于光照射，使MOFs材料升温导致客体分子快速去除的方法[19-21]。但是这种活化法只适用于具有光热活性的MOFs材料。

参考文献

[1] Zhao M, Huang Y, Peng Y, et al. Two-dimensional metal-organic framework nanosheets: synthesis and applications [J].Chem. Soc. Rev., 2018, 47 (16): 6267-6295.

[2] Gould S L, Tranchemontagne D, Yaghi O M, et al. Amphidynamic Character of Crystalline MOF-

5: Rotational Dynamics of Terephthalate Phenylenes in a Free-Volume, Sterically Unhindered Environment [J].J. Am. Chem. Soc. , 2008, 130 (11) : 3246-3247.

[3] Qiu L G, Li Z Q, Wu Y, et al. Facile synthesis of nanocrystals of a microporous metal-organic framework by an ultrasonic method and selective sensing of organoamines [J].Chem. Commun. , 2008, 31: 3642-3644.

[4] Lu C M, Liu J, Xiao K, et al. Microwave enhanced synthesis of MOF-5 and its CO_2 capture ability at moderate temperatures across multiple capture and release cycles [J].Chemical Engineering Journal, 2010, 156 (2) : 465-470.

[5] Morris R E. Ionothermal synthesis—ionic liquids as functional solvents in the preparation of crystalline materials[J].Chem. Commun, 2009, 21: 2990-2998.

[6] Wilkes J S. Properties of ionic liquid solvents for catalysis [J]. J. Mol. Catal. Chem. , 2004, 214 (1) : 11-17.

[7] Luo Q X, An B W, Ji M, Zhang J. Hybridization of metal-organic frameworks and task-specific ionic liquids: fundamentals and challenges[J].Materials Chemistry Frontiers, 2018, 2: 219-234.

[8] Valkenberg M H, DeCastro C, Holderich W F. Immobilisation of ionic liquids on solid supports[J]. Green Chem. , 2002, 4: 88-93.

[9] Lee E J, Bae J, Choi K M, et al. Exploiting Microwave Chemistry for Activation of Metal-Organic Frameworks [J].ACS Appl. Mater. Interfaces. , 2019, 11 (38) : 35155-35161.

[10] Mueller U, Schubert M, Teich F, et al. Metal-organic frameworks-prospective industrial applications [J].J. Mater. Chem. , 2006, 16 (7) : 626-636.

[11] Lia M, Dincă M. Selective formation of biphasic thin films of metal-organic frameworks by potential-controlled cathodic electrodeposition [J].Chem. Sci. , 2014, 5 (1) : 107-111.

[12] Assche T R C V, Desmet G , Ameloot R, et al. Electrochemical synthesis of thin HKUST-1 layers on copper mesh [J].Microporous and Mesoporous Materials, 2012, 158: 209-213.

[13] Gimeno-Fabra M, Munn A S, Stevens L A, et al. Instant MOFs: continuous synthesis of metal-organic frameworks by rapid solvent mixing[J]. Chem. Commun. , 2012, 48: 10642-10644.

[14] Paseta L, Seoane B, Julve D, et al. Accelerating the Controlled Synthesis of Metal-Organic Frameworks by a Microfluidic Approach: A Nanoliter Continuous Reactor [J]. ACS Appl. Mater. Interfaces, 2013, 5: 9405-9410.

[15] Katsenis A D, Puškarić A, Štrukil V, et al. In situ X-ray diffraction monitoring of a mechanoch- emical reaction reveals a unique topology metal-organic framework [J].Nat. Commun. , 2015, 6: 6662.

[16] Nelson A P, Farha O K, Mulfort K L, et al. Supercritical Processing as a Route to High Internal Surface Areas and Permanent Microporosity in Metal-Organic Framework Materials [J]. J. Am. Chem. Soc. , 2009, 131(2): 458-460.

[17] Ma L, Jin A, Xie Z, et al. Freeze Drying Significantly Increases Permanent Porosity and Hydrogen Uptake in 4,4-Connected Metal-Organic Frameworks [J].Angew. Chem. Int. Ed. , 2009, 48(52): 9905-9908.

[18] Mondloch J E, Karagiaridi O, Farha O K, et al. Activation of metal-organic framework materials[J]. CrystEngComm, 2013, 15: 9258-9264.

[19] Espín J, Garzon-Tovar L, Boix G, et al. The photothermal effect in MOFs: Covalent post-synthetic modification of MOFs mediated by UV-Vis light under solvent-free conditions [J].Chem. Commun. , 2018, 54(33): 4184-4187.

[20] Lohe M R, Rose M, Kaskel S. Metal-organic framework(MOF) aerogels with high micro- and microporosity[J].Chem. Commun. , 2009, 40: 6056-6058.

[21] Espín J, Garzón-Tovar L, Carné-Sánchez A, et al. Photothermal Activation of Metal-Organic Frameworks Using a UV-Vis Light Source [J]. ACS Appl. Mater. , Interfaces, 2018, 10 (1) : 9555-9562.

第3章 多元羧酸配体金属有机骨架材料的合成与表征

3.1 多元羧酸配体金属有机骨架材料的合成

3.1.1 有机配体的合成

3.1.1.1 有机配体 H_6TDP 的合成

如图 3-1 所示，有机配体 H_6TDP［2,4,6-三(2,4-二羧基苯基)吡啶］的合成过程分为以下三步完成。

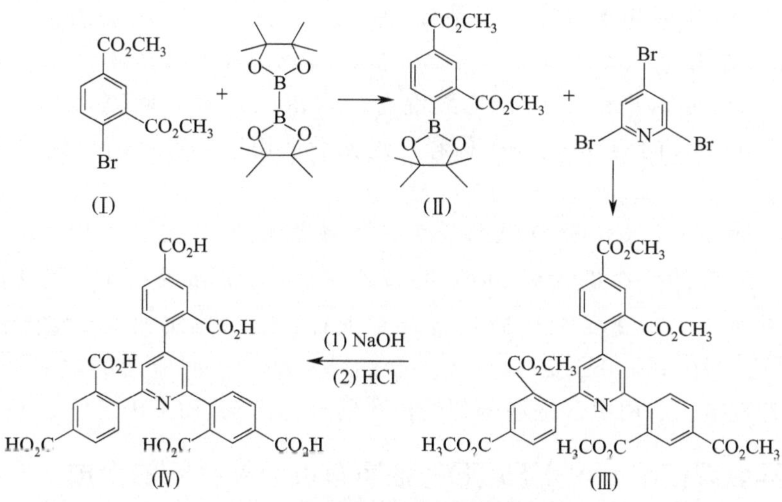

图 3-1 配体 H_6TDP 的合成路线

（1）合成 4,4,5,5-四甲基-2-(二乙基-2,4-二羧基苯基)-1,3-二氧环烷（Ⅱ）

将 4-溴-1,3-苯二甲酸二甲酯（Ⅰ，0.1mol，27.2g）、双戊酰二硼（11.8mmol，3.0g）、醋酸钾（0.29mmol，28.0g）、Pd（dppf）$_2$Cl$_2$❶（7.0mmol，5.0g）和 1,4-

❶［1,1′-双(二苯基膦)二茂铁］二氯化钯(Ⅱ)。

二氧六环（500mL）混合在一起，并在100℃下烘干24h，然后用200mL的乙酸乙酯进行萃取，重复3次。用活性炭对有机层进行脱色，然后将其放入无水干燥剂 Na_2SO_4 中。粗品经真空浓缩，并用柱色谱［硅胶，乙酸乙酯/石油醚，6%（体积分数）］纯化即可得到产物Ⅱ（产率为65%）。

（2）合成2,4,6-三(二甲基-2,4-二羧基苯基)吡啶（Ⅲ）

将第一步的产物Ⅱ（0.15mol，48.0g）、2，4，6-三溴吡啶（0.05mol，15.6g）、K_3PO_4（0.3mol，63.6g）混合于2000mL的1,4-二噁烷中，通入 N_2 10min用于除去容器中的氧。然后，将Pd（PPh_3）$_4$（0.9mmol，1.0g）加入该混合物中进行搅拌反应，并在 N_2 下加热回流1周时间。在真空下除去1,4-二噁烷后使用甲醇重结晶即可得到纯度较高的产物Ⅲ。

（3）合成2,4,6-三(2,4-二羧基苯基)吡啶（Ⅳ）

将第二步合成的产物Ⅲ（0.05mol，32.8g）与40g的NaOH混合并在2000mL的 H_2O 和1600mL的甲醇中回流2h，冷却至室温。回流溶液用浓盐酸进行中和，最终得到白色粉末产物Ⅳ，即为 H_6TDP（产率为90%）。

3.1.1.2 有机配体 H_5BDCP 的合成

如图3-2所示，有机配体 H_5BDCP的合成过程分为以下两步完成。

（1）合成2,6-二(2,4-二甲基苯基)-4-(4-羧基苯基)吡啶（Ⅱ）

将4-甲酰基苯甲酸酯（0.1mol，16.4g）、2，4-二甲基苯乙酮（0.2mol，30.0g）和氢氧化钠（0.31mol，12.2g）的混合物磨成淡黄色粉末，溶于醋酸铵（0.78mol，60.0g）并和500mL乙酸混合。将得到的溶液回流24h，冷却至室温，再用2000mL的 H_2O 进一步稀释，过滤后使用甲醇重结晶得到的浅棕色样品即为产物Ⅱ。

（2）合成2,6-二(2,4-二羧基苯基)-4-(4-羧基苯基)吡啶（H_5BDCP，Ⅲ）

称取上一步的产物Ⅱ（0.1mol，40.7g）在500mL吡啶和500mL的 H_2O 的混合溶剂中回流，并逐步加入379.2g高锰酸钾。然后再次加入高锰酸钾后，回流4h，并慢慢加入100mL乙醇分解多余的高锰酸钾。回流后的溶液经过酸化，使用DMF重结晶后用甲醇洗涤得到的白色粉末即为 H_5BDCP。

3.1.2 异金属{$Zn^{Ⅱ}Ho^{Ⅲ}$}-H_6TDP 金属有机骨架材料的合成

采用溶剂热法，将无水 $ZnCl_2$（0.014g，0.10mmol）、Ho_2O_3（0.019g，0.05mmol）、H_6TDP（0.034g，0.06mmol），以及7mL的DMF、2mL的 H_2O、0.2mL的硝酸（1.8mol/L）依次加入25mL的高压反应釜中，混合均匀后放置于110℃的烘箱中加热4d，然后按照10℃/h的降温速度逐渐冷却到室温。采用DMF/H_2O 对反应产物进行反复洗涤过滤、烘干，最终获得无色晶体{[ZnHo(TDP)(H_2O)]·2DMF·4H_2O}$_n$（TIT-1）。

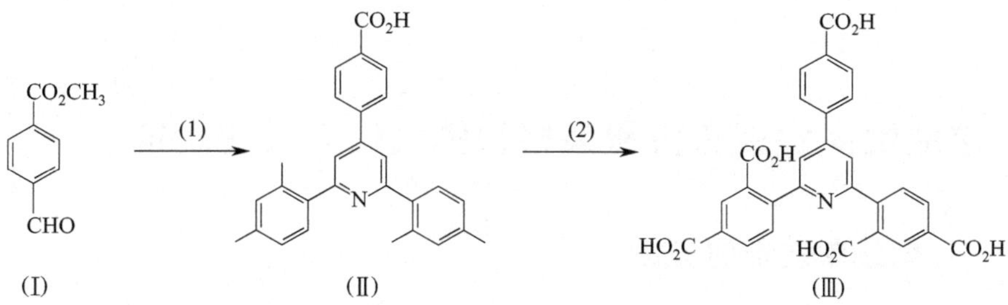

图 3-2 H_5BDCP 配体的合成路线

3.1.3 异金属{Co^{Ⅱ} Tb^{Ⅲ}}-H_6TDP 金属有机骨架材料的合成

将 $Co(NO_3)_2 \cdot 6H_2O$（0.029g，0.10mmol）、Tb_2O_3（0.03g，0.04mmol）和 H_6TDP（0.034g，0.06mmol）、7mL DMF、1mL H_2O、0.7mL 硝酸（1.8mol/L）依次加入 25mL 的高压反应釜中混合均匀，在 130℃的烘箱中加热 2d，然后按照 10℃/12h 的降温速度逐渐冷却到 50℃，保持 12h 后降温至室温。通过 DMF/H_2O 反复洗涤过滤、烘干，最终获得无色晶体 $\{[CoTb(TDP)(H_2O)] \cdot 3H_2O \cdot 4DMF\}_n$（TIT-2）。

3.1.4 Ln^{Ⅲ}-H_5BDCP 金属有机骨架材料的合成

将 Tm_2O_3（0.04mmol，0.015g）、H_5BDCP（0.06mmol，0.034g）、8mL DMF、4mL 稀硝酸溶液（1.8mol/L）、1mL $SnCl_2$ 溶液（0.1mmol/L）和 1mL $CaCl_2$ 溶液（0.1mmol/L）依次加入 25mL 高压反应釜中，在 130℃下加热 2d，然后以 10℃/h 的速度逐渐冷却至室温。通过 DMF/H_2O 反复洗涤、过滤获得浅黄色的长方体晶体（TIT-3）。

3.1.5 {Ln_4}-H_5BDCP 金属有机骨架材料的合成

3.1.5.1 TIT-4 的合成

将 Yb_2O_3（0.10mmol，0.039g）、H_5BDCP（0.07mmol，0.038g）、15mL 的二甲基甲酰胺（DMF）和水（体积比为 9∶6）的混合液，以及 0.1mL 的浓硝酸依次加入不锈钢容器中，在 130℃的温度下加热 2d，然后降至室温。通过洗涤过滤、烘干得到黄色的长方体晶体（TIT-4）。

3.1.5.2 TIT-5 的合成

将 Ho_2O_3（0.10mmol，0.040g）、H_5BDCP（0.07mmol，0.038g）、15mL 的二甲基甲酰胺（DMF）和水（体积比为 9∶6）的混合液，以及 0.1mL 的浓硝酸依次加入不锈钢容器中，在 130℃的温度下加热 2d，然后降至室温。通过洗涤过滤、烘干得到黄色的长方体晶体（TIT-5）。

3.2 多元羧酸配体金属有机骨架材料的结构与性能表征

3.2.1 X射线单晶衍射测试

采用德国 Bruker 公司生产的 Smart-APEX Ⅱ型单晶衍射仪（Mo-Kα 辐射，λ=0.071073nm）表征所制备 MOFs 材料的单晶衍射数据。衍射数据使用 Crys Alis^{Pro} 程序进行处理，并通过 Olex 2 软件的 Shel XS 程序直接法处理，然后利用最小二乘法在 Shel XL 优化程序中进行精修。对所有非氢原子的各向异性进行了处理，配体的氢原子位于理论加氢位置上，并且使用了 Riding 模型进一步精修，通过 SQUEEZE 程序去除了溶剂分子的衍射贡献[1,2]。获得的单晶衍射数据可以反映晶体的微观结构、配位方式、孔径尺寸、孔隙率、理论元素组成和晶体各组分的比例等信息。

3.2.2 X射线粉末衍射测试

采用日本理学公司生产的 Smartlab（9kW）型 X 射线衍射仪（Cu-Kα 射线，λ=0.154nm）对样品进行测试。测试条件：电压 45kV，电流 200mA，扫描速度 10(°)/min，2θ 角扫描范围 5°～50°。可以通过 XRD 谱图衍射峰的位置和强度变化来判断样品的纯度、结晶度及结构变化[3]。

3.2.3 热重分析

采用德国 Netzsch 公司生产的 TG-209 F3 型热分析仪对 MOFs 材料的热稳定性和不同温度下的失重百分比进行分析，结合单晶结构和元素分析数据获得失重成分和最终分子式。测试条件：氩气气流 80mL/min，升温速率 10℃/min，温度范围 25～800℃[4]。

3.2.4 红外光谱分析

采用德国 Bruker 公司生产的 TENSOR 27 型红外光谱仪对有机配体和 MOFs 材料进行红外光谱测试，波数范围为：400～4000cm^{-1}。可以通过配位前后波数变化来初步确定羧酸基与金属离子是否配位，并根据合成样品和有机配体的特征吸收峰位置来判断是否形成了 MOFs 材料[5]。

3.2.5 元素分析

采用德国 Elementar 公司生产的 Vario Microcube 型元素分析仪测定 MOFs

材料样品中 C、N、O、H 等非金属元素的含量[6]。

3.2.6 扫描电子显微镜分析

采用日本电子公司生产的 JSM-7200F 型扫描电子显微镜（SEM）观察 MOFs 材料样品的晶体结构，加速电压为 10.0kV，并通过能谱仪（EDS）分析各元素的分布情况。

3.2.7 荧光光谱分析

采用日立公司生产的 F-4600 型荧光光谱仪在室温下对 TIT-1、TIT-2 及 H_6TDP 配体进行固体荧光测试。然后通过荧光光谱法测定 TIT-1 和 TIT-2 在不同金属阳离子氨基酸悬浮液中的荧光强度，以此来衡量 TIT-1 和 TIT-2 对不同金属离子的识别能力。

3.2.8 气体吸附性能测试

采用美国麦克仪器公司生产的 ASAP 2020 Plus 型比表面积仪测试 MOFs 材料样品在 273K 和 298K 温度下 CO_2 的吸附-解吸等温线，以及 77K 低温下 N_2 的吸附-解吸等温线[7]。吸附测试前，称取 120mg 左右的样品依次浸泡在甲醇和二氯甲烷的溶液中，每隔 12h 更换一次溶液，然后在 120℃的真空干燥箱中烘干 12h，以除去其表面和孔道吸附的水和溶剂。

3.2.9 核磁共振波谱分析

采用德国 Bruker 公司生产的 ASCEnd^{TM} 400 型核磁共振波谱仪对催化产物进行定性分析，测试反应产物的 ^1H NMR、^{13}C NMR 和 ^{19}F NMR 谱。使用 $CDCl_3$ 或 DMSO-d6 作为样品的溶剂。通过核磁共振氢谱得化学位移并解析低场共振吸收峰，利用耦合常数、耦合峰分裂情况及峰型推测有机配体的结构，并根据碳谱分析结果进行了验证[8]。此外，合成的环状碳酸酯和 Knoevenagel 缩合产物的结构可以结合核磁测试确定下来。

3.2.10 气相色谱-质谱分析

采用日本岛津公司生产的 QP2020 型气相色谱-质谱仪（GC-MS）检测环状碳酸酯的产率及 Knoevenagel 缩合产物的产率，产率采用气相色谱的标准曲线法计算[9]。

参考文献

[1] Albalad J, Sumby C J, Maspoch D, et al. Elucidating pore chemistry within metal-organic frameworks via single crystal X-ray diffraction; from fundamental understanding to application[J]. Crys-

tEngComm, 2021, 23: 2185-2195.

[2] Øien-Ødegaard S, Shearer G C, Wragg D S, et al. Pitfalls in metal-organic framework crystallography: towards more accurate crystal structures[J].Chem. Soc. Rev., 2017, 46: 4867-4876.

[3] Martí -Rujas J. Structural elucidation of microcrystalline MOFs from powder X-ray diffraction[J].Dalton Trans., 2020, 49: 13897-13916.

[4] Zheng Y, Lu Y, Zhou K. A novel exploration of metal-organic frameworks in flame- retardant epoxy composites[J].J Therm Anal Calorim, 2019, 138: 905-914.

[5] Atzori C, Lomachenko K A, Jacobsen J, et al. Bimetallic hexanuclear clusters in Ce/Zr-UiO-66 MOFs: in situ FTIR spectroscopy and modelling insights [J]. Dalton Trans., 2020, 49: 5794-5797.

[6] Steenhaut T, Lacour S, Barozzino-Consiglio G, et al. Synthesis, Structure, and Thermal Stability of a Mesoporous Titanium (Ⅲ) Amine-Containing MOF[J].Inorg. Chem., 2022, 61 (29): 11084-11094.

[7] Abid H R, Azhar M R, Iglauer S, et al. Physicochemical characterization of metal organic framework materials: A mini review[J].Heliyon, 2024, 10 (1): e23840.

[8] Beck R, Atherton D S, Kloda S, et al. Quantification of Loperamide by Gas Chromatography Mass Spectrometry[J].Journal of Analytical Toxicology, 2017, 41 (9): 729-734.

[9] Zhang T, Chen H, Liu S, et al. Highly Robust {Ln_4}-Organic Frameworks (Ln = Ho, Yb) for Excellent Catalytic Performance on Cycloaddition Reaction of Epoxides with CO_2 and Knoevenagel Condensation[J]. ACS Catal., 2021, 11: 14916-14925.

第4章 异金属 $\{Zn^{II}Ho^{III}\}$-H_6TDP 的性能研究

众所周知，水资源是人类的生命之源，水中的离子浓度较高或较低都会对人体产生一定的影响。如 Fe^{3+} 是地壳和生物系统中最重要的金属离子之一，在氧气运输、酶催化、细胞代谢、DNA 和 RNA 合成等方面发挥着重要作用。一定量的铁对促进肌肉和血红蛋白的形成是必要的，Fe^{3+} 不足会导致贫血、肝硬化、心力衰竭、糖尿病、癌症等身体疾病，并降低免疫力。Fe^{3+} 过量又会引起如阿尔茨海默病和帕金森等神经退行性疾病。Fe^{3+} 是水体中常见的无机污染物，即使浓度较低，也会对人体健康和生活环境造成永久性伤害。因此，研究 Fe^{3+} 的有效检测方法显得尤为重要。由于传统的离子迁移谱（IMS）、电感耦合等离子体（ICP）、X 射线色散、原子吸收光谱等方法往往价格昂贵而且耗时[1-4]，而荧光传感材料可以高效、快捷用于水溶液中金属离子的检测。MOFs 材料因具有良好的水稳定性、永久孔隙率和可修饰的结构特性，已被证明是很有应用前景的荧光传感器，是一种快速、高效的金属离子检测材料。

另外，通过功能化有机连接剂和特殊金属簇的结合，高度优化的 MOFs 材料被逐步合成、应用，实现了固有孔隙率、大比表面积和活性位点等优异的功能特性[5-11]。迄今为止，大量的 MOFs 材料作为一种有效的分离和催化材料被广泛应用于 CO_2 的分离和化学转化[12-15]。MOFs 催化剂能在温和的条件下进行反应，是沸石、无机金属盐或氧化物、离子液体、胺水溶液、有机聚合物等催化剂无法比拟的[16-20]。此外，为了从动力学和热力学的角度提高对 CO_2 的选择性吸附能力，目前对 MOFs 材料的研究主要集中在通过设计功能有机配体来调节其孔径、增加开放金属位点来提高其对 CO_2 的吸附亲和力、优化其性能等方面，以及提高其热稳定性和化学稳定性（如耐水性）[21-27]。

基于上述讨论，笔者利用 2,4,6-三(2′,4′-二羧基苯基）吡啶（H_6TDP）配体，合成了一种基于双核异金属 [ZnHo(TDP)(H_2O)] 的 SBUs 与 H_6TDP 连接体精细组合的双壁纳米结构材料 $\{[ZnHo(TDP)(H_2O)]\cdot 2DMF\cdot 4H_2O\}_n$（TIT-1）。TIT-1 不仅具有双纳米通道、高孔隙率和大比表面积，而且还具有 4 配位的 Zn^{2+}、7 配位的 Ho^{3+}，未配位的羧基氧原子以及 $N_{吡啶}$ 原子等，属于 Lewis 酸碱位点共存。研究发现，TIT-1 对各种环氧化合物与 CO_2 进行环加成反应均表现出较高的催化活性。此外，荧光传感实验证明 TIT-1 可以作为一种快速、灵敏、高效的传感器用于水溶液中 Fe^{3+} 的检测。

4.1 TIT-1 的晶体结构分析

对 X 射线单晶衍射数据进行优化后，所有非氢原子均被各向异性细化。TIT-1 的晶体学数据和细化参数列于本书附表 1，TIT-1 的键长和键角的选择结果见本书附表 2。对 X 射线单晶衍射数据进行分析发现，TIT-1 属于三方晶系，$R\bar{3}m$ 空间群，以一种类似于桨轮状的［$ZnHo(CO_2)_6(H_2O)$］结构作为 SBUs 与双功能配体 TDP^{6-} 经过精巧组合形成了具有双通道的蜂窝状阴离子结构。尽管 TIT-1 中这两种类型的纳米孔道（Ⅰ和Ⅱ）通过具有相同数量的暴露的活性金属位点的六排［$ZnHo(CO_2)_6(H_2O)$］SBUs 交替出现，它们可以与含有游离羧基氧原子（C═O）和配位水分子（H_2O）的不同的功能化内表面相区分。值得一提的是，TIT-1 具有优异的物理化学性能，包括蜂窝状纳米通道、高孔隙率和大比表面积、高度开放的 Lewis 酸碱位点共存、良好的热化学稳定性和耐大多数有机溶剂。

TIT-1 的不对称单元包含 1/2 个晶体独特的 Zn(Ⅱ) 离子，1/2 个 Ho(Ⅲ) 离子和 1/2 个 TDP^{6-} 配体。首先，Ho(1) 离子被 2 个位于 TDP^{6-} 中吡啶苯环的 2-和 6-位上的 α-羧基螯合，其配位模式为 μ_2-η^1：η^1。然后，Ho(1) 离子进一步与 Zn(1) 离子桥联，形成一个［$Zn(CO_2)_6$］桨轮状双核 SBUs，它们之间由另外 3 个 γ-羧基（其中 2 个 γ-羧基由 2 个吡啶 2-位上的苯环提供，1 个由吡啶 4-位上的苯环提供）构成，Ho(1)-Zn(1) 距离为 4.04（9）Å［图 4-1(a)］。此外，Zn(1) 离子还与其他 TDP^{6-} 配体上的 1 个 2-位羧基配合。

因此，5 个 TDP^{6-} 配体促进了［$ZnHo(CO_2)_6$（H_2O)］SBUs 的形成，每个 TDP^{6-} 配体同时连接 5 个［$ZnHo(CO_2)_6$（H_2O)］SBUs，生成一个具有蜂窝状纳米通道的三维结构［图 4-1(b)］。虽然 Ho(1) 离子由 7 个羧基氧原子和 1 个 H_2O 分子连接而成“扭曲的双帽三棱柱”几何形状［图 4-2(a)］，但是，经过活化以后，该“结合水”分子很容易被去除。此外，Zn(1) 离子与来自 4 个不同 TDP^{6-} 配体的 4 个羧基氧原子连接形成一个四面体结构［图 4-2(b)］，Zn(1)-O 键长为 1.918 (2)～1.963（2）Å。而在四面体配位几何中，Zn(1) 是一个天然的 Lewis 酸位点。

在整个 TIT-1 的三维结构中，每六排［$ZnHo(CO_2)_6(H_2O)$］SBUs 都由 TDP^{6-} 配体交替桥接，形成两种边缘共用的纳米通道：圆形通道和六边形通道。圆形通道（Ⅰ）的孔径为 9.18Å，其特征是 Ho^{3+} 上的结合 H_2O 分子垂直指向纳米通道的中心。然而，具有 10.1Å 孔径的六边形通道（Ⅱ）内壁上有游离羧基氧原子（C ═O），如图 4-1(c) 所示。因此，通道Ⅰ和通道Ⅱ内壁除了含有 C—H 有机基团和相同的金属位点暴露，具有完全不同的功能化内表面。最后，为了明确 TIT-1 的结构，主体骨架可以简化为 fng 型骨架结构，由 TOPOS40 分析，其 Schläfli 符号为 $\{4^6.6^4\}$。在拓扑结构中，双核 $[HoZn(CO_2)_6(H_2O)]$ SBUs 和三叉结构的 TDP^{6-} 配体被简化为五连接节点，如图 4-1（b）所示。

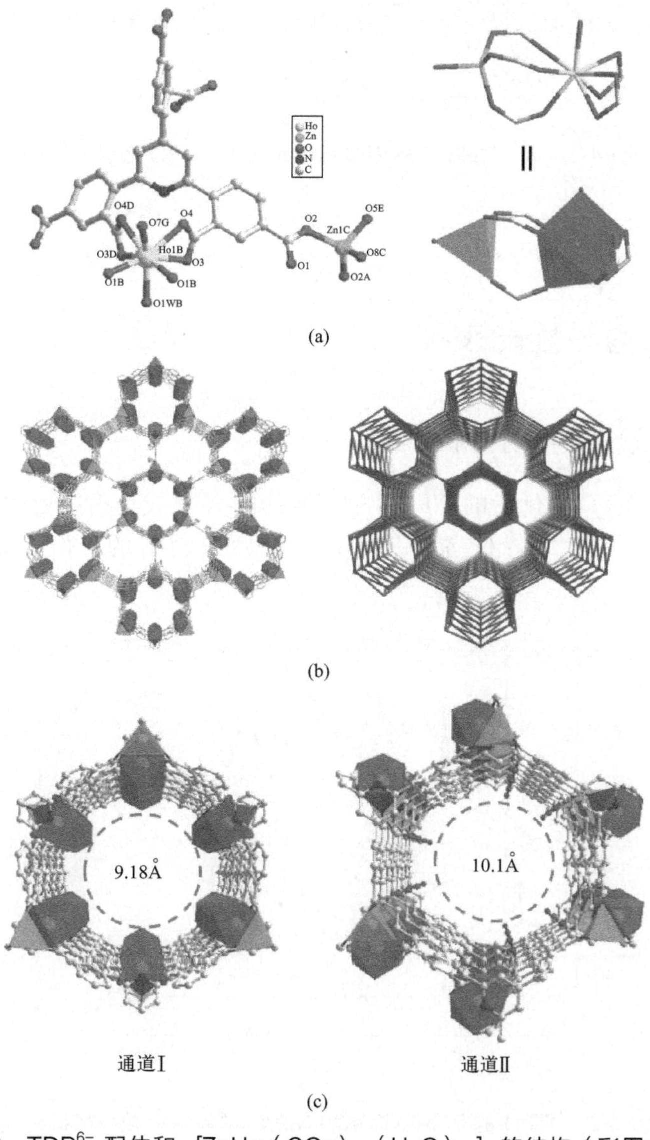

图 4-1　（a） TDP^{6-} 配体和 $[ZnHo(CO_2)_6(H_2O)]$ 的结构（彩图中 C，灰色；O，红色； Zn，青色； Ho，黄色； N，蓝色）；（b） TIT-1 三维双通道框架及其拓扑结构；（c） TIT-1 三维通道结构沿 c 轴方向的视图（书后另见彩图）

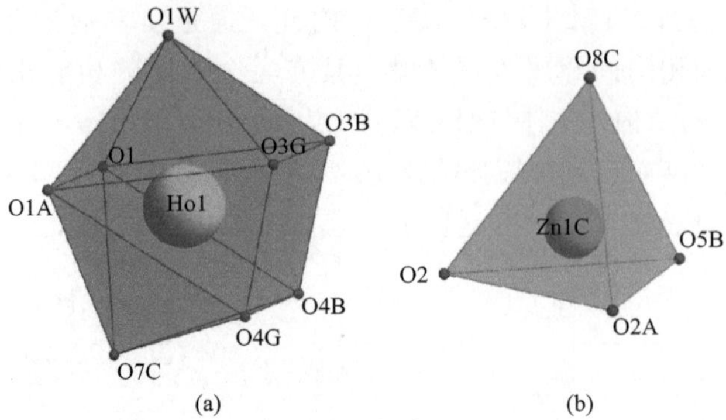

图 4-2 （a）Ho-O 多面体结构和（b）Zn-O 四面体结构

4.2 TIT-1 的结构与性能表征

4.2.1 X 射线粉末衍射分析

如图 4-3 所示，活化后的 TIT-1 粉末样品的 X 射线衍射图的关键峰位置与单晶衍射数据模拟的关键峰位置几乎相同，说明所制备的 TIT-1 的结构相纯度良好。

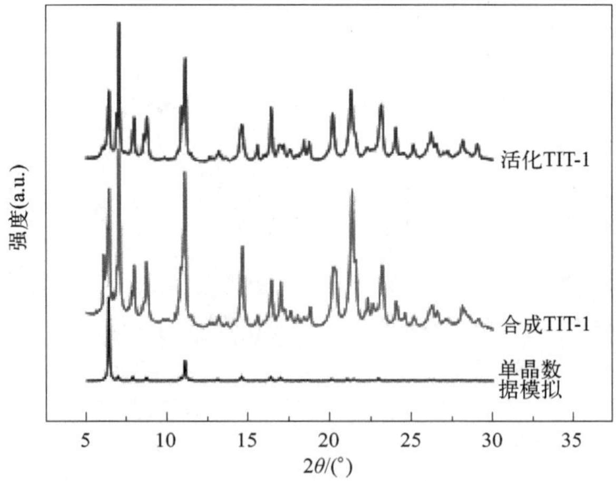

图 4-3 TIT-1 的 PXRD 谱图和 X 射线单晶衍射数据模拟谱图

4.2.2 红外光谱分析

TIT-1 和 H_6TDP 的红外光谱如图 4-4 所示。

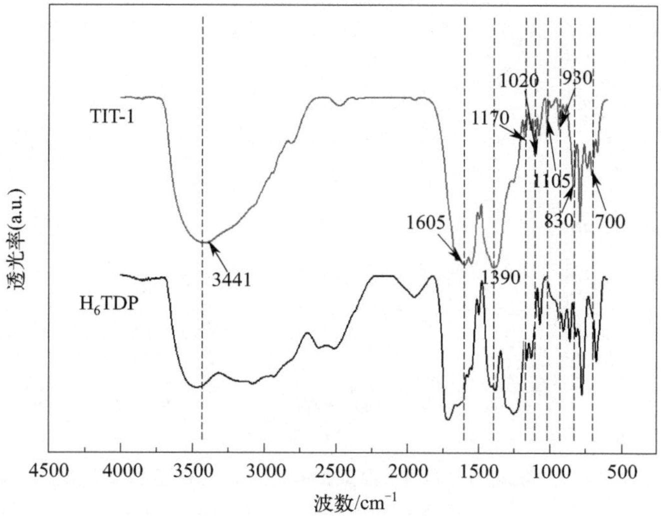

图 4-4　TIT-1 和 H_6TDP 的红外光谱

图 4-4 中显示，TIT-1 在 3441cm^{-1}、1605cm^{-1}、1390cm^{-1}、830cm^{-1} 和 700cm^{-1} 处有比较强的特征衍射峰，而在 1170cm^{-1}、1105cm^{-1}、1020cm^{-1} 和 930cm^{-1} 处出现了较弱的特征衍射峰。其中，在 3441cm^{-1} 处的特征吸收峰为水分子中 O—H 的伸缩振动，在 1605cm^{-1} 和 1390cm^{-1} 处的特征峰分别对应于羧基的 ν_{as}（COO—）和 ν_s（COO—）振动，这说明 TIT-1 中存在 H_6TDP 配体，羧酸根的反对称和对称伸缩振动峰之间的波数差值为 215cm^{-1}，表明 H_6TDP 配体中羧酸去质子化与 Zn(Ⅱ) 中心以单齿模式配位。总体而言，TIT-1 的特征吸收峰位置与配体 H_6TDP 的红外光谱基本一致，说明 TIT-1 的结构保留了配体中一系列官能团结构，使其具备了金属离子与有机配体的综合特性。

4.2.3　热稳定性分析

为了研究 TIT-1 的热稳定性，在氩气气氛下，对 TIT-1 进行了 TGA 分析，如图 4-5 所示。测试结果表明，在 120℃前首次失重 8.75%，经过计算与结合 H_2O 分子的含量一致。120～400℃范围内的第二次失重，主要归因于 DMF 溶剂的分解。TIT-1 的骨架结构在 400℃之前可以保持稳定，但是温度高于 400℃后，该材料开始破坏、分解。整体而言，TIT-1 具有较高的热稳定性。

4.2.4　扫描电镜分析

如图 4-6 所示，对 TIT-1 的结构进行扫描电子显微镜观察。结果显示，TIT-1 的结构规整、棱角清晰，说明 TIT-1 的结晶性能良好，与 PXRD 的测试结果相

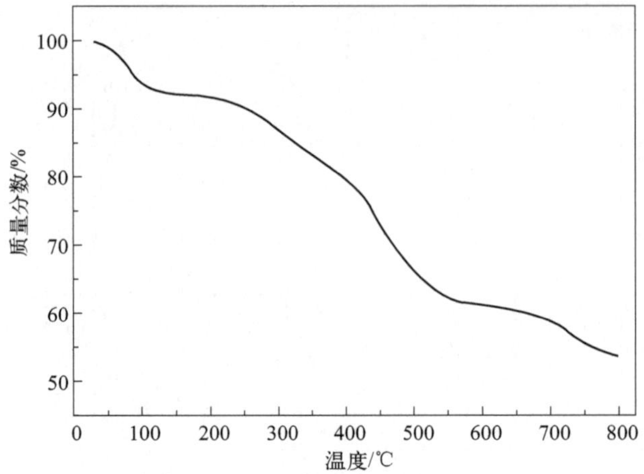

图 4-5　TIT-1 合成后样品的 TGA 曲线

吻合。然后对 TIT-1 晶体表面进行能谱分析（EDS），结果显示，TIT-1 晶体表面 C、N、O、Zn、Ho 等元素均匀分布，从各元素的分布密度可以看出，C、O 元素分布密集，这是因为配体 H_6TDP 的主体结构中含有大量苯环和羧基结构；而 N 原子只在配体 H_6TDP 中的吡啶环上存在；Zn 和 Ho 元素在 TIT-1 表面也呈现均匀分布的状态。

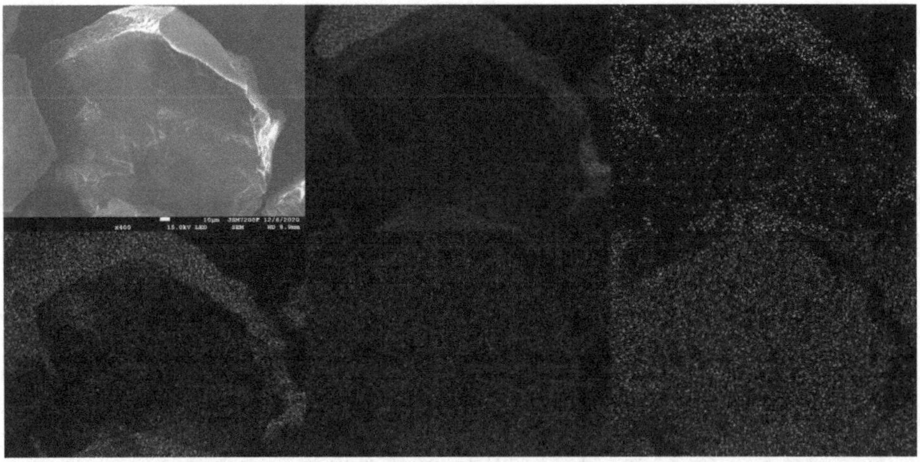

图 4-6　TIT-1 的 SEM-EDS 图像（C，红色；　N，黄色；　O，青色；　Zn，紫色；Ho，绿色）（书后另见彩图）

4.2.5　耐水性能分析

由于 MOFs 材料在气相和液相吸附相关领域具有明显的优势，因此对其进行在化学环境中的稳定性研究也是非常重要的。然而，大多数 MOFs 材料的耐水性差等限制了其在 H_2O 中的应用。因此，本实验对 TIT-1 在不同水系中的耐水性进行了分析，分别在室温下浸泡 10d、在沸水中浸泡 72h。通过对 TIT-1 进行 PXRD 测试可知，TIT-1 的结构保持完整，均未发生坍塌，如图 4-7 所示。这充分反映了 TIT-1 具备较强的耐水性能。这可能是由于异质金属掺杂改变了纳米通道的内部环境，导致内表面具有较强的疏水性。

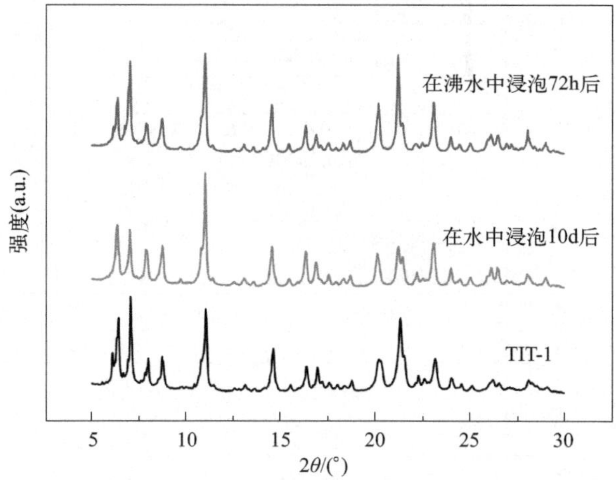

图 4-7　TIT-1 水处理后的 PXRD 谱图

4.2.6　气体吸附性能分析

在进行气体吸附实验之前，首先对 TIT-1 进行活化处理。将 TIT-1 晶体样品分别依次在甲醇和二氯甲烷中浸泡 3d，每隔 24h 更换一次溶剂，然后在 120℃真空烘箱中干燥 12h。在 77K 的温度下对 N_2 的吸附实验表明，活化后的 TIT-1 的总孔体积为 $0.38cm^3/g$，计算 BET 比表面积为 $701m^2/g$。N_2 的吸附-解吸等温线为典型的Ⅰ型吸附构型，孔径分布在 9～13Å 范围内，如图 4-8(a) 所示。

由于管状纳米通道固有的结构优势和暴露出的高密度活性金属位点，TIT-1 具有吸附四极矩物体分子的潜力，因此在 273K 和 298K 处对 CO_2 进行吸附-脱附实验。如图 4-8（b）所示，CO_2 在 273K 和 298K 时的最大吸收量分别为 $93.44cm^3/g$ 和 $64.99cm^3/g$，高于文献资料中的 NUC-5、MOF-5、UiO-66 等[28-30]。同时，CO_2 不完全吸附-解吸等温线存在一个中度的滞后回路，说明主、客体之间存在强烈的相互作用。此外，为了量化 CO_2 分子和 TIT-1 之间的约束力，由维里方程计算得到的 Q_{st} 值为 25.8kJ/mol，这意味着吸附 CO_2 分子可以很容易地释放，允许 TIT-1 再生。

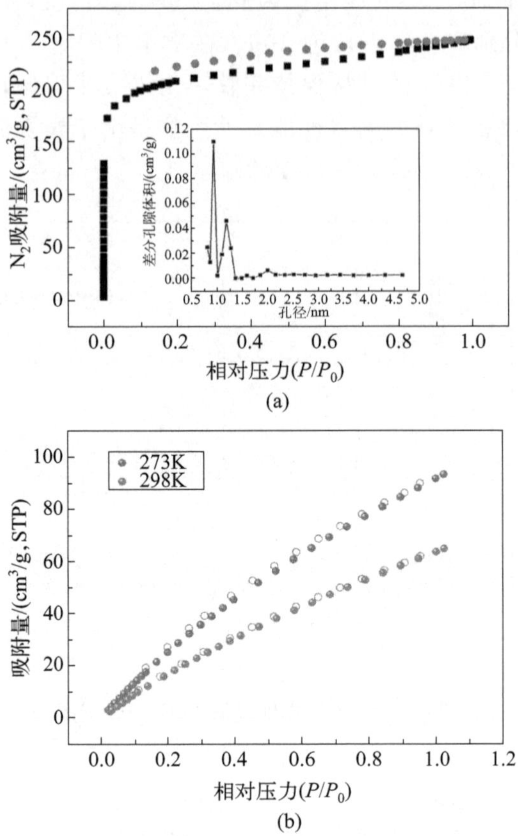

图 4-8 （a） TIT-1 在 77K 时的 N_2 吸附-脱附等温线（插图为孔径分布）；（b）在 273K 和 298K 时的 CO_2 吸附-脱附等温线

4.3 TIT-1 对 Fe^{3+} 荧光传感性能的研究

4.3.1 TIT-1 的发光和传感特性

以 d^{10} 过渡金属离子为组分的 MOFs 材料已经成为光学领域潜在的荧光材料。因此，我们研究了 H_6TDP 配体和 TIT-1 在室温下的固态发光特性（图 4-9）。H_6TDP 和 TIT-1 的最大发射峰分别出现在 400nm 和 410nm 处。与 H_6TDP 配体相比，TIT-1 的最大发射峰具有微弱的红移。但是，由于其 d^{10} 电子构型，Zn(Ⅱ）和 Ho(Ⅲ）离子很难被氧化或还原，TIT-1 的发射峰发生红移主要是因为配体与金属离子之间的配位效应。另外，TIT-1 优异的耐水性使其能够成为探测水溶液中不同金属离子的潜在发光探针。

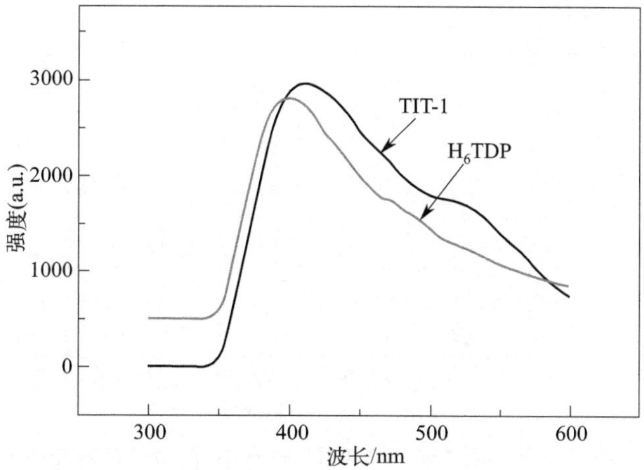

图 4-9 TIT-1 和配体 H_6TDP 的荧光发射曲线

4.3.2 TIT-1 对金属阳离子的检测

称取 2mg 的 TIT-1 样品，均匀分散到 2mL 0.01mol/L 的 $M(Cl)_x$（M＝Na^+、Zn^{2+}、Co^{2+}、Hg^{2+}、K^+、Ca^{2+}、Ba^{2+}、Cu^{2+}、Mg^{2+}、Al^{3+}、Fe^{3+}、Fe^{2+}和 Sn^{2+}）的水溶液中，在室温下进行荧光测试。如图 4-10 所示，M^{x+}@CPs 悬浮液的发光强度随金属阳离子种类的不同而不同。结果表明，Fe^{3+} 对 TIT-1 具有较好的发光猝灭效果。同时研究了 TIT-1 悬浮液中 Fe^{3+} 浓度与发光强度的关系。从图 4-11 可以看出，随着 Fe^{3+} 溶液的加入，TIT-1 的荧光强度表现出明显的猝灭效果。当 Fe^{3+} 浓度达到 0.7mmol/L 时，TIT-1 的猝灭率达到 97% ［图 4-11(a)］。分析表明，水溶液中 Fe^{3+} 的浓度对 TIT-1 的荧光猝灭效果符合指数方程 $I_0/I=-30\times\exp[Fe^{3+}]/(-2289)+31$ 的 Stern-Volmer 非线性曲线［图 4-11(b)］。

另外，通过拟合低浓度范围的实验数据可知，TIT-1 对 Fe^{3+} 浓度具有较高的 K_{SV} 值，如图 4-12 所示，$K_{SV}=2.413\times10^4$ mol/L。根据 K_{SV} 值和标准偏差（δ）判断，TIT-1 对 Fe^{3+} 的最小检出限为 0.17μmol/L。此外，荧光实验后 TIT-1 样品的红外光谱（FT-IR）和 PXRD 谱图与原样品一致，说明在整个金属阳离子进行荧光识别的过程中 TIT-1 的结构没有发生变化（图 4-13）。根据 TIT-1 的结构特点和对 MOFs 材料荧光识别的相关研究[31-34]，我们进一步探讨了 TIT-1 对 Fe^{3+} 可能的荧光猝灭机理。ICP 结果表明，荧光识别试验后，在 TIT-1@Ho^{3+} 悬浮液中未发现 Ho^{3+}，表明荧光猝灭不是由离子交换引起的（表 4-1），可能是由于 Fe^{3+} 与 TIT-1 之间的激发光竞争吸收，以及能量共振从 TIT-1 骨架转移到 Fe^{3+} 引起的。

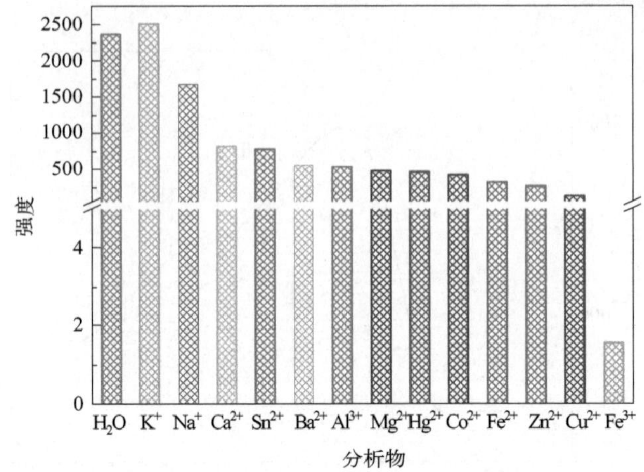

图 4-10　不同阳离子溶液中 TIT-1 在 397nm 处的发光强度

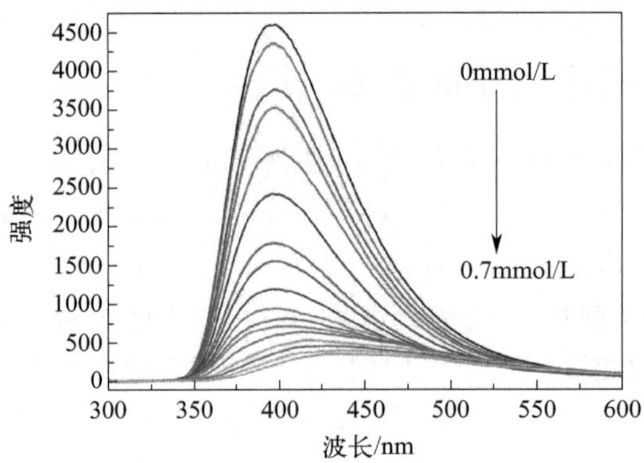

(a)

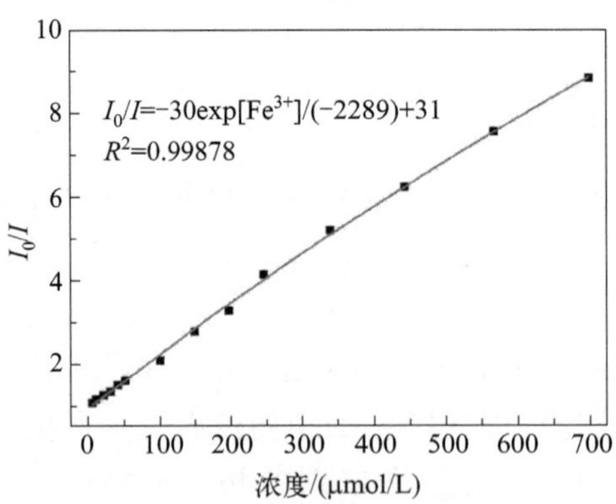

(b)

图 4-11　(a) Fe^{3+} 浓度范围为 0~0. 75mmol/L（397nm 激发）的 TIT-1@Fe^{3+} 悬浮液的发光光谱；(b) 荧光相对强度与 Fe^{3+} 浓度的关系图

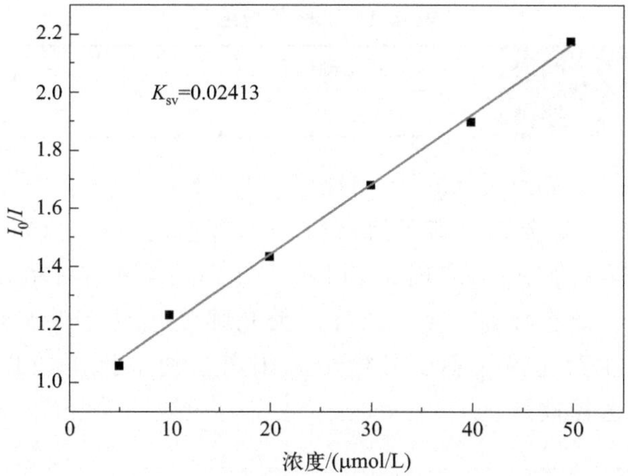

图 4-12　低浓度范围内 Fe^{3+} 的相对荧光强度拟合图

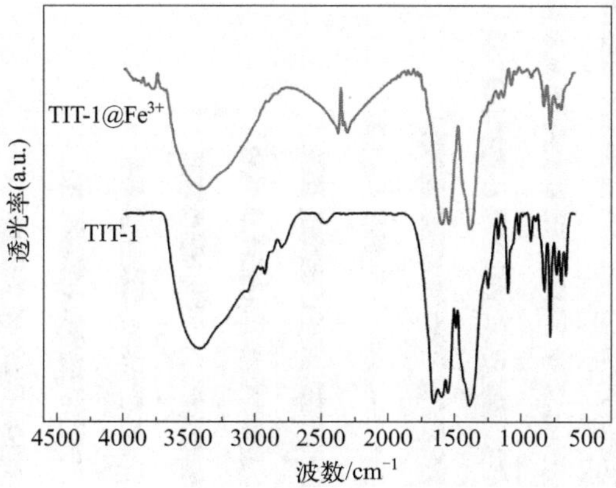

(a)

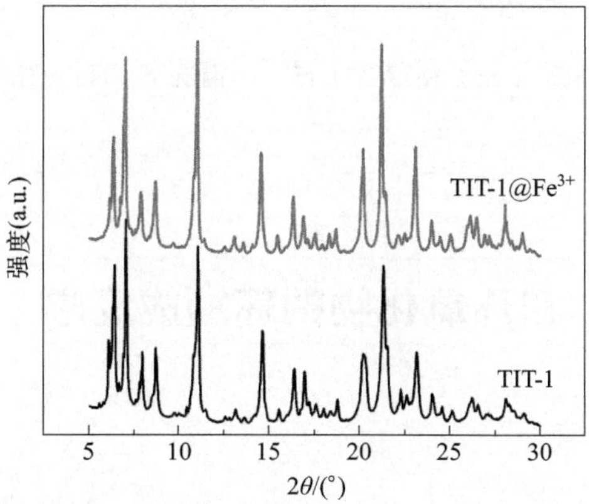

(b)

图 4-13　（a）TIT-1 在 Fe^{3+} 荧光猝灭前后的红外光谱；

（b）TIT-1 在 Fe^{3+} 荧光猝灭前后的 XRD 图谱

表 4-1 ICP 测量结果

TIT-1 的荧光实验	传感测试前	传感测试后
Fe^{3+} 的浓度/(mol/L)	1.0×10^{-2}	9.97×10^{-3}

随后，在 Na^+、Zn^{2+}、Co^{2+}、Hg^{2+}、K^+、Ca^{2+}、Ba^{2+}、Cu^{2+}、Mg^{2+}、Al^{3+}、Fe^{2+}和 Sn^{2+}等金属阳离子溶液中加入等量的 Fe^{3+}进行干扰实验。从图 4-14 可以看出，在添加 Fe^{3+}之前，TIT-1@M^{n+}悬浮液在 410nm 处的荧光强度没有明显的变化，而在添加 Fe^{3+}之后，荧光强度出现了明显的下降，这说明 Fe^{3+}对 TIT-1 发生荧光猝灭不受其他金属阳离子的干扰，TIT-1 对水溶液中的 Fe^{3+}具有很好的选择性。

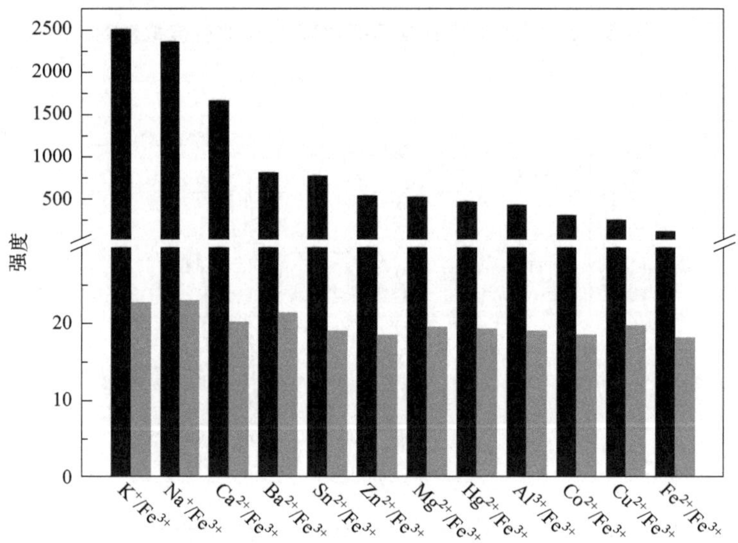

图 4-14 在 Fe^{3+} 不存在（左）和存在（右）的情况下 TIT-1@M^{n+} 悬浮液的荧光强度

4.4 TIT-1 催化 CO_2 和环氧化物的环加成反应

4.4.1 催化性能研究

表 4-2 是以环氧丙烷为模型，研究不同反应条件下，TIT-1 对环氧丙烷与 CO_2 环加成反应转化为碳酸丙烯酯的催化效果，本节通过 ^1H NMR 和 GC-MS 确定产物的化学结构及产率。

实验过程中，催化剂 TIT-1 的用量为 1.0%（摩尔分数），环氧丙烷的用量

20mmol，助催化剂 n-Bu_4NBr（正丁基溴化铵）作为变量，通入 0.1MPa 的 CO_2。表 4-2 中的数据显示：在室温下，只使用催化剂 TIT-1 的情况下，反应产物的产率仅为 13%；而在相同的反应条件下，只使用助催化剂 n-Bu_4NBr 时，反应产物的产率仅为 6%。当同时添加 1.0%的 TIT-1 和 2.5%的 n-Bu_4NBr 时，产率可以达到 49%。这证明了 TIT-1 和 n-Bu_4NBr 协同催化时，对环氧丙烷与 CO_2 的环加成反应具有较高的催化效率。因此，单独使用 TIT-1 或 n-Bu_4NBr 作为催化剂，催化反应的结果都不理想，说明 TIT-1 的活性开放金属位点与和助催化剂 n-Bu_4NBr 中的 Br^- 在 CO_2 和环氧化物的环加成反应中具有不同的作用。

从表 4-2 也可以看出，在其他反应条件不变的情况下，随着温度的升高产物的产率也相应增加，在 60℃的温度下反应 24h，产物的最终产率达到 95%，说明反应温度对催化剂的催化性能有很大影响。当助催化剂 n-Bu_4NBr 用量增加 1 倍，而 TIT-1 用量不变时，在 60℃ 的温度下反应 8h，产物的产率就可达到 92%，说明助催化剂的用量对催化效率也有很大的影响。

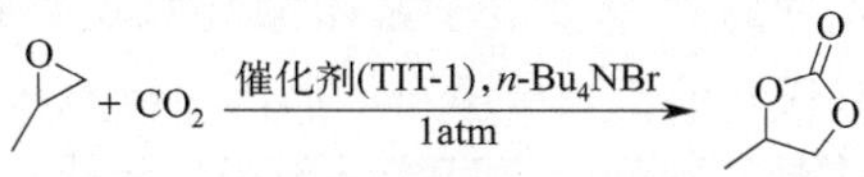

表 4-2　CO_2 与环氧丙烷不同条件下的环加成反应分析

序号	TIT-1/%（摩尔分数）	n-Bu_4NBr/%（摩尔分数）	温度/℃	时间/h	产率/%
1	1.0	0	25	24	13
2	0	2.5	25	24	6
3	1.0	2.5	25	24	49
4	1.0	2.5	40	24	72
5	1.0	2.5	50	24	85
6	1.0	2.5	60	24	95
7	1.0	5.0	60	2	41
8	1.0	5.0	60	4	65
9	1.0	5.0	60	6	88
10	1.0	5.0	60	8	92

通过一系列实验得到的最佳反应条件为：催化剂 TIT-1 的用量为 1.0%，助催化剂 n-Bu_4NBr 的用量为 5.0%时，通入 1.0MPa 的 CO_2，在 60℃的温度下反应 8h。与最近文献报道的 MOFs 基催化剂相比[35-38]，TIT-1 的反应条件表现出了较为优异的催化性能（表 4-3），这应归因于活性金属位点（Zn^{II} 和 Ho^{III}）、非配位的吡啶和羧基氧原子以及无阻碍的空隙。在上述最佳反应条件下，通过一系列具有典型取代基的环氧化合物检验了 TIT-1 的催化普遍性。

表 4-3　TIT-1 作为催化剂与文献报道的 MOFs 催化剂的催化性能比较

合成 MOFs	用量/%（摩尔分数）	温度/℃	压力/MPa	时间/h	产率/%	对应参考文献
NH_2-MIL-101(Al)	0.17	120	1.8	6	95	[35]
Cr-MIL-101	1.2	室温	0.8	24	82	[36]
UiO-67	1.5	90	0.1	12	95	[37]
M-MOF-184	1.2	80	0.1	6	82	[38]
MOF-205(M)	2.5	室温	0.4	4	80	[39]
MMCF-2	0.13	室温	0.1	48	95	[40]
Hf-Nu-1000	4.0	室温	0.1	26	100	[41]
TIT-1	1.0	60	0.1	8	92	本工作

如表 4-4 所列，除沸点为 194℃的氧化苯乙烯外，TIT-1 对其他环氧化物的催化效率均较高，反应产物的产率均高于 95%。这可能是由于电子吸收效应能有效降低环氧基的电子密度，导致含单吸电子基团的环氧化合物更容易发生环加成反应。此外，环氧化合物取代基的空间位阻对环加成反应的影响也较大，这与同类的多孔 MOFs 材料催化反应是一致的。这可能是因为环氧化合物上的取代基较大，不仅影响了它们接近纳米笼的便利性，也降低了它们与活性位点相互作用的机会。此外，与已报道的多孔 MOFs 基催化剂 MOF-205[39]、MMCF-2[40] 和 Hf-Nu-1000[41] 相比，TIT-1 的催化效率更高，这主要是由于 TIT-1 具有高度暴露的金属阳离子、高度分割的功能化纳米通道、大的比表面积和良好的 CO_2 捕集性能等特性。

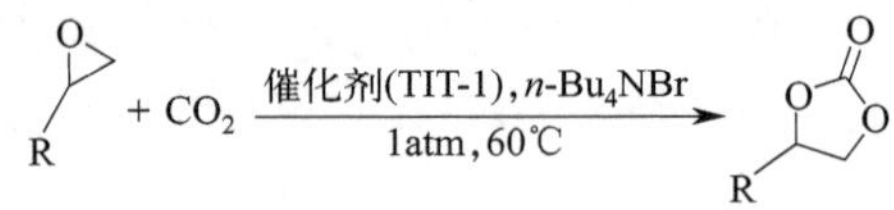

表 4-4　以 TIT-1 为催化剂，CO_2 与各种环氧化合物的环加成反应结果

序号	环氧化合物	产物	产率/%	选择性/%	周转率（TON）
1	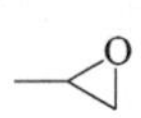	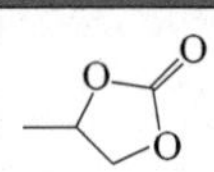	99	>99	198
2	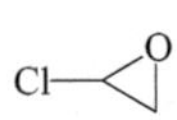	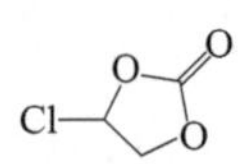	99	>99	198
3	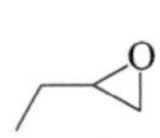	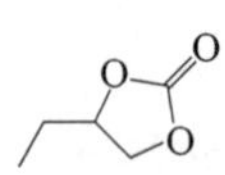	98	>99	186
4	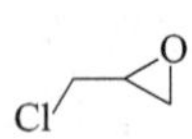	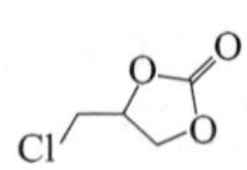	96	>99	182
5	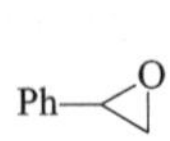	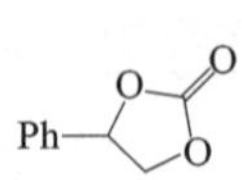	92	>99	164

4.4.2 循环催化性能研究

对一种催化剂的后处理（包括回收和循环利用）是评价其实际应用的重要因素之一。因此，以环氧丙烷为反应底物，称取 500mg 的 TIT-1 放大 10 倍进行反应，每次反应后对 TIT-1 进行过滤回收，然后直接进行下一次实验，重复 5 次。当第 5 次循环结束时，回收的 TIT-1 样品用二氯甲烷进行反复清洗，然后在 120℃的真空烘箱中干燥，称重为 484mg，损失 3.2%。反应溶液的 ICP 分析表明，从 TIT-1 的主框架中只有微量的 Zn(Ⅱ)（0.025%）和 Ho(Ⅲ)（0.02%）离子浸出。5 次循环实验表明，TIT-1 的催化效果基本相同，反应产物的产率也证实了这一点（图 4-15）。同时，回收的 TIT-1 样品经过 5 次循环后的 PXRD 图谱与原样品基本一致，说明 TIT-1 的结构完整性仍然完好（图 4-16）。

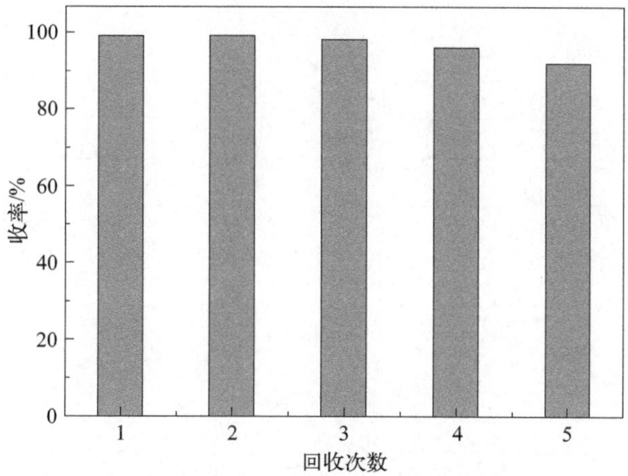

图 4-15 CO_2 与环氧丙烷的循环加成反应

4.4.3 催化反应的机理

通过对催化反应过程的分析发现，催化剂 TIT-1 可以极化环氧化合物和 CO_2 等反应物来降低反应能级，加速反应过程。结合 TIT-1 的结构和相关文献资料[41-43]，本工作推测该反应的催化机理如图 4-17 所示。首先，所选环氧化物的氧原子与纳米管通道内壁的开放 Zn 位点相互作用，降低了环氧化物环原有结构的稳定性。因此，n-Bu_4NBr 的溴原子对活化的环氧化合物的低阻碍 C 原子进行亲核攻击，生成一个中间烷基碳酸盐阴离子，该阴离子倾向于对纳米通道中被 Lewis 酸金属位点捕获的邻近极化 CO_2 分子发起攻击。因此，整个环加成过程可以通过多孔骨架结构中涉及的弱 Lewis 酸碱相互作用进行配位。

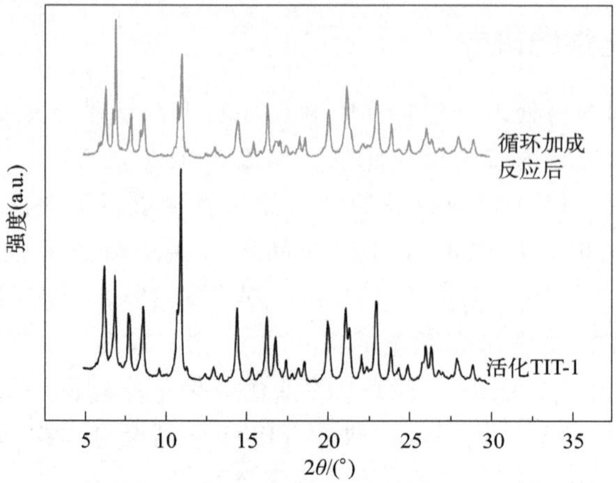

图 4-16　循环加成反应后 TIT-1 的 PXRD 谱图

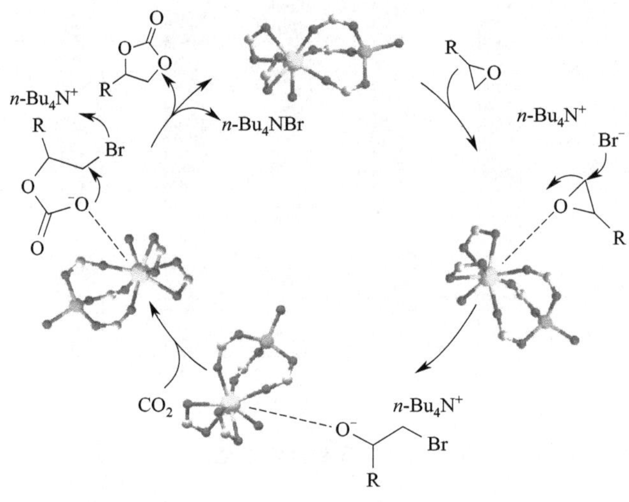

图 4-17　TIT-1 催化环氧化合物与 CO_2 环加成反应的机理（书后另见彩图）

本章小结

本章通过水热合成法以 2,4,6-三(2′,4′-二羧基苯基)吡啶（H_6TDP）为配体，与金属 Zn(Ⅱ) 和 Ho(Ⅲ) 成功地制备了富含 Lewis 酸碱位点的新型三维多孔异金属 MOFs 材料（TIT-1），并将其用于检测水溶液中的 Fe^{3+}，以及催化 CO_2 与环氧化物进行环加成反应生成环状碳酸酯，得出以下结论：

① X 射线单晶衍射研究表明，TIT-1 属于三方晶系，$R\overline{3}m$ 空间群，单晶结构中的三维通道由未配位的氮原子和羧酸基构成。热重分析结果表明 TIT-1 具有良好的热稳定性，PXRD 显示 TIT-1 具有较高结晶度和纯度，并且测试其合成样

品得到的 PXRD 谱图与单晶衍射数据模拟 XRD 的谱图一致。

② TIT-1 作为荧光传感材料，具有优异的热稳定和化学稳定性。其对水溶液中的 Fe^{3+} 具有高效、灵敏的检测能力，检出限为 0.17μmol/L。在其他金属离子的存在下检测结果表明，TIT-1 表现出优异的抗干扰能力。用于检测 Fe^{3+} 的 TIT-1 样品回收后，进行红外光谱和 PXRD 测试分析显示，其结构保持完整、未发生破坏，说明该材料在检测水溶液中 Fe^{3+} 的过程中具有良好的循环回收性能。

③ TIT-1 作为催化剂，在 273K 和 298K 下对 CO_2 的吸附量分别达到 93.44cm^3/g 和 64.99cm^3/g，高于文献报道中的大多数 MOFs 材料。通过对实验条件不断优化，笔者确定了 TIT-1 催化剂的用量为 1.0%（摩尔分数），并以 *n*-Bu_4NBr 为助催化剂，在 60℃、0.1MPa 的最佳反应条件下，反应 8h 能够获得较高产率的多种环状碳酸酯，催化性能优于已报道的大多数 MOFs 催化剂。TIT-1 催化剂易于分离回收，可重复使用，5 次催化循环后活性损失也很小。

参考文献

[1] Wang X P, Chen W M, Li X Y, et al. Solvent-Controlled Phase Transition of a Co (Ⅱ) -Organic Framework: From Achiral to Chiral and Two to Three Dimensions[J].Chem. Eur. J., 2017, 23 (23): 7990-7996.

[2] Chen W M, Meng X L, Zhuang G L, et al. A superior fluorescent sensor for Al^{3+} and UO_2^{2+} based on a Co (Ⅱ) metal-organic framework with exposed pyrimidyl Lewis base sites [J]. J. Mater. Chem. A., 2017, 5 (25): 13079-13085.

[3] Sun D, Luo G G, Zhang N, et al. Influence of dicarboxylic acids on self-assembly process: Syntheses and structural characterization of new Ag (Ⅰ) complexes derived from mixed ligands[J]. polyhedron, 2009, 28 (14): 2983-2988.

[4] Han L L, Hu T P, Mei K, et al. Solvent-controlled three families of Zn (Ⅱ) coordination compounds: synthesis, crystal structure, solvent-induced structural transformation, supramolecular isomerism and photoluminescence[J].Dalton Trans., 2015, 44 (13): 6052-6061.

[5] Montzka S A, Dlugokencky E J, Butler J H. Non-CO_2 greenhouse gases and climate change [J]. Nature, 2011, 476: 43-50.

[6] Shakun J D, Clark P U, He F, et al. Global warming preceded by increasing carbon dioxide concentrations during the last deglaciation[J].Nature, 2012, 484: 49-54.

[7] Lanzafame P, Centi G, Perathoner S. Catalysis for biomass and CO_2 use through solar energy: opening new scenarios for a sustainable and low-carbon chemical production [J]. Chem. Soc. Rev., 2014, 43 (12): 7562-7580.

[8] Wang Y, Ding J, Wang Y, et al. Structural design of new Ce^{3+} /Eu^{2+} -doped or co-doped phosphors with excellent thermal stabilities for WLEDs [J]. J. Mater. Chem. C, 2019, 7 (7): 1792-1820.

[9] Yuan T, Meng T, He P, et al. Carbon quantum dots: an emerging material for optoelectronic applications[J].J. Mater. Chem. C, 2019, 7 (23): 6820-6835.

[10] Amoli V, Kim S Y, Kim J S, et al. Biomimetics for high-performance flexible tactile sensors and advanced artificial sensory systems[J].J. Mater. Chem. C, 2019, (47): 14816-14844.

[11] Zhao S, Jin R. Opportunities and Challenges in CO_2 Reduction by Gold- and Silver-Based Electrocatalysts: From Bulk Metals to Nanoparticles and Atomically Precise Nanoclusters[J].ACS Energy Lett, 2018, 3 (2): 452-462.

[12] Yang J, Wang X, Qu Y, et al. Bi-Based Metal-Organic Framework Derived Leafy Bismuth Nanosheets for Carbon Dioxide Electroreduction[J].Adv. Energy Mater., 2020, 10: 2001709.

[13] Liu J H, Yang L M, Ganz E. Electrochemical reduction of CO_2 by single atom catalyst TM-TCNQ monolayers[J].J. Mater. Chem. A, 2019, 7 (8): 3805-3814.

[14] Liu J, Yang L M, Ganz E. Efficient and Selective Electroreduction of CO_2 by Single-Atom Catalyst Two-Dimensional TM-Pc Monolayers [J]. ACS Sustainable Chem. Eng., 2018, 6 (11): 5494-15502.

[15] Liu J H, Yang L M, Ganz E. Two-Dimensional Organometallic TM_3-$C_{12}S_{12}$ Monolayers for Electrocatalytic Reduction of CO_2[J].Energy Environ. Mater., 2019, 2 (3): 193-200.

[16] Wang S, Song K, Zhang C. A novel metalporphyrin-based microporous organic polymer with high CO_2 uptake and efficient chemical conversion of CO_2 under ambient conditions [J]. J. Mater. Chem. A, 2017, 5 (4): 1509-1515.

[17] Guo F, Zhang X. Metal-organic frameworks for the energy-related conversion of CO_2 into cyclic carbonates[J].Dalton Trans., 2020, 49 (29): 9935-9947.

[18] Li S, Zhang L, Lan Y. Efficient electron transmission in covalent organic framework nanosheets for highly active electrocatalytic carbon dioxide reduction[J].Nat. Commun., 2020, 11: 497 (1-10).

[19] Luo S, Zeng Z, Zeng G, et al. Recent advances in conjugated microporous polymers for photocatalysis: Designs, applications, and prospect [J]. J. Mater. Chem. A, 2020, 8 (12): 6434-6470.

[20] Shi L, Li Z, Ju L, et al. Promoting nitrogen photofixation over a periodic WS_2@TiO_2 nanoporous film[J].J. Mater. Chem. A, 2020, 8 (3): 1059-1065.

[21] Luo S, Li X, Wang M, et al. Long-term electrocatalytic N_2 fixation by MOF-derived Y-stabilized ZrO_2: insight into the deactivation mechanism[J].J. Mater. Chem. A, 2020, 8 (11): 5647-5654.

[22] Zhang H, Yang L M, Ganz E. Unveiling the Molecular Mechanism of CO_2 Capture in N-Methylethylenediamine-Grafted M_2 (dobpdc) [J].ACS Sustainable Chem. Eng., 2020, 8 (38): 14616-14626.

[23] Zhang H, Yang L M, Pan H, et al. Atomistic Level Mechanism of CO_2 Adsorption in *N*-Ethylethylenediamine-Functionalized M_2 (dobpdc) Metal-Organic Frameworks[J].Cryst. Growth Des., 2020, 20 (10): 6337-6345.

[24] Zhang H, Shang C, Yang L M, et al. Elucidation of the Underlying Mechanism of CO_2 Capture by Ethylenediamine-Functionalized M_2 (dobpdc) (M= Mg, Sc-Zn) [J].Inorg. Chem., 2020, 59 (22): 16665-16671.

[25] Zhang H, Zheng X, Yang L M, et al. Properties and Detailed Adsorption of CO_2 by M_2 (dobpdc) with *N*, N-Dimethylethylenediamine Functionalization [J]. Inorg. Chem., 2021, 60 (4): 2656-2662.

[26] Sun Y, Jia X, Huang H, et al. Solvent-free mechanochemical route for the construction of ionic liquid and mixed-metal MOF composites for synergistic CO_2 fixation[J].J. Mater. Chem. A, 2020, 8 (6): 3180-3185.

[27] Huang L, Li B, Su B, et al. Fabrication of hierarchical Co_3O_4@$CdIn_2S_4$ p-n heterojunction photocatalysts for improved CO_2 reduction with visible light[J]. J. Mater. Chem. A, 2020, 8 (15): 7177-7183.

[28] Bertrand G H V, Dumazert J, Sguerra F, et al. Correction: Understanding the behaviour of different metals in loaded scintillators: discrepancy between gadolinium and bismuth [J]. J. Mater. Chem. C, 2015, 3: 7523-7523.

[29] Liu X. Metal-organic framework UiO-66 membranes [J]. Front. Chem. Sci. Eng., 2020, 14: 216-232.

[30] Wei J H, Yi J W, Han M L, et al. A Water-Stable Terbium (Ⅲ) -Organic Framework as a Chemosensor for Inorganic Ions, Nitro-Containing Compounds and Antibiotics in Aqueous SolutionsChem[J]. Asian J., 2019, 14 (20): 3694-3701.

[31] Lv H, Chen H, Fan L, et al. Heterometallic {ZnEu}-metal-organic framework for efficient chemical fixation of CO_2[J].Dalton Trans., 2020, 49 (41): 14656-14664.

[32] GuptaV, Mandal S K. A Microporous Metal-Organic Framework Catalyst for Solvent-free Strecker Reaction and CO_2 Fixation at Ambient Conditions [J]. Inorg. Chem., 2020, 59 (7): 4273-4281.

[33] Wu Z F, Velasco E, Shan C, et al. Robust fluorescent calcium coordination polymers as Cu^{2+}

sensors with high sensitivity and fast response [J]. J. Mater. Chem. C, 2020, 8 (20): 6820-6825.

[34] Jiang D, Yang X, Zheng X, et al. Self-assembly of luminescent 12-metal Zn-Ln planar nanoclusters with sensing properties towards nitro explosives[J].J. Mater. Chem. C, 2018, 6 (31): 8513-8521.

[35] Senthilkumar S, Maru M S, Somani R S, et al. Unprecedented NH_2-MIL-101 (Al) /*n*-Bu_4NBr system as solvent-free heterogeneous catalyst for efficient synthesis of cyclic carbonates via CO_2 cycloaddition[J]. Dalton Trans., 2018, 47 (2): 418-428.

[36] Zalomaeva O V, Chibiryaev A M, Kovalenko K A, et al. Cyclic carbonates synthesis from epoxides and CO_2 over metal-organic framework Cr-MIL-101[J].J. Catal., 2013, 298: 179-185.

[37] Ding L G, Yao B J, Jiang W L, et al. Bifunctional Imidazolium-Based Ionic Liquid Decorated UiO-67 Type MOF for Selective CO_2 Adsorption and Catalytic Property for CO_2 Cycloaddition with Epoxides[J].Inorg. Chem., 2017, 56 (4): 2337-2344.

[38] Tran Y B N, Nguyen P T K, Luong Q T, et al. Series of M-MOF-184 (M= Mg, Co, Ni, Zn, Cu, Fe) Metal-Organic Frameworks for Catalysis Cycloaddition of CO_2[J].Inorg. Chem., 2020, 59 (22): 16747-16759.

[39] Babu R, Roshan R, Kathalikkattil A C, et al. Rapid, Microwave-Assisted Synthesis of Cubic, Three-Dimensional, Highly Porous MOF-205 for Room Temperature CO_2 Fixation via Cyclic Carbonate Synthesis [J].ACS Appl. Mater. Interfaces, 2016, 8 (49): 33723-33731.

[40] Gao W Y, Chen Y, Niu Y H, et al. Crystal Engineering of an nbo Topology Metal-Organic Framework for Chemical Fixation of CO_2 under Ambient Conditions[J].Angew Chemie International Edition, 2014, 53 (10): 2615-2619.

[41] Beyzavi M H, Klet R C, Tussupbayev S, et al. A Hafnium-Based Metal-Organic Framework as an Efficient and Multifunctional Catalyst for Facile CO_2 Fixation and Regioselective and Enantioretentive Epoxide Activation [J].J. Am. Chem. Soc., 2014, 136 (45): 15861-15864.

[42] Zhang H, Yang L M, Ganz E. Adsorption Properties and Microscopic Mechanism of CO_2 Capture in 1,1-Dimethyl-1,2-ethylenediamine-Grafted Metal-Organic Frameworks[J].ACS Appl. Mater. Interfaces, 2020, 12 (16): 18533-18540.

[43] Zhang H, Yang L M, Pan H, et al. Disclosing the microscopic mechanism and adsorption properties of CO_2 capture in N-isopropylethylenediamine appended M_2 (dobpdc) series [J]. Phys. Chem. Chem. Phys., 2020, 22 (42): 24614-24623.

第5章 异金属 $\{Co^{II}Tb^{III}\}$-H_6TDP 的合成及其性能研究

研究表明，生物传感器最大的问题和挑战之一是传感材料在水介质中的稳定性和生物相容性。在过去的几十年里，MOFs 材料由于其结构的多样性、可控性、高孔隙率和大比表面积，在能量存储、多相催化、气体吸附分离、药物传递等领域得到了广泛的研究和成功的应用[1-7]。特别是 MOFs 材料作为荧光材料已被用于检测各种物质，如有害气体分子、挥发性有机化合物（VOCs）、爆炸物等。此外，相当数量的 MOFs 材料容易被不同的官能团修饰，因此通过修饰特定的官能团可以实现高选择性[8-12]。因此，MOFs 材料在开发荧光传感材料方面受到研究者的青睐。

氨基酸（AAs）作为重要的生物分子，是生命系统不可或缺的组成部分，是构成蛋白质和酶的基本物质，广泛存在于食物、血液和组织中[13,14]。AAs 被认为与蛋白质和多肽的代谢密切相关。在一系列生理过程中，对食品和生物体中 AAs 的测定在营养分析和疾病诊断中尤为重要。色氨酸（Try）是人体八种必需氨基酸之一，在人体的生物系统和正常生长中起着重要作用[15-18]。而且，Try 并不能在体内自行合成，必须从食物中补充，适量摄入可以帮助改善睡眠。但是，过量摄入 Try 会导致烦躁不安、紧张、幻觉、妄想和嗜酸性肌痛综合征（EMS）。因此，Try 的检测对药物分析和医学诊断非常有帮助，对疾病诊断和食品营养分析都具有重要意义。

另外，随着能源需求和 CO_2 排放的增加，通过现场 CO_2 捕获策略有效减少 CO_2 排放及其对大气循环过程的影响引起了世界各国科学家的极大兴趣。迄今为止，将捕获的 CO_2 和环氧化物催化反应生成高价值碳化物是解决 CO_2 排放问题的最有前途的方法之一，因为它具有 100% 的 CO_2 利用率。大量的研究表明，多孔 MOFs 材料具有催化活性高、选择性高、易回收、反应条件温和等许多优点[19-22]。

因此，本实验采用 2,4,6-三(2′,4′-二羧基苯基)吡啶配体（H_6TDP），探索了另一种具有高孔隙度分布的异金属 MOFs 材料。在此，通过双核异金属[CoTb$(CO_2)_6(H_2O)$]SBUs 与 TDP^{6-} 连接体的精细组合，成功制备了一种具有坚固的双壁纳米结构材料$\{[CoTb(TDP)(H_2O)]\cdot 3H_2O\cdot 4DMF\}_n$（TIT-2）。TIT-2 不仅具有双纳米通道、高孔隙率和大比表面积，而且还具有 4 配位 Co^{2+}、7 配位 Tb^{3+}、未配位羧基氧原子和 $N_{吡啶}$ 原子等 Lewis 酸碱位点。研究发现，TIT-2 对各种环氧化合物与 CO_2 进行环加成反应均表现出较高的催化活性。此外，TIT-2 可以快速、灵敏、高效地识别水溶液中的色氨酸（Try）。

5.1 TIT-2 的晶体结构分析

TIT-2 的晶体学数据和细化参数列于本书附表 3，TIT-2 的键长和键角见本书附表 4。X 射线单晶衍射数据表明，TIT-2 同样属于三方晶系，$R\bar{3}m$ 空间群，与 TIT-1 同构，以一种类似于桨轮状的[$CoTb(CO_2)_6(H_2O)$]结构作为 SBUs 与双功能配体 TDP^{6-} 经过精巧组合形成了具有双通道的蜂窝状阴离子结构。尽管 TIT-2 中这两种类型的纳米孔道（Ⅰ和Ⅱ）通过具有相同数量的暴露的活性金属位点的六排[$CoTb(CO_2)_6(H_2O)$]SBUs 交替出现，但是它们可以与含有游离羧基氧原子（C═O）和配位水分子（H_2O）的不同的功能化内表面相区分。值得一提的是，TIT-2 具有优异的物理化学性能，包括蜂窝状纳米通道、高孔隙率和大比表面积、高度开放的 Lewis 酸碱位点共存、良好的热化学稳定性和耐大多数有机溶剂。此外，活化的 TIT-2 孔隙体积（65.1%）由极不饱和的金属离子组成，包括四配位 Co(Ⅱ) 和七配位 Tb(Ⅲ)，这使得主体框架成为一种很有前途的 CO_2 化学固定催化剂。

结合 TIT-1 的结构可知，TIT-2 的不对称单元包含 1/2 个晶体独特的 Co(Ⅱ) 离子、1/2 个 Tb(Ⅲ) 离子和 1/2 个 TDP^{6-} 配体。首先，Tb (1) 离子被 2 个位于 TDP^{6-} 中的吡啶苯环的 2-位和 6-位上的 α-羧基螯合，其配位模式为 μ_2-η^1：η^1。然后，Tb(1) 离子进一步与 Co(1) 离子桥联，形成一个[$Co(CO_2)_6$]桨轮状双核 SBUs，它们之间由另外 3 个 γ-羧基（其中 2 个 γ-羧基由 2 个吡啶 2-位上的苯环提供，1 个由吡啶 4-位上的苯环提供）构成，Tb(1)-Co(1)距离为 4.06(16)Å[图 5-1(a)]。此外，Co(1) 离子还与其他 TDP^{6-} 配体上的 1 个 2-位羧基配合。因此，5 个 TDP^{6-} 配体促进了[$CoTb(CO_2)_6(H_2O)$]SBUS 的形成，每个 TDP^{6-} 配体同时连接 5 个[$CoTb(CO_2)_6(H_2O)$]SBUS，生成一个具有蜂窝状纳米通道的三维结构[图 5-1(b)]。虽然 Tb(1) 离子由 7 个羧基氧原子和 1 个 H_2O 分子连接而成“扭曲的双帽三棱柱”几何形状，但是，经过活化以后，该“结合水”分子很容易被去除。此外，Co(1) 离子与来自 4 个不同 TDP^{6-} 配体的 4 个羧基氧原子连接形成一个四面体结构，Co(1)-O 键长为 1.918(2)～1.963(2)Å。与此同时，在四面体配位几何中，Co(1) 是一个天然的 Lewis 酸位点。

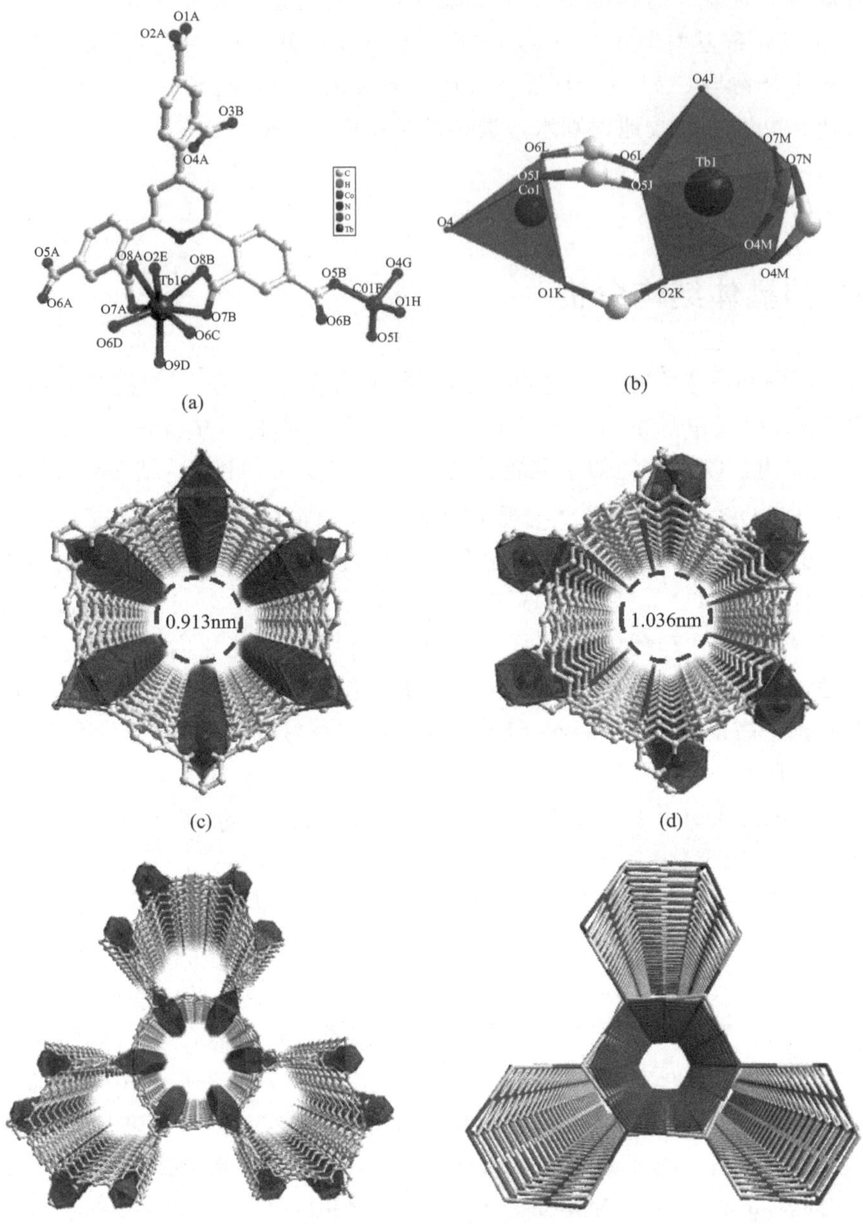

图 5-1 （a） H_6TDP 配体的配位方式;（b） TIT-2 的［$CoTb(CO_2)_6(H_2O)$］杂金属簇合物;（c）通道 Ⅰ 的结构细节;（d）通道 Ⅱ 的结构详情;（e） TIT-2 三维双通道骨架结构;（f） 3D 拓扑结构（灰色： H_6TDP 配体，绿色：杂金属簇）（书后另见彩图）

5.2 TIT-2的性能测试与表征

5.2.1 X射线粉末衍射分析

如图 5-2 所示，TIT-2 活化后的 X 射线衍射图的关键峰位置与 X 射线单晶衍射数据模拟的关键峰位置几乎相同，说明所制备的 TIT-2 的相纯度良好。

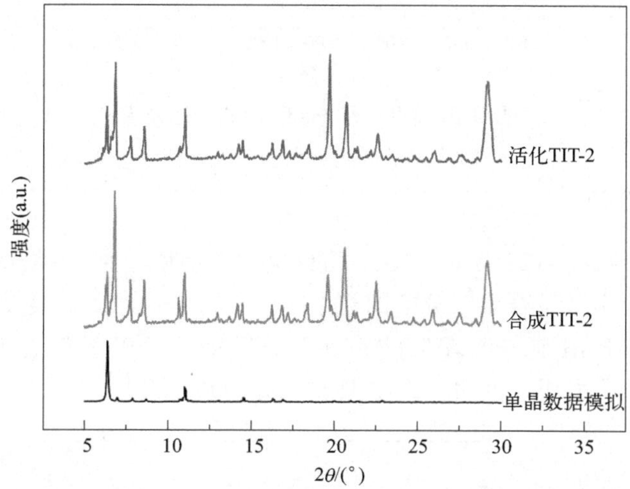

图 5-2　TIT-2 的 PXRD 谱图及 X 射线单晶衍射数据模拟图谱

5.2.2 红外光谱分析

TIT-2 和 H_6TDP 的红外光谱如图 5-3 所示。

图 5-3 中显示，TIT-2 在 3431cm^{-1}、2935cm^{-1}、1606cm^{-1}、1400cm^{-1} 和 737cm^{-1} 处有比较强的特征衍射峰，而在 1251cm^{-1}、1099cm^{-1}、922cm^{-1}、827cm^{-1} 和 703cm^{-1} 处出现了较弱的特征衍射峰。其中 3431cm^{-1} 处为羟基的 O—H 伸缩振动峰，在 1606cm^{-1} 和 1400cm^{-1} 处的特征峰分别对应于羧基的 ν_{as}(COO—)和 ν_s(COO—)振动，这说明 TIT-2 中存在 H_6TDP 配体，羧酸根的反对称和对称伸缩振动峰之间的波数差值为 206cm^{-1}，表明 H_6TDP 配体中羧酸去质子化与 Co(Ⅱ) 中心以单齿模式配位。TIT-2 的特征吸收峰位置与配体 H_6TDP 的红外光谱基本一致，说明 TIT-2 的结构保留了配体中一系列官能团结构，使其具备了金属离子与有机配体的综合特性。

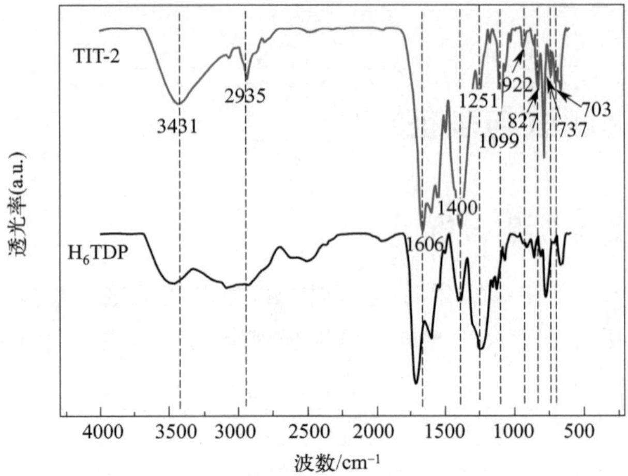

图 5-3 TIT-2 和 H$_6$TDP 的红外光谱

5.2.3 热重分析

如图 5-4 所示，TIT-2 的 TGA 曲线可以说明，在 120℃之前首次失重 6.17%，与晶体中“结合水”分子的含量一致，120～400℃温度范围内的第二次失重归因于 DMF 溶剂。该骨架结构在 400℃之前可以保持稳定，400℃以后 TIT-2 的结构开始坍塌，说明 TIT-2 具有较高的热稳定性。

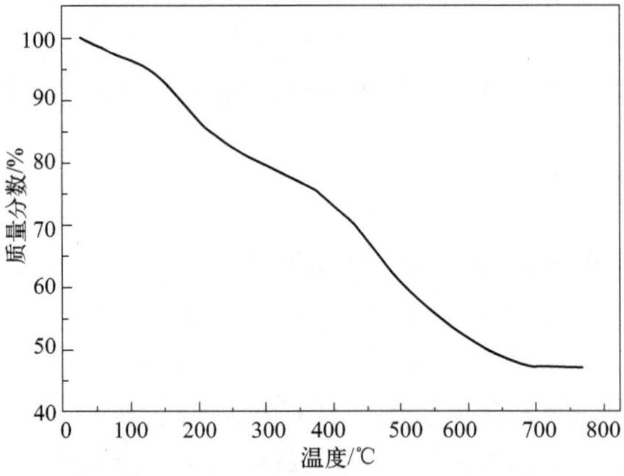

图 5-4 合成样品 TIT-2 的 TGA 曲线

5.2.4 扫描电子显微镜分析

如图 5-5 所示，对 TIT-2 的结构进行扫描电子显微镜观察显示，TIT-2 的结构规整、棱角清晰，说明 TIT-2 的结晶性能良好，与 PXRD 的测试结果相吻合。然后对 TIT-2 晶体表面进行 EDS 分析，结果显示，TIT-2 晶体表面 C、N、O、

Co、Tb 等元素均匀分布，从各元素的分布密度可以看到，C、O 元素分布密集，这是因为配体 H_6TDP 主体结构中含有大量苯环和羧基结构；而 N 原子只存在于配体 H_6TDP 的吡啶环中；Co 和 Tb 元素在晶体表面也呈现均匀分布的状态。

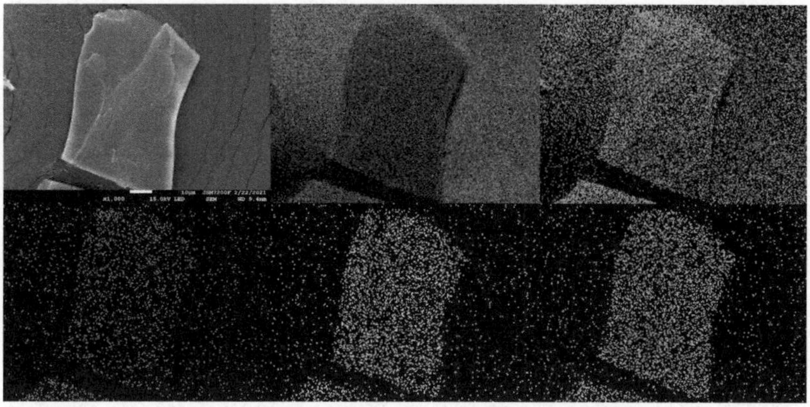

图 5-5　TIT-2 的 SEM-EDS 图像（C：红色； O：绿色； N：紫色；Co：黄色； Tb：青色）（书后另见彩图）

5.2.5　耐水性能分析

由于 MOFs 材料在气相和液相吸附相关领域具有明显的优势，因此对其进行在化学环境中的稳定性研究也是非常重要的。然而，大多数 MOFs 材料的耐水性差等限制了其在水溶液中的应用。因此，本实验对 TIT-2 在不同水系中的耐水性进行了分析，分别在室温下浸泡 10d，在沸水中浸泡 72h。浸泡后的 TIT-2 烘干后进行 PXRD 测试，结果显示：TIT-2 的结构保持完整，均未发生坍塌（图 5-6）。这充分反映了 TIT-2 具备较强的耐水性能。这可能是由于异质金属掺杂改变了纳米通道的内部环境，导致内表面具有较强的疏水性。综合 TIT-1 的研究分析表明：通过异金属掺杂控制 MOFs 材料稳定性的方法也为提高多孔金属有机骨架的性能提供了新的思路。

5.2.6　气体吸附性能分析

在进行气体吸附实验之前，首先对 TIT-2 进行活化处理。将 TIT-2 晶体样品分别依次在甲醇和二氯甲烷中浸泡 3d，每隔 12h 更换一次溶剂，然后在 120℃真空烘箱中干燥 12h。活化后的 TIT-2 的 PXRD 与 X 射线单晶衍射数据模拟的结果一致，如图 5-7 所示。在 77K 条件下对 N_2 的吸附实验表明，活化后的 TIT-2 的总孔体积为 0.51cm^3/g，根据 BET 计算出的比表面积为 1473m^2/g。N^2 的吸附-解吸等温线为典型的 Ⅰ 型吸附构型，孔径分布在 9～13Å 范围内，如图 5-7(a) 所示。

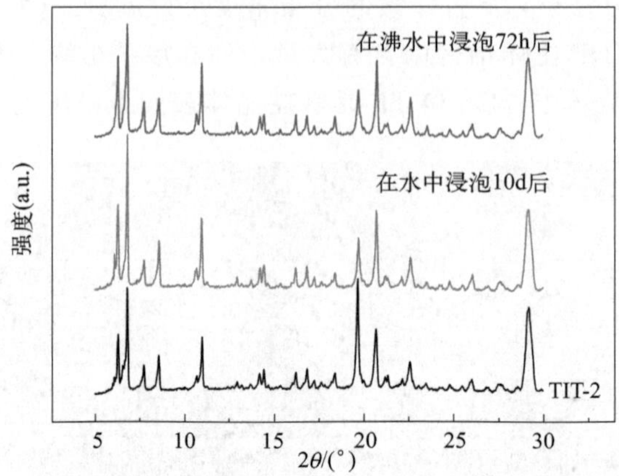

图 5-6　TIT-2 水处理后的 PXRD 谱图

由于管状纳米通道固有的结构优势和暴露出的高密度活性金属位点，TIT-2 具有吸附四极矩物体分子的潜力，因此在 273K 和 298K 时对 CO_2 进行吸附-脱附实验。如图 5-7（b）所示，CO_2 在 273K 和 298K 时的最大吸附量分别为

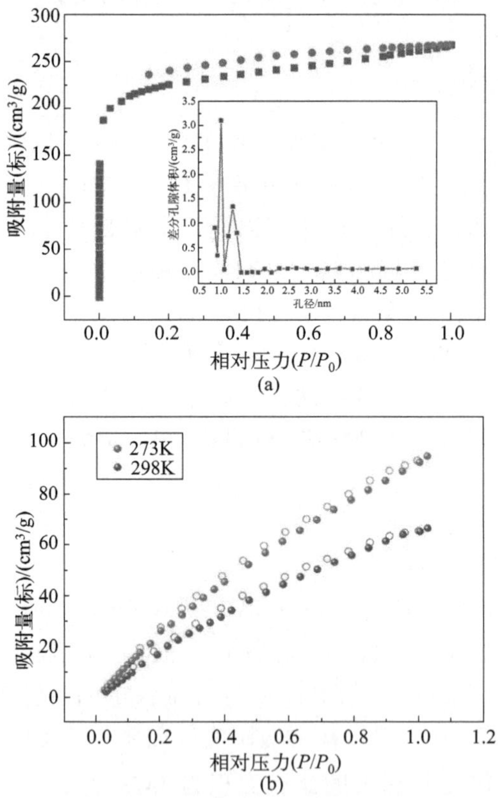

图 5-7　（a） TIT-2 在 77K 时的 N_2 吸附-脱附等温线（插图为孔径分布图）；

（b） TIT-2 在 273K 和 298K 时的 CO_2 吸附-脱附等温线

95.12cm^3/g 和 67.35cm^3/g，高于文献资料中的 NUC-5、MOF-5、UiO-66 等[23-26]。同时，CO_2 不完全吸附-解吸等温线存在一个中度的滞后回路，说明主、客体之间存在强烈的相互作用。此外，为了量化 CO_2 分子和 TIT-2 之间的约束力，由维里方程计算得到的 Q_{st} 值为 26.5kJ/mol，这意味着吸附的 CO_2 分子可以很容易地释放，允许 TIT-2 再生。

5.3 TIT-2 对色氨酸荧光传感性能的研究

5.3.1 TIT-2 的发光和传感特性

在室温环境下，对 H_6TDP 和 TIT-2 的固态发光特性进行了测量，如图 5-8 所示。结果显示，配体 H_6TDP 的激发峰位于 230nm，最大发射峰出现在 395nm。在相同的激发波长下，TIT-2 与配体 H_6TDP 表现出相似的宽发射，最大发射波长为 467nm。从图 5-8 可以看出，TIT-2 的荧光光谱与 H_6TDP 配体的基本相同，说明 TIT-2 的发光来自配体。

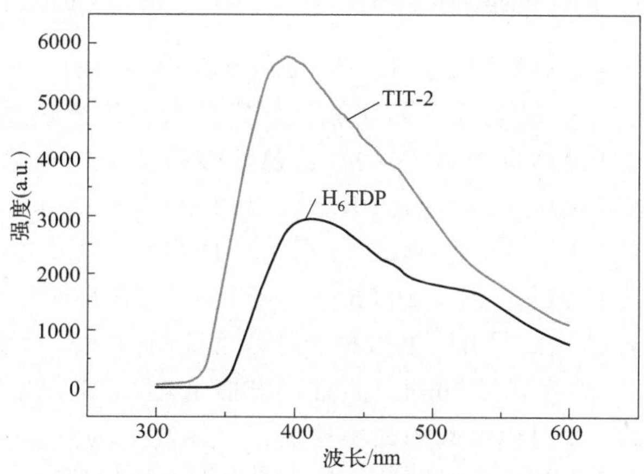

图 5-8 H_6TDP 和 TIT-2 的固态发光特性

5.3.2 TIT-2 对氨基酸的检测

如图 5-9 所示，基于 TIT-2 优异的稳定性、较强的发光性能和生物传感器的应用前景，研究了 TIT-2 对各种氨基酸的发光响应。称取 2mg 的 TIT-2 分别分散于甲硫氨酸（Met）、丙氨酸（Ala）、苯丙氨酸（Phe）、半胱氨酸（Cys）、谷氨酸（Glu）、甘氨酸（Gly）、组氨酸（His）、亮氨酸（Leu）、苏氨酸（Thr）、脯氨酸（Pro）、精氨酸（Arg）、丝氨酸（Ser）、缬氨酸（Val）、色氨酸（Try）等各种氨基酸的水溶液中，进行荧光色谱分析。结果表明，Try 对 TIT-2 具有更好的发光猝灭效果。

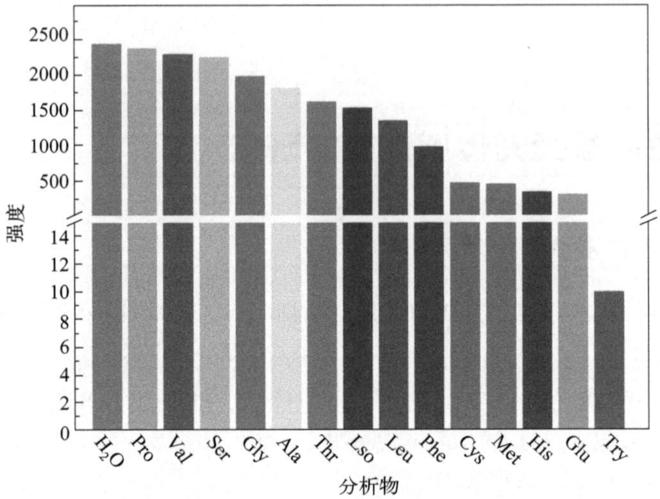

图 5-9　在不同的氨基酸溶液中，TIT-2 在 554nm 处的发光强度

为了进一步研究色氨酸的浓度对 TIT-2 发光猝灭的影响，我们继续做了不同浓度的色氨酸对 TIT-2 发光效果的实验。研究发现，随着色氨酸浓度的增加，TIT-2 的发光强度逐渐降低（图 5-10）。当色氨酸浓度在 0～952μmol/L 范围内时，TIT-2 的猝灭率达到 94%[图 5-10(a)]。TIT-2@Try 在水溶液中的荧光强度符合指数方程 $I_0/I=-30.124\exp[\mathrm{Try}]/(-1333)-31.633$ ($R^2=0.998$) 的 Stern-Volmer 非线性曲线[图 5-10(b)]，其中，I_0/I 为 TIT-2 的发光强度，[Try] 为 L-色氨酸浓度。另外，通过拟合低浓度范围内的实验数据显示，TIT-2 的 K_{SV} 值达到了 3.68×10^4 L/mol。而且，根据 K_{SV} 值和荧光相对强度标准差（δ）计算可知，TIT-2 对色氨酸的最小检测值（LOD）为 0.11μmol/L，这可能是潜在的可用于检测人体中色氨酸的材料，因为在人体的泪液、组织液和血清中正常的色氨酸浓度分别为 (7.1±0.7)μmol/L、(0.9±0.1)μmol/L 和 (52.9±1.8)μmol/L[27]。同时，将 TIT-2 在 0.2mmol/L 的色氨酸水溶液中浸泡 24h，测得的 PXRD 谱图与之前的 PXRD 谱图几乎完全吻合（图 5-11），说明在检测过程中 TIT-2 的骨架结构保持完整。与已报道的色氨酸荧光传感器的性能进行比较（表 5-1），TIT-2 表现出了优异的色氨酸荧光传感性能，它具有较高的结合常数和低的 LOD。

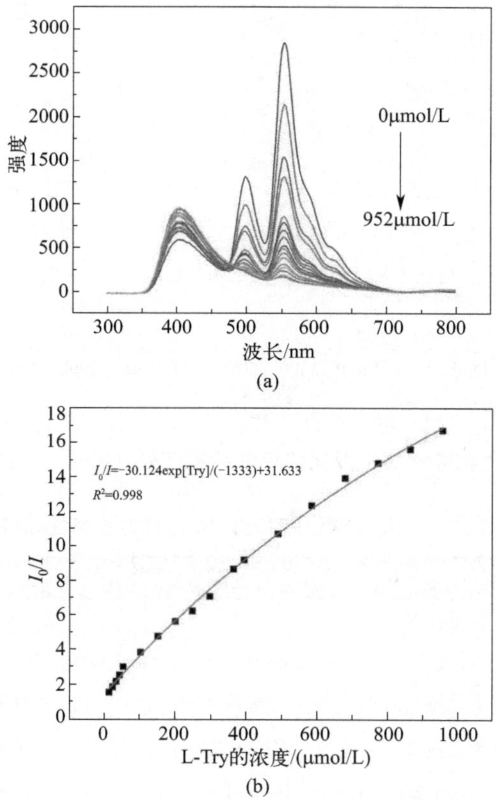

图 5-10 （a） TIT-2悬浮液在色氨酸浓度为 0~ 952μmol/L（554nm 激发）时的发光光谱;
（b）相对强度与色氨酸浓度的拟合曲线图

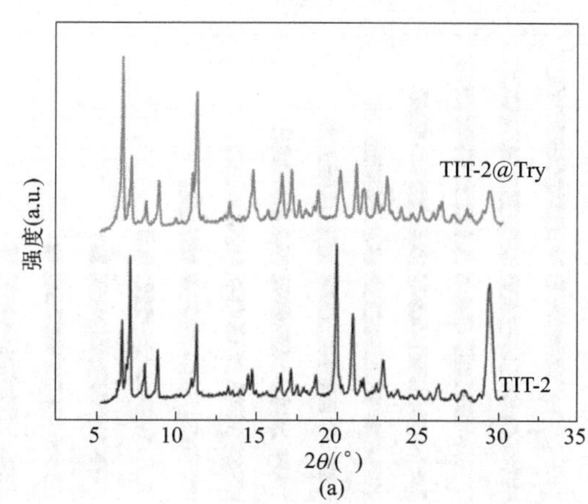

图 5-11

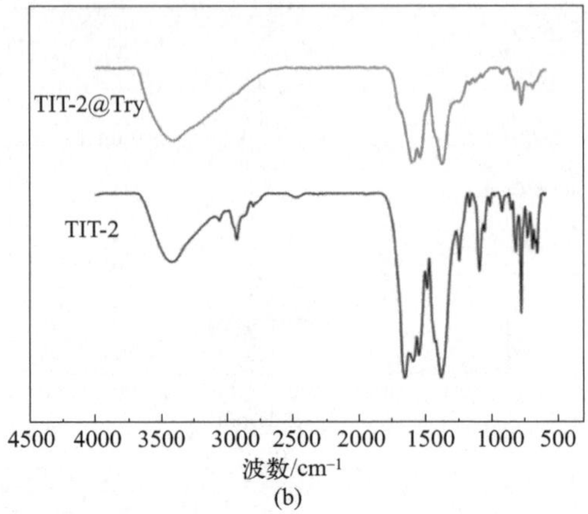

图 5-11　TIT-2 在色氨酸溶液中荧光猝灭前后的红外光谱（a）和 PXRD 图谱（b）

表 5-1　不同色氨酸荧光传感器的主要特性比较

MOFs 材料	传感方式	最低检出限	溶剂	参考文献
荧光受体 1	荧光猝灭	47.6nmol/L	DMSO/水	[28]
BTAP5	荧光猝灭	283nmol/L	H_2O/DMSO(7∶3,体积比)	[29]
SUMOF-7 Ⅱ	荧光猝灭	167μmol/L	PBS/H_2O/乙醇	[30]
3-APBA-HTCs	荧光猝灭	5μmol/L	PBS	[31]
$[Co(PS)_4](ClO_4)_2$	荧光增强	410nmol/L	PBS	[27]
ZJU-108	荧光增强	43.4nmol/L	水	[32]
TIT-2	荧光猝灭	0.11μmol/L	水	本工作

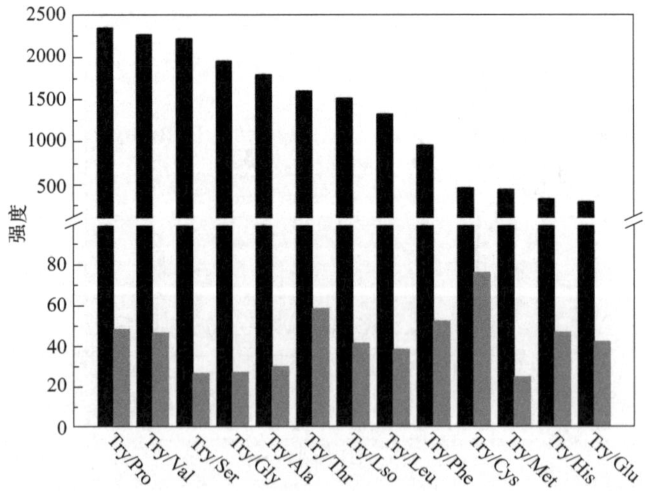

图 5-12　在色氨酸不存在（左）和存在（右）的情况下，TIT-2 悬浮液的荧光强度

在 Met、Ala、Cys、Glu、Gly、Leu、His、Phe、Thr、Pro、Arg、Ser、Val 等氨基酸溶液中加入等量的色氨酸进行干扰实验。从图 5-12 中可以看出，在添加色氨酸之前，554nm 处的发光没有明显的变化，而在添加色氨酸之后，发光出现了明显的下降，这说明在 0.1mmol/L 浓度下，其他 13 种氨基酸对发光强度没有显著影响。此外，TIT-2 的灵敏度和选择性与现有相关报道的基于 MOF 的氨基酸发光传感器相比表现更好。

5.4 TIT-2 催化 CO_2 与环氧化物的环加成反应

5.4.1 TIT-2 的催化性能研究

表 5-2 是以环氧丙烷为模型，研究不同反应条件对环氧丙烷与 CO_2 环加成反应转化为碳酸丙烯酯的影响，通过^{1}HNMR 和 GC-MS 确定产物的结构和产率。

实验过程中，催化剂 TIT-2 的用量为 1.0%（摩尔分数），环氧丙烷的用量 20mmol，助催化剂 n-Bu_4NBr 作为变量，通入 0.1MPa 的 CO_2。表 5-2 中的数据显示：在室温下，只使用催化剂 TIT-2 的情况下，反应产物的产率仅为 15%；而在相同的反应条件下，只使用助催化剂 n-Bu_4NBr 时，反应产物的产率仅为 6%。当同时添加 1.0%(摩尔分数）的 TIT-2 和 2.5%(摩尔分数）的 n-Bu_4NBr 时，产率可以达到 52%。这证明了 TIT-2 和 n-Bu_4NBr 协同催化时，对环氧丙烷与 CO_2 的环加成反应具有较高的催化效率。因此，单独使用 TIT-2 或 n-Bu_4NBr 作为催化剂，催化反应的结果都不理想，说明 TIT-2 的活性开放金属位点与和助催化剂 n-Bu_4NBr 中的 Br^- 在 CO_2 和环氧化物的环加成反应中具有不同的作用。

从表 5-2 也可以看出，在其他反应条件不变的情况下，随着温度的升高产物的产率也相应增加，在 60℃的温度下反应 24h，产物的最终产率达到 99%，说明反应温度对催化剂的催化性能有很大影响。当助催化剂 n-Bu_4NBr 用量增加 1 倍，而 TIT-2 用量不变时，在 60℃ 的温度下反应 8h，产物的产率就可达到 98%，说明助催化剂的用量对催化效率也有很大的影响。通过一系列实验得到的最佳反应条件为：催化剂 TIT-2 的用量为 1.0%（摩尔分数），助催化剂 n-Bu_4NBr 的用量为 5.0%（摩尔分数）时，通入 0.1MPa 的 CO_2，在 60℃的温度下反应 8h。与最近文献报道的 MOFs 基催化剂相比[33-42]，TIT-2 表现出了较为优异的催化性能（如表 5-3 所列），这应归因于活性金属位点（Co^{II} 和 Tb^{III}）、非配位的吡啶和羧基氧原子以及无阻碍的空隙。

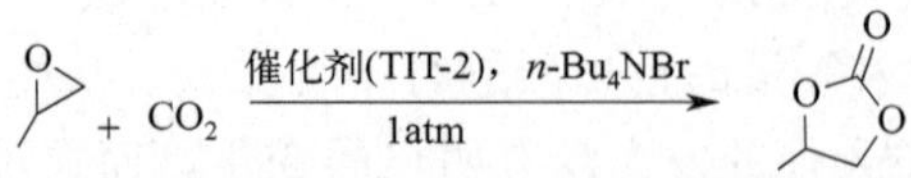

表 5-2　CO_2 与环氧丙烷不同条件下的环加成反应分析

序号	TIT-2/%（摩尔分数）	$n\text{-}Bu_4NBr$/%（摩尔分数）	反应温度/℃	反应时间/h	产率/%
1	1.0	0	25	24	15
2	0	2.5	25	24	6
3	1.0	2.5	25	24	52
4	1.0	2.5	40	24	76
5	1.0	2.5	50	24	87
6	1.0	2.5	60	24	99
7	1.0	5.0	60	2	43
8	1.0	5.0	60	4	66
9	1.0	5.0	60	6	89
10	1.0	5.0	60	8	98

表 5-3　TIT-2 作为催化剂与文献报道的 MOFs 基催化剂的催化性能比较

MOFs 材料	用量/%（摩尔分数）	温度/℃	P/MPa	时间/h	产率/%	参考文献
MOF-205(M)	2.5	室温	0.4	4	80	[33]
MMCF-2	0.13	室温	0.1	48	95	[34]
Hf-Nu-1000	4.0	室温	0.1	26	100	[35]
Cr-MIL-101	1.2	室温	0.8	24	82	[36]
UiO-67	1.5	90	0.1	12	95	[37]
MOF-893	0.32	80	0.1	23	88	[38]
M-MOF-184	1.2	80	0.1	6	82	[39]
TIT-2	1.0	75	0.1	8	93	本工作

在已确定的最佳反应条件下，通过一系列具有典型取代基结构的环氧化合物检验了 TIT-2 的催化普遍性。如表 5-4 所列，活化后的 TIT-2 对所选化合物均具有显著的催化活性，在设定的反应条件下，除沸点为 194℃ 的 1,2-环氧苯乙烷外，环加成反应产物的产率均≥97%。分析认为：单吸电子基团的环氧化合物更容易发生环加成反应，这可能是由电子吸收效应能有效降低环氧基的电子密度所致。此外，取代基空间位阻对环加成反应的影响很大，这与同类的多孔 MOFs 材料催化反应是一致的[43]。这可能是由于环氧化物上的较大取代基不仅影响了它们接近纳米笼的便利性，而且也减少了它们与活性位点的接触机会。因此，取代基较大的环氧化合物在规定时间内的产率相对较低。与已报道的多孔 MOFs

基催化剂 MOF-205[33]、MMCF-2[34] 和 Hf-Nu-1000[35] 相比，TIT-2 的催化效率更高，这主要是由于[$CoTb(CO_2)_6(H_2O)$]单元在通道表面的作用。通过对催化反应过程的分析可知，催化反应的原理是极化环氧化合物和 CO_2 等反应物来降低反应能级，加速反应过程。因此，对 TIT-2 来说，其多孔结构中所含的金属阳离子突出到反应底物容易撞击的位置是最有效的，这样可以得到高催化活性的催化剂。

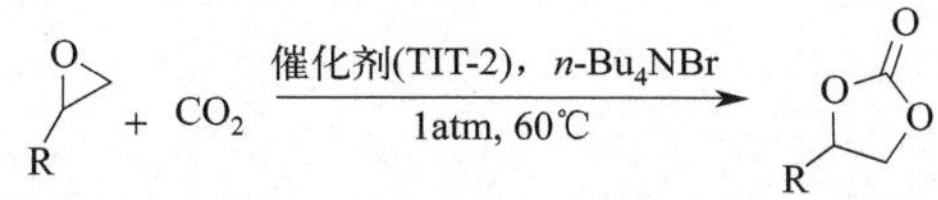

表 5-4 以 TIT-2 为催化剂，CO_2 与各种环氧化合物的环加成反应结果

序号	环氧化物	产物	产率/%	选择性/%	周转率（TON）
1	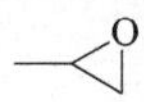	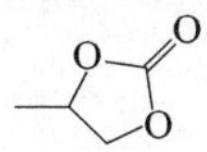	99	>99	198
2	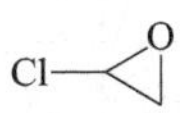	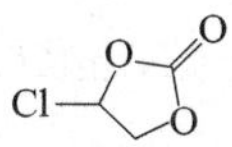	99	>99	198
3	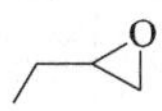	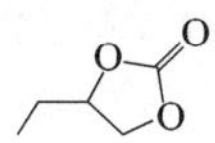	98	>99	186
4	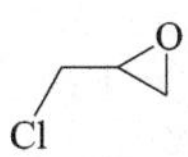	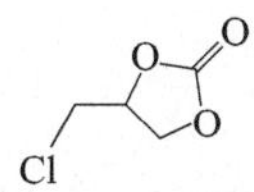	97	>99	182
5	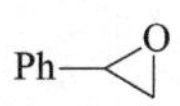	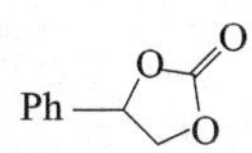	94	>99	174

5.4.2 循环催化性能研究

对一种催化剂的后处理（包括回收和循环利用）是评价其实际应用的重要因素之一。因此，以环氧丙烷为反应底物，称取 500mg 的 TIT-2 放大 10 倍进行反应，每次反应后对 TIT-2 进行过滤回收，然后直接进行下一次实验，重复 5 次。当第 5 次循环结束时，回收的 TIT-2 样品用二氯甲烷进行反复清洗，然后在 120℃的真空烘箱中干燥，称重为 482mg，损失 3.6%。反应溶液的 ICP 分析表明，从 TIT-2 的主框架中只有微量的 Co(Ⅱ)（0.027%）和 Tb(Ⅲ)（0.018%）离子浸出。5 次循环实验表明，TIT-2 的催化效果基本相同，反应产物的产率也证实了这一点（图 5-13）。同时，回收的 TIT-2 样品经过 5 次循环后的 PXRD 图谱与原样品基本一致，说明 TIT-2 的结构仍然完好（图 5-14）。

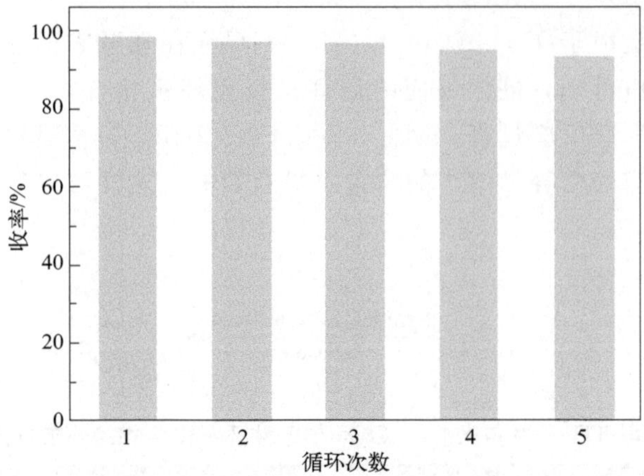

图 5-13 CO_2 与环氧丙烷的循环加成反应

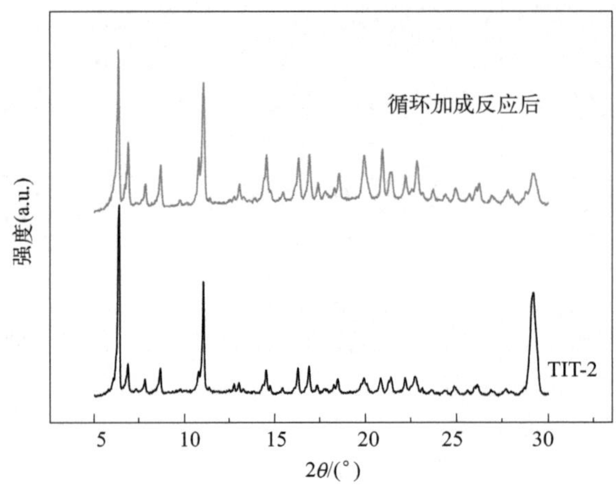

图 5-14 循环加成反应后 TIT-2 的 PXRD 谱图

5.4.3 催化反应的机理

对大量文献资料[40-43] 研究分析表明，该催化环加成反应的过程分三个步骤：环氧化物的开环、CO_2 的亲核加成反应和循环闭合。因此，结合实验数据和相关文献资料，笔者提出 TIT-2/n-Bu_4NBr 催化 CO_2 和环氧化物进行环加成反应的机理如图 5-15 所示。首先，环氧化物的氧原子与纳米管通道内壁的开放 Co 位点相互作用，降低了环氧化物环原有结构的稳定性。然后，n-Bu_4NBr 的溴离子对活化的环氧化物的 α-碳原子进行亲核攻击，生成一个中间态的烷基碳酸盐负离子，该负离子倾向于攻击被 Lewis 酸金属位点捕获的相邻的极化 CO_2 分子。在这种情况下，溴烷氧化物容易与极化的“接触”CO_2 分子发生亲核加成反应生成碳酸烷基盐，而碳酸烷基盐则倾向于表现出闭环行为生成五环碳酸烷基盐。

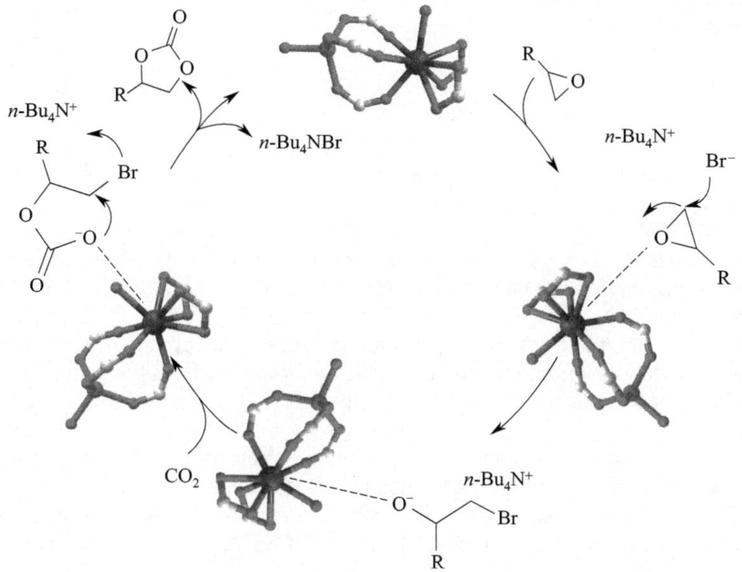

图 5-15 TIT-2 催化环氧化合物与 CO_2 环加成反应的机理（书后另见彩图）

本章小结

本章通过水热合成法，以 2,4,6-三(2′,4′-二羧基苯基)吡啶（H_6TDP）为配体与金属 Co(Ⅱ)和 Tb(Ⅲ)成功地制备了富含 Lewis 酸碱位点的新型三维多孔异金属 MOFs 材料(TIT-2)，并将其用于检测水溶液中的色氨酸，以及催化 CO_2 与环氧化物进行环加成反应生成环状碳酸酯，得出以下结论：

① X 射线单晶衍射研究表明，TIT-2 属于三方晶系，$R\bar{3}m$ 空间群，单晶结构中的三维通道由未配位的氮原子和羧酸基构成。热重分析结果表明 TIT-2 具有良好的热稳定性，PXRD 显示 TIT-2 具有较高结晶度和纯度。

② TIT-2 作为荧光传感材料，具有优异的热稳定和化学稳定性。其对水溶液中的色氨酸具有高效、灵敏的检测能力，检出限为 0.11μmol/L。在其他金属离子存在下的检测结果表明，TIT-2 表现出优异的抗干扰能力。用于检测色氨酸的 TIT-2 样品回收后，进行红外光谱和 PXRD 测试分析，结果显示，其结构保持完整、未发生破坏，说明该材料在检测水溶液中色氨酸的过程中具有良好的循环回收性能。

③ TIT-2 作为催化剂，在 273K 和 298K 下对 CO_2 的吸附量分别达到 95.12cm^3/g 和 67.35cm^3/g，高于文献报道中的大多数 MOFs 材料。通过对实验条件不断进行优化，笔者确定了 TIT-2 催化剂的用量为 1.0%，并以 n-Bu_4NBr 为助催化剂，在 60℃、0.1MPa 的最佳反应条件下，反应 8h 后能够获得较高产率的多种环状碳酸酯，其催化性能优于已报道的大多数 MOFs 催化剂。TIT-2 催

化剂易于分离回收，可循环使用，5 次催化循环后活性损失也很小。

参考文献

[1] McDonald T M，Lee W R，Mason J A，et al. Capture of Carbon Dioxide from Air and Flue Gas in the Alkylamine-Appended Metal-Organic Framework mmen-Mg_2（dobpdc）[J]. J. Am. Chem. Soc.，2012，134（16）：7056-7065.

[2] Zhang H，Yang L M，Ganz E. Formation Mechanism of Ammonium Carbamate for CO_2 Uptake in N，N′-Dimethylethylenediamine Grafted M_2（dobpdc）[J]. Langmuir，2020，36（46）：14104-14112.

[3] Yousaf A，Arif A M，Xu N，et al. A triazine-functionalized nanoporous metal-organic framework for the selective adsorption and chromatographic separation of transition metal ions and cationic dyes and white-light emission by Ln^{3+} ion encapsulation[J]. J. Mater. Chem. C，2019，7（29）：8861-8867.

[4] Li H，Li Q，Xu Z. Lanthanide cation encapsulated in a metal-organic framework as a white LED and selective naked-eye reversible HCl sensor[J]. J. Mater. Chem. C，2019，7（10）：2880-2885.

[5] Li C，Yang W，Zhang X，et al. A 3D hierarchical dual-metal-organic framework heterostructure up-regulating the pre-concentration effect for ultrasensitive fluorescence detection of tetracycline antibiotics[J]. J. Mater. Chem. C，2020，8（6）：2054-2064.

[6] Yi F Y，Wang S C，Gu M，et al. Highly selective luminescent sensor for CCl_4 vapor and pollutional anions/cations based on a multi-responsive MOF [J]. J. Mater. Chem. C，2018，6（8）：2010-2018.

[7] Zhang Y X，Li B X，Lin H，et al. Impressive second harmonic generation response in a novel phase-matchable NLO-active MOF derived from achiral precursors[J]. J. Mater. Chem. C，2019，7（21）：6217-6221.

[8] Xu Q，Xu B，Kong H，et al. Synthesis and Characterization of a Crown-Shaped 36-Molybdate Cluster and Application in Catalyzing Knoevenagel Condensation [J]. Inorg. Chem.，2020，59（15）：10665-10672.

[9] Zhang M，Liu B，Zhang H，et al. Synthesis and Mechanism Studies of a High-Nuclear $Mn_{72}W_{48}$ Cluster[J]. Inorg. Chem.，2020，59（18）：13733-13740.

[10] Li D，Ma X，Wang Q，et al. Copper-Containing Polyoxometalate-Based Metal-Organic Frameworks as Highly Efficient Heterogeneous Catalysts toward Selective Oxidation of Alkylbenzenes [J]. Inorg. Chem.，2019，58（23）：15832-15840.

[11] Li C，Tong X，Yu P，et al. Carbon dioxide photo/electroreduction with cobalt[J]. J. Mater. Chem. A，2019，7（28）：16622-16642.

[12] Wu Y，Song X，Xu S，et al. Chemical fixation of CO_2 into cyclic carbonates catalyzed by bimetal mixed MOFs：the role of the interaction between Co and Zn[J]. Dalton Trans.，2020，49（2）：312-321.

[13] Wang Q，Du X M，Zhao B，et al. A luminescent MOF as a fluorescent sensor for the sequential detection of Al^{3+} and phenylpyruvic acid[J]. New J. Chem，2020，44：1307-1312.

[14] Marshall R，Hobday C，Murphie C，et al. Amino acids as highly efficient modulators for single crystals of zirconium and hafnium metal-organic frameworks [J]. J. Mater. Chem. A，2016，4（18）：6955-6963.

[15] Zhang J，Huang Y，Yue D，et al. A luminescent turn-up metal-organic framework sensor for tryptophan based on singlet-singlet Förster energy transfer [J]. J. Mater. Chem. B，2018，6（31）：5174-5180.

[16] Wang H，Zhang Z，Wang H，et al. Metal β-diketonate complexes as highly efficient catalysts for chemical fixation of CO_2 into cyclic carbonates under mild conditions[J]. Dalton Trans.，2019，48（42）：15970-15976.

[17] Sanz-Pérez E S，Murdock C R，Didas S A，et al. Direct Capture of CO_2 from Ambient Air [J]. Chem. Rev.，2016，116（19）：11840-11876.

[18] Fernandes D M, Peixoto A F, Freire C. Nitrogen-doped metal-free carbon catalysts for (electro) chemical CO_2 conversion and valorisation[J]. Dalton Trans., 2019, 48 (36): 13508-13528.
[19] Liu J M, Hou J X, Liu J, et al. Pyrazinyl-functionalized Zr (Ⅳ) -MOF for ultrasensitive detection of tyrosine/TNP and efficient CO_2/N_2 separation [J]. J. Mater. Chem. C, 2019, 7 (38): 11851-11857.
[20] Luo Y H, Xie A D, Chen W C, et al. Multifunctional anionic indium-organic frameworks for organic dye separation, white-light emission and dual-emitting Fe^{3+} sensing [J]. J. Mater. Chem. C, 2019, 7 (47): 14897-14903.
[21] Kaczmarek A M, Voort P V D. Chemical sensors based on nano-sized lanthanide-grafted periodic mesoporous organosilica hybrid materials[J]. J. Mater. Chem. C, 2019, 7 (26): 8109-8119.
[22] Basu S, Bhandari S, Pan U N, et al. Crystalline nanoscale assembly of gold clusters for reversible storage and sensing of CO_2 via modulation of photoluminescence intermittenc [J]. A. Chattopadhyay, J. Mater. Chem. C, 2018, 6 (30): 8205-8211.
[23] Li P Z, Wang X J, Liu J, et al. A Triazole-Containing Metal-Organic Framework as a Highly Effective and Substrate Size-Dependent Catalyst for CO_2 Conversion [J]. J. Am. Chem. Soc., 2016, 138 (7): 2142-2145.
[24] Liu X. Metal-organic framework UiO-66 membranes[J]. Front. Chem. Sci. Eng., 2020, 14: 216-232.
[25] Wei J H, Yi J W, Han M L, et al. A Water-Stable Terbium (Ⅲ) -Organic Framework as a Chemosensor for Inorganic Ions, Nitro-Containing Compounds and Antibiotics in Aqueous SolutionsChem[J]. Asian J., 2019, 14 (20): 3694-3701.
[26] Lv H, Chen H, Fan L, et al. Heterometallic {ZnEu}-metal-organic framework for efficient chemical fixation of CO_2[J]. Dalton Trans., 2020, 49 (41): 14656-14664.
[27] Jana S K, Mandal A K, Kumar A, et al. Sensing of tryptophan by a non-toxic cobalt (Ⅱ) complex[J]. RSC Adv., 2016, 6 (98): 95888-95896.
[28] Chen H, Fan L, Zhang X, et al. Nanocage-Based $In^{Ⅲ}\{Tb^{Ⅲ}\}_2$-Organic Framework Featuring Lotus-Shaped Channels for Highly Efficient CO_2 Fixation and I_2 Capture[J]. ACS Applied Materials & Interfaces 2020, 12 (24): 27803-27811.
[29] Yang O, Jacobson F, Zhang P, et al. Solvent-Assisted Self-Assembly of a Metal-Organic Framework Based Biocatalyst for Cascade Reaction Driven Photodynamic Therapy [J]. J. Am. Chem. Soc., 2020, 142 (14): 6822-6832.
[30] Yuan S, Huang L, Huang Z, et al. Continuous Variation of Lattice Dimensions and Pore Sizes in Metal-Organic Frameworks[J]. J. Am. Chem. Soc, 2020, 142 (10): 4732-4738.
[31] Zhang R, Wang L X, Zhang Y D, et al. A Fluorescent Sensor of 3-Aminobenzeneboronic Acid Functionalized Hydrothermal Carbon Spheres for Facility Detection of L-tryptophan[J]. Journal of Fluorescence, 28: 439-444.
[32] Qin Z, Dong W, Zhao J, et al. A water-stable Tb (Ⅲ) -based metal-organic gel (MOG) for detection of antibiotics and explosives[J]. Inorg. Chem. Front., 2018, 5 (1): 120-126.
[33] Babu R, Roshan R, Kathalikkattil A C, et al. Rapid, Microwave-Assisted Synthesis of Cubic, Three-Dimensional, Highly Porous MOF-205 for Room Temperature CO_2 Fixation via Cyclic Carbonate Synthesis[J]. ACS Appl. Mater. Interfaces, 2016, 8 (49): 33723-33731.
[34] Gao W Y, Chen Y, Niu Y H, et al. Crystal Engineering of an nbo Topology Metal-Organic Framework for Chemical Fixation of CO_2 under Ambient Conditions[J]. Angew Chemie International Edition, 2011, 53 (10): 2615-2619.
[35] Beyzavi M H, Klet R C, Tussupbayev S, et al. A Hafnium-Based Metal-Organic Framework as an Efficient and Multifunctional Catalyst for Facile CO_2 Fixation and Regioselective and Enantioretentive Epoxide Activation[J]. J. Am. Chem. Soc., 2014, 136 (45): 15861-15864.
[36] Yousaf A, Arif A M, Xu N, et al. A triazine-functionalized nanoporous metal-organic framework for the selective adsorption and chromatographic separation of transition metal ions and cationic dyes and white-light emission by Ln^{3+} ion encapsulation[J]. J. Mater. Chem. C, 2019, 7 (29): 8861-8867.
[37] Li H, Li Q, Xu Z. Lanthanide cation encapsulated in a metal-organic framework as a white LED and selective naked-eye reversible HCl sensor[J]. J. Mater. Chem. C, 2019, 7 (10): 2880-2885.
[38] Li C, Yang W, Zhang X, et al. A 3D hierarchical dual-metal-organic framework heterostructure up-regulating the pre-concentration effect for ultrasensitive fluorescence detection of tetracycline

antibiotics[J]. J. Mater. Chem. C，2020，8（6）：2054-2064.

[39] Yi F Y，Wang S C，Gu M，et al. Highly selective luminescent sensor for CCl_4 vapor and pollutional anions/cations based on a multi-responsive MOF [J]. J. Mater. Chem. C，2018，6（8）：2010-2018.

[40] Zhao Y，Zhao Y，Qiu J，et al. Facile Grafting of Imidazolium Salt in Covalent Organic Frameworks with Enhanced Catalytic Activity for CO_2 Fixation and the Knoevenagel Reaction[J]. ACS Sustainable Chem. Eng.，2020，8：18413-18419.

[41] Zou Y H，Huang Y B，Si D，et al. Porous Metal-Organic Framework Liquids for Enhanced CO_2 Adsorption and Catalytic Conversion[J]. Angew. Chem.，2021，133：21083.

[42] Zhang S，Ou F，Ning S，et al. Polyoxometalate-Based Metal-Organic Frameworks for Heterogeneous Catalysis[J]. Inorg. Chem. Front.，2021，8：1865-1899.

[43] Giménez-Marqués M，Santiago-Portillo A，Navalón S，et al. Exploring the Catalytic Performance of a Series of Bimetallic MIL-100（Fe，Ni） MOFs [J]. J. Mater. Chem.，A 2019，7：20285-20292.

第6章 $Tm^{Ⅲ}$-H_5BDCP 的合成及其性能研究

最近的科学研究证实了活化金属（Lewis 酸位点）和亲核基团（Lewis 碱位点）的协同环境在多孔 MOFs 材料中的作用，该方法可以提高环氧化合物固定 CO_2 和 Knoevenagel 缩合反应的催化效率[1,2]。在所有多孔 MOFs 材料中，Ln-MOFs 是最高效、持续时间最长的催化剂，这是因为 Ln^{3+} 具有丰富的空电子轨道，而且对具有大偶极矩的 CO_2 分子有很强的亲和力。迄今为止，大多数报道的 Ln 基 MOFs 材料都是由混合配体自组装而成，溶剂可用性、孔隙和结构稳定性均较差。因此，为了提高 Ln-MOFs 在相对复杂环境中的适用性，必须制备一种具有稳定骨架结构的 Ln-MOFs。

结合上述讨论和笔者的研究成果，本章选用含氮双官能杂环配体 2,6-双(2,4-二羧基苯基)-4-(4-羧基苯基)吡啶(H_5BDCP)，制备了一种高稳定性的双通道 MOFs 材料$\{[(CH_3)_2NH_2]_2[Tm_3(BDCP)_2(NO_3)(OH_2)_3]\cdot 4DMF\cdot 2H_2O\}_n$ (TIT-3)，探索高稳定性、高孔隙度分布的 Ln-MOFs。该材料具有更大的比表面积、高孔隙率、高耐水性和高热稳定性等优异的物理和化学性能。其含有丰富的六/七配位 Tm^{3+}，以及来自 NO_3^- 和—CO_2^- 的 μ_1-η^1 : η^1 配位的 N=O、C=O 基团，与 $N_{吡啶}$ 原子共存的 Lewis 酸-碱位点等，在温和的无溶剂条件下，TIT-3 对环氧化合物和 CO_2 的环加成反应具有很高的催化活性。此外，以醛和丙二腈为反应物的 Knoevenagel 缩合反应也会大大加快。

6.1 TIT-3 的晶体结构分析

X 射线单晶衍射数据表明，TIT-3 属于三斜晶系，$P\bar{1}$ 空间群。TIT-3 的晶体学数据和细化参数如本书附表 5 所列，其晶体结构中的键长和键角如本书附表 6 所列。在 TIT-3 中，$[Tm_2(CO_2)_8(OH_2)_2]_n$ 链和$[Tm(CO_2)_4(OH_2)]$单元共同组成了 5.8×10.3Å^2 和 5.3×10.1Å^2 双通道三维微孔骨架结构。在 TIT-3 中，不对称单元结构包括 3 个晶体图形独立的 Tm(Ⅲ) 离子，2 个完全去质子的 BD-

CP^{5-}配体，1个相关的硝酸盐离子和3个配位水分子。TIT-3中详细的内部连接过程：首先，Tm(1)和Tm(2)和1个$BDCP^{5-}$配体以μ_2-η^1：η^1的配位方式将吡啶环的2-和6-位上的2个苯基环上的2个α-羧基固定在一起，形成[Tm(1)Tm(2)$(CO_2)_2(OH_2)_2$]SBUs[图6-1(a)]。虽然该配位模式与笔者之前报道的基于H_6TDP的MOFs材料的配位模式有相同之处，但是由于N原子的电负性使得靠近N原子的2个α-羧基倾向于以“螯合＋桥联”的方式协同螯合2个金属阳离子[3,4]。

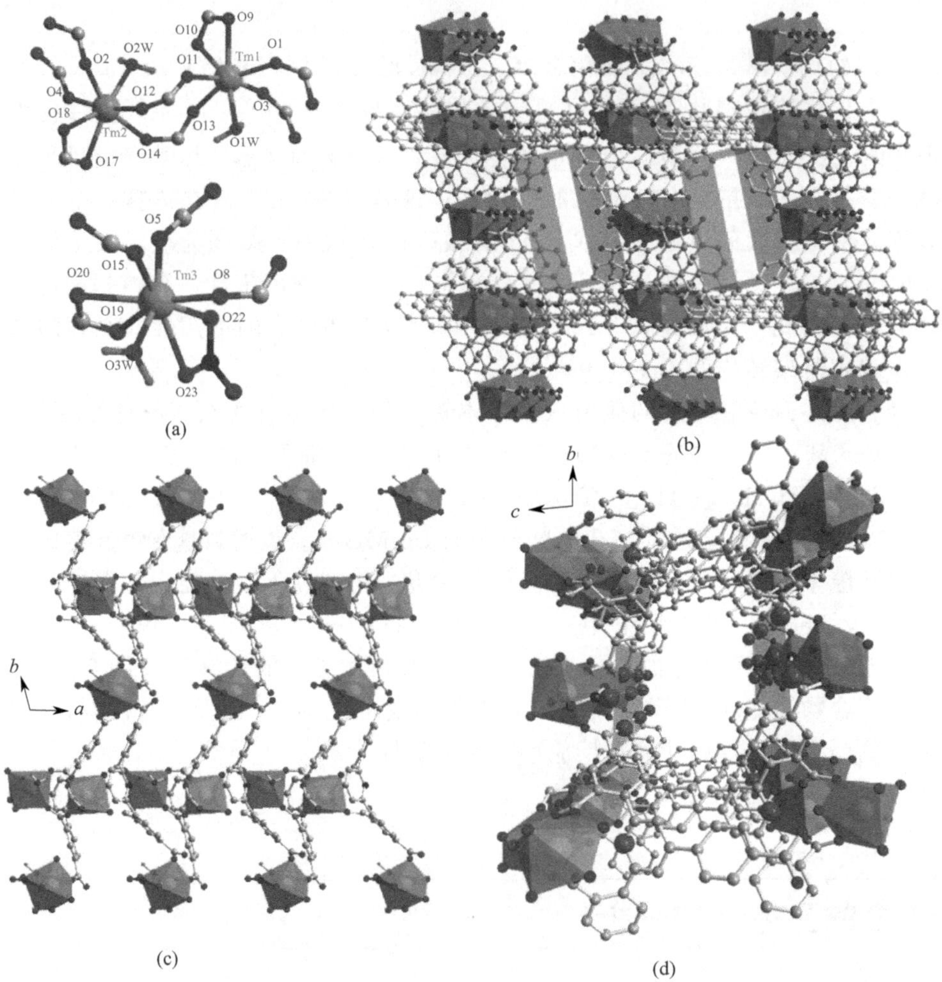

图6-1 (a) [Tm(1)Tm(2)$(CO_2)_2(OH_2)_2$]SBUs和[Tm$(CO_2)_4(NO_3)(OH_2)$]SBUs；(b) TIT-3的3D双通道框架；(c) 沿c轴方向观察的两种孔道的内表面环境；(d) 通道Ⅰ的结构细节（紫色球=潜在的Lewis基位点）（书后另见彩图）

此外，[Tm(1)Tm(2)$(CO_2)_2(OH_2)_2$]SBUs通过具有上述连接方式的BD-

CP^{5-}配体生长，形成一维双核的{[Tm(1)Tm(2)CO_2]$_4$(OH_2)$_2$}$_n$[简称{Tm_2}簇，见图 6-2(a)]。其中，Tm^{3+}进一步被一个 γ-羧基螯合形成[Tm_2(BDCP)$_2$(OH_2)$_2$]$_n$ 的[Tm(1)Tm(2)(CO_2)$_6$(OH_2)$_2$]基平面。而 Tm(3) 与其他 3 个 γ-羧基配合形成 1 个三维微孔结构，最终，Tm(3) 离子被 1 个 μ_1-η^1：η^1 离域的 NO_3^- 和 1 个配位 H_2O 分子饱和，形成扭曲的十二面体几何形状[图 6-1(a)]，Tm-O 键长为 2.210(4)～2.431(7)Å。经 PLATON 计算，活化后的 TIT-3 的潜在溶剂可及体积为 1646.6$Å^3$，孔隙率为 43.4%。大量溶剂区域可以被描述为沿[1，0，0] 轴的两种微通道类型，两通道的形状和大小差异主要归因于 $BDCP^{5-}$ 配体的自适应非结构变形，其中中央吡啶环和支化苯环之间的扭转角分别为 49.8°、29.7°和 50.8°[图 6-2(b)]。如图 6-1(b) 所示，通道Ⅰ和通道Ⅱ由 4 个 $BDCP^{5-}$ 配体和 6 个 Tm(Ⅲ) 离子交替分布和构造，两通道截面尺寸分别为 5.8×10.3$Å^2$ 和 5.3×10.1$Å^2$。

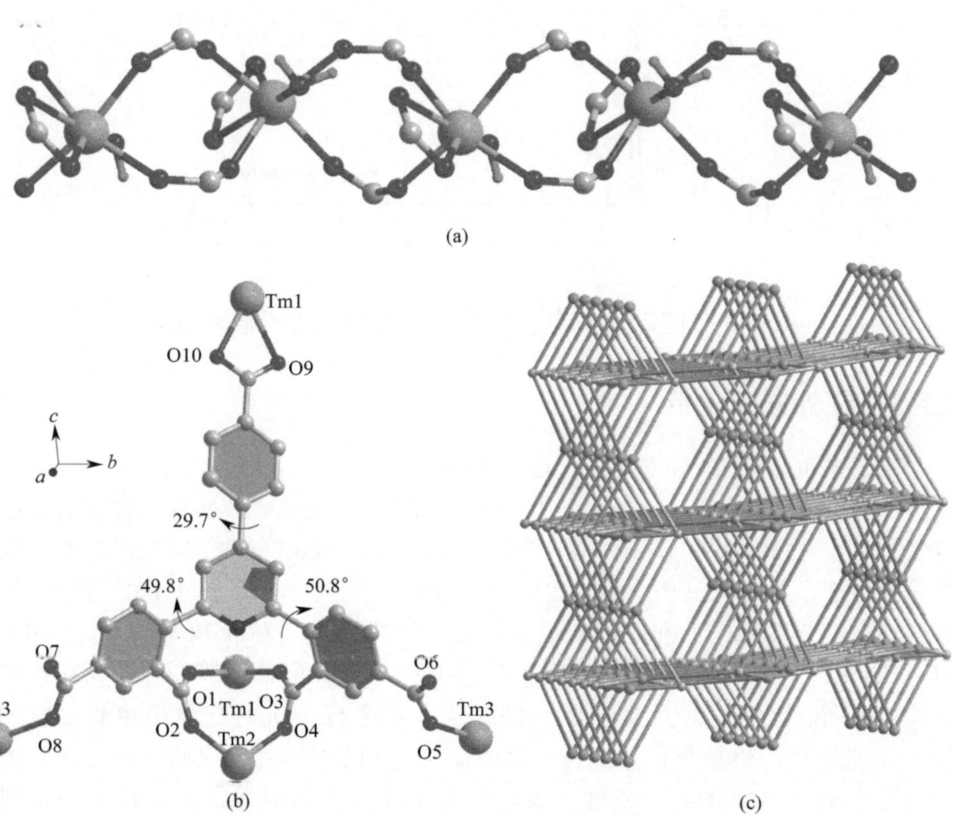

图 6-2 (a)[Tm_2(CO_2)$_8$(OH_2)$_2$]$_n$ 链状簇；
(b) TIT-3 中 $BDCP^{5-}$ 的配位模式；(c) TIT-3 的拓扑结构（书后另见彩图）

6.2 TIT-3 的性能测试与表征

6.2.1 X 射线粉末衍射分析

如图 6-3 所示，TIT-3 活化后的 X 射线衍射图中关键特征峰与 X 射线单晶衍射数据模拟的关键特征峰几乎相同，说明所制备的 TIT-3 的相纯度良好。

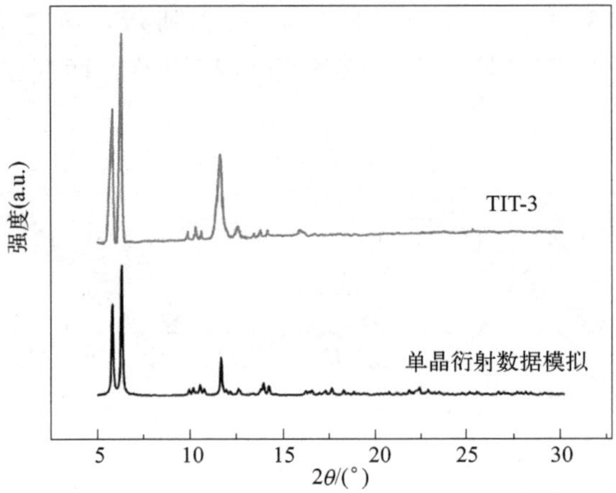

图 6-3 TIT-3 的 PXRD 图谱及 X 射线单晶衍射数据模拟图谱

6.2.2 红外光谱分析

TIT-3 和 H_5BDCP 的红外光谱如图 6-4 所示。图 6-4 显示，TIT-3 在 $3421cm^{-1}$、$2938cm^{-1}$、$1658cm^{-1}$、$1396cm^{-1}$ 和 $788cm^{-1}$ 处有比较强的特征衍射峰，而在 $1253cm^{-1}$、$1104cm^{-1}$、$833cm^{-1}$、$728cm^{-1}$ 和 $670cm^{-1}$ 处出现了较弱的特征衍射峰。其中，在 $3421cm^{-1}$ 处的特征吸收峰为水分子中 O—H 的伸缩振动，在 $1658cm^{-1}$ 和 $1396cm^{-1}$ 处的特征峰分别对应于羧基的 ν_{as}(COO—) 和 ν_s(COO—) 振动，这说明 TIT-3 中存在 H_5BDCP 配体，羧酸根的反对称和对称伸缩振动峰之间的波数差值为 $262cm^{-1}$，表明 H_5BDCP 配体中羧酸去质子化与 Tm(Ⅲ) 中心以单齿模式配位。总体而言，TIT-3 的特征吸收峰位置与强度基本与配体 H_5BDCP 的红外光谱一致，说明 TIT-3 的结构保留了配体中一系列官能团结构，使其具备了金属离子与有机配体的综合特性。

6.2.3 热重分析

如图 6-5 所示，TIT-3 的 TGA 曲线可以说明，未活化的 TIT-3 在 25～120℃

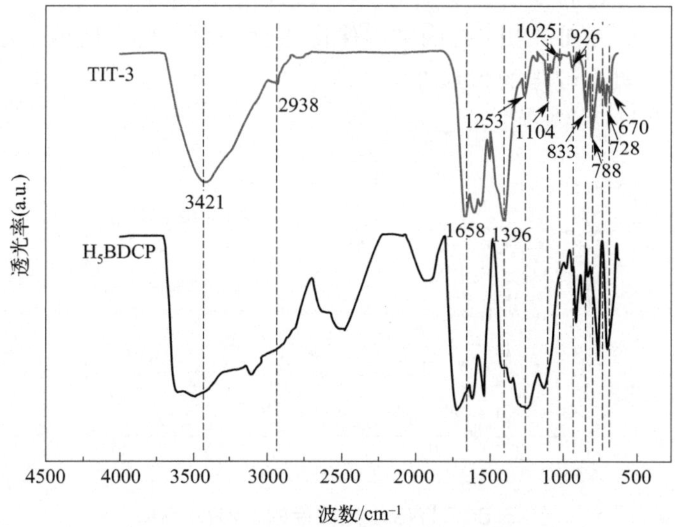

图 6-4 H$_5$BDCP 和 TIT-3 的红外光谱

失重 7.05%，与“结合 H_2O 分子”的含量一致。120～400℃范围内的第二次失重归因于 DMF 溶剂，而 400℃以后的失重则是 TIT-3 结构发生破坏引起的。这说明 TIT-3 在 400℃之前的耐热性能较好。

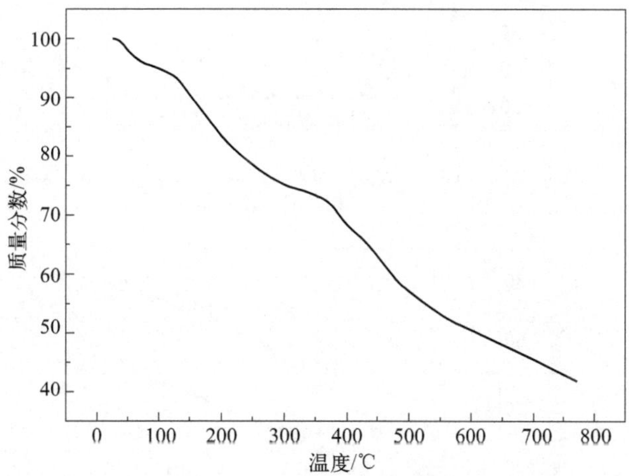

图 6-5 TIT-3 样品的 TGA 曲线

6.2.4 耐水性能分析

由于 MOFs 材料在气相和液相吸附相关领域具有明显的优势，因此对其进行在化学环境中的稳定性研究也是非常重要的。然而，大多数 MOFs 材料的耐水性差等限制了其在 H_2O 中的应用。因此，本实验对 TIT-3 在不同水系中的耐水性进行了分析。我们分别在室温下浸泡 10d，在沸水中浸泡 72h，通过对 TIT-3 进行 PXRD 测试可知，TIT-3 的结构保持完整，均未发生坍塌（图 6-6），这充分反映了 TIT-3 具备较强的耐水性能。

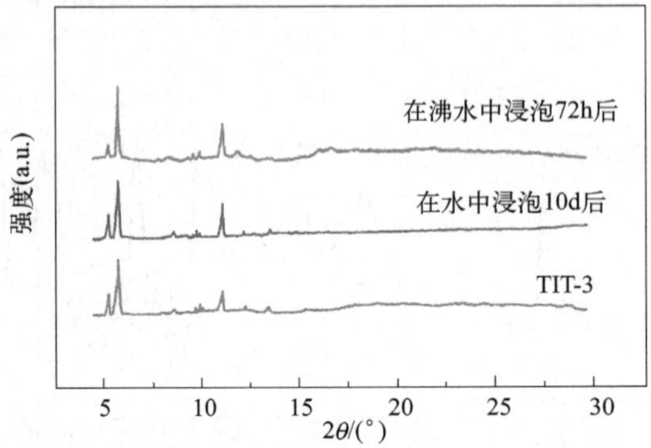

图 6-6　TIT-3 水处理后的 PXRD 谱图

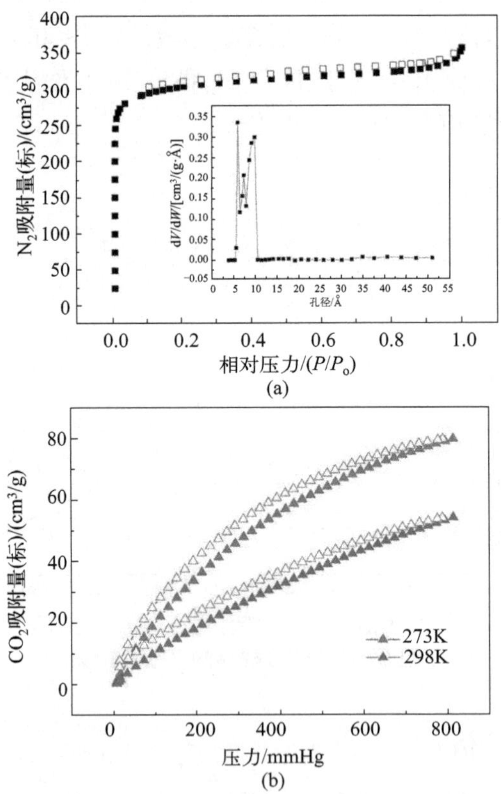

图 6-7　（a） TIT-3 在 77K 时的 N_2 吸附-脱附等温线（插图为孔径分布）；（b）在 273K 和 298K 时的 CO_2 吸附-脱附等温线

6.2.5 气体吸附性能分析

在进行气体吸附实验之前，首先对 TIT-3 进行活化处理。将 TIT-3 晶体样品分别依次在甲醇和二氯甲烷中浸泡 3d，每隔 12h 更换一次溶剂，然后在 120℃ 真空烘箱中干燥 24h。在 77K 条件下，通过 N_2 的可逆吸附实验，得到了 TIT-3 固有的永久孔隙，通过 Langmuir 和 Brunauer Emmett Teller（BET）表面积计算出的空隙分别为 $1370m^2/g$ 和 $1140m^2/g$，孔径分布在 5.1～10.3Å 范围内[图 6-7(a)]，表明 TIT-3 骨架中存在不均匀的微孔通道，这与 SCXRD 数据一致。进一步研究了 TIT-3 对 CO_2 的吸附性能，在 273K 和 298K 时，其最大吸附容量分别为 $81.2cm^3/g$ 和 $54.7cm^3/g$[图 6-7(b)]。此外，为了量化 CO_2 分子和 TIT-3 之间的约束力，由维里方法计算得到的 Q_{st} 值为 22.2kJ/mol，这意味着被吸附的 CO_2 分子可以很容易地释放，允许 TIT-3 的再生。

6.3 TIT-3 催化 CO_2 与环氧化物的环加成反应

6.3.1 催化性能研究

本实验以环氧丙烷为模型反应物，合成的 TIT-3 作为催化剂，添加 2.0mmol 的环氧丙烷，不同质量的催化剂 TIT-3 和助催化剂 n-Bu_4NBr。反应过程中向反应釜中反复通入 0.1MPa 的 CO_2 气体，并在此压力下持续通气 15min 使体系保持稳定。反应结束后，用离心机分离催化剂，取反应液进行核磁共振和气相质谱（GC-MS）测试，对产物结构进行详细分析。

考察不同的反应条件对反应产物产率的影响。如表 6-1 所列，在室温条件下，只使用 TIT-3 或 n-Bu_4NBr 催化剂时，反应 10h，产物的产率相当低，而同时使用 0.5%的 TIT-3 和 2%的 n-Bu_4NBr 时，产率可迅速升高至 69%。这表明，在环氧丙烷与 CO_2 环加成反应生成环状碳酸酯的反应过程中，TIT-3 和 n-Bu_4NBr 具有良好的协同作用。接下来，按照 10℃/次的间隔升高反应温度，当温度从室温提高到 60℃时，反应时间均为 10h 的情况下，产物的产率从 69%提高到了 99%，说明温度对催化剂活性的影响较大。另外，在温度为 60℃的条件下，当助催化剂 n-Bu_4NBr 用量增加 1 倍时，反应 6h 产物的收率可迅速升高至 99%。

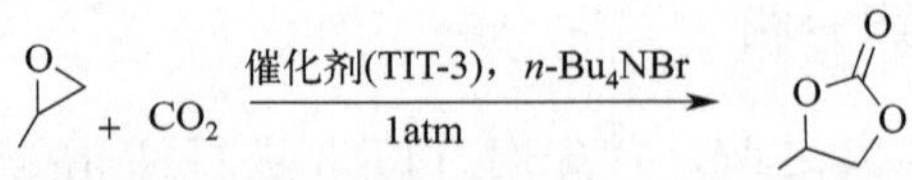

表 6-1　CO_2 与环氧丙烷在不同条件下的环加成反应分析

序号	TIT-3 用量/%（摩尔分数）	n-Bu_4NBr 用量/%（摩尔分数）	温度/℃	时间/h	产率/%
1	0.5	0	室温	10	14
2	0	2	室温	10	47
3	0.5	2	室温	10	69
4	0.5	2	30	10	74
5	0.5	2	40	10	81
6	0.5	2	50	10	92
7	0.5	2	60	10	99
8	0.5	4	60	1	35
9	0.5	4	60	2	63
10	0.5	4	60	4	87
11	0.5	4	60	6	99

为了更好地了解不同活性物质与 TIT-3 的协同作用，单独以 Tm（NO_3）$_3$ 和 H_5BDCP 配体作为催化剂，在同等试验条件下进行了空白实验。由表 6-2 中的数据可知，合成 TIT-3 所有组分的催化活性都较低。此外，在没有 TIT-3 的情况下，碳酸丙烯酯的催化产率仅为 6%左右，这也证实了 TIT-3 对该反应的重要性。

表 6-2　不同催化剂下的 CO_2 与环氧丙烷环加成反应分析

序号	催化剂	反应物	产物	产率/%
1	Tm(NO_3)$_3$	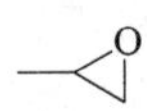	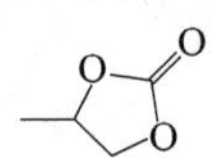	38
2	Tm(NO_3)$_3$+n-Bu_4NBr	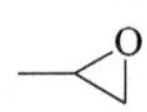	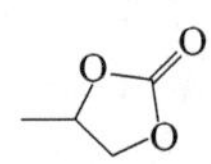	57
3	H_5DBCP	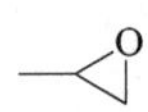	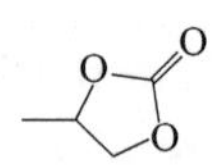	22
4	H_5DBCP+n-Bu_4NBr	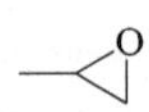	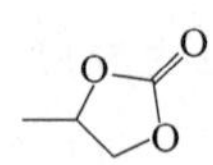	24
5	—	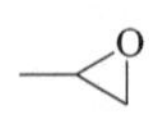	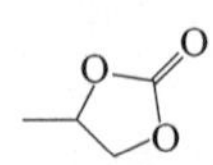	6

通过环氧丙烷与 CO_2 的环氧化反应可知，TIT-3 催化 CO_2 与环氧丙烷的最佳反应件为：环氧丙烷用量 20mmol，TIT-3 用量 0.5%，n-Bu_4NBr 用量 4%，通入 0.1MPa 的 CO_2，反应温度 60℃，反应时间 6h。随后，我们继续做了一系列典型的环氧化合物与 CO_2 的环加成催化反应。如表 6-3 所列，除环氧苯乙烯外，TIT-3 对所有环氧化合物都有较好的催化活性，产率均在 90%以上。如前所述，这可能是因为单吸电子基团的环氧化合物更容易发生环加成反应，接收电子基团可以有效降低环氧丙烷的电子云密度。另外，环氧化合物上的大取代基有一定的位阻抑制了纳米笼的可达性，从而降低了与活性位点的接触机会。因此，取代基较大的环氧化合物在一定的反应时间内产率相对较低。但是，与报道的多孔 MOF 基催化剂[$La_2(HL)_2(H_2L)(NO_3)(CH_3OH)(H_2O)$][5]、[$\{Sm(BTB)(H_2O)\}\cdot H_2O$]$_n$[6] 和 Tb-BDC[7] 相比，TIT-3 具有更快的催化效率、更温和的催化条件和更高的催化活性（表 6-4）。因此，通过在金属阳离子上引入 N═O 基 Lewis 碱，可以有效极化环氧化合物和 CO_2 等反应物。

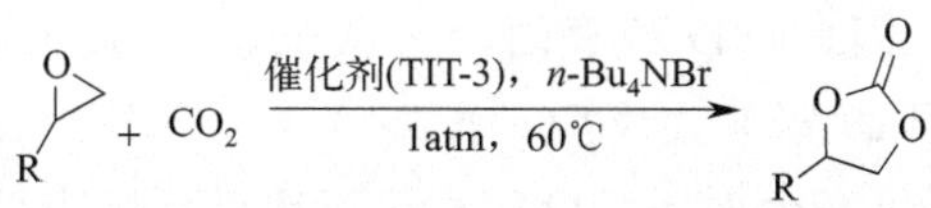

表 6-3 多种环氧化合物与 CO_2 的环加成反应分析

序号	反应物	产物	产率/%	选择性/%	TON
1	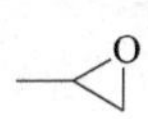	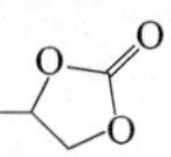	99	99	198
2	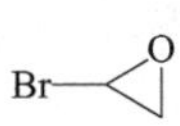	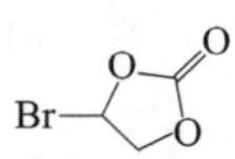	99	99	198
3	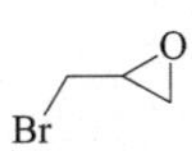	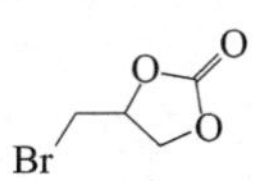	93	99	186
4	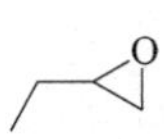	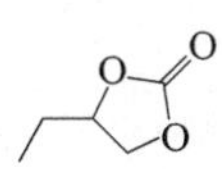	91	99	182
5	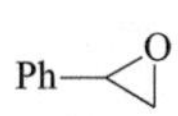	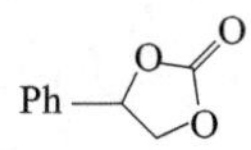	82	99	164

表 6-4 TIT-3 催化剂与文献报道的 MOFs 催化剂的催化性能比较

MOFs 材料种类	催化剂用量 /%（摩尔分数）	温度 /℃	压力 /MPa	时间 /h	产率 /%	参考文献
$[La_2(HL)_2(H_2L)(NO_3)(CH_3OH)(H_2O)]$	0.05	120	0.8	2	94	[5]
Sm/Gd-BTB	1.0	80	0.1	15	100	[6]
Tb-BDC	0.05	60	1.0	12	89	[7]
Tb-NDC	0.05	60	1.0	12	87	[7]
NH_2-MIL-101(Al)	0.17	120	1.8	6	95	[8]
Cr-MIL-101	1.2	室温	0.8	24	82	[9]
Hf-Nu-1000	4.0	55	0.1	12	95	[10]
$\{[TbZn(BPDC)_2(\mu_2\text{-}H_2O)Cl(H_2O)_3]\cdot 5H_2O\cdot 0.5DMA\}_n$	1.0	70	0.1	12	>99	[11]
TIT-3	0.5	60	0.1	6	99	本工作

6.3.2 循环催化性能研究

一种新型催化剂不仅要有较好的催化性能，回收利用性能也是评价其实际应用效果的重要因素之一。因此，以环氧丙烷为底物，以 500mg 的 TIT-3 为催化剂，在最佳反应条件下进行 10 倍放大反应，重复 5 次。在每个循环结束时，TIT-3 被过滤、干燥后直接进行下一个循环反应。在第五次循环结束后回收 TIT-3 样品，并用二氯甲烷反复洗涤，在真空干燥箱中干燥，获得样品质量为 482mg，损失 3.6%。对反应溶液进行电感耦合等离子体（ICP）分析显示，只有微量的 Tm(Ⅲ) 离子（0.037%）从主框架中浸出。此外，从图 6-8 可以看出，回收的 TIT-3 的 PXRD 和 FT-IR 特征峰与反应前的 TIT-3 的特征峰位置一致，证明了 TIT-3 具有良好的化学稳定性和可重复使用性。通过 FE-SEM 图像可以观察到在 TIT-3 催化 CO_2 环化反应前后的微观结构几乎没有发生变化（图 6-9）。图 6-10 中各循环反应产物的产率也表明，TIT-3 在 5 个循环中的催化效果几乎相同。

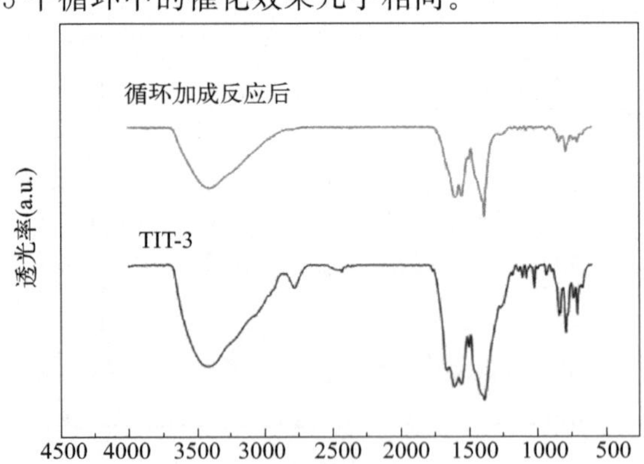

(a)

图 6-8

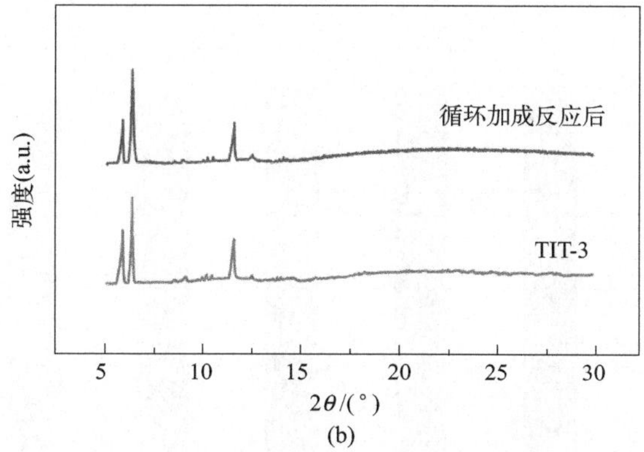

(b)

图 6-8 （a）催化环加成反应后 TIT-3 的红外光谱；（b）催化环加成反应后 TIT-3 的 PXRD 谱图

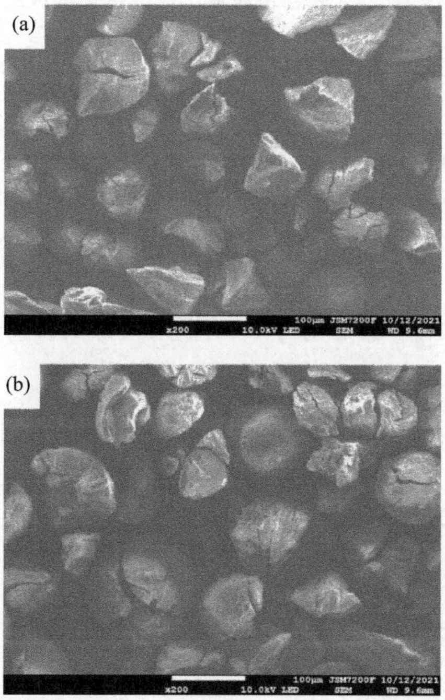

图 6-9 （a）环加成反应前的 FE-SEM 图像；（b）环加成反应后的 FE-SEM 图像

6.3.3 催化反应的机理

与近年来 MOFs 催化剂的研究相比[8-11]，TIT-3 作为一种 Ln 系 MOFs 材料对 CO_2 与环氧化合物进行环加成反应的催化性能更好，这主要是因为其固有的 Tm(Ⅲ) 离子 Lewis 酸位点与包括孤立的 N ═O 键、不协调的羧基氧原子和 $N_{吡啶}$ 原子在内的 Lewis 碱位点。

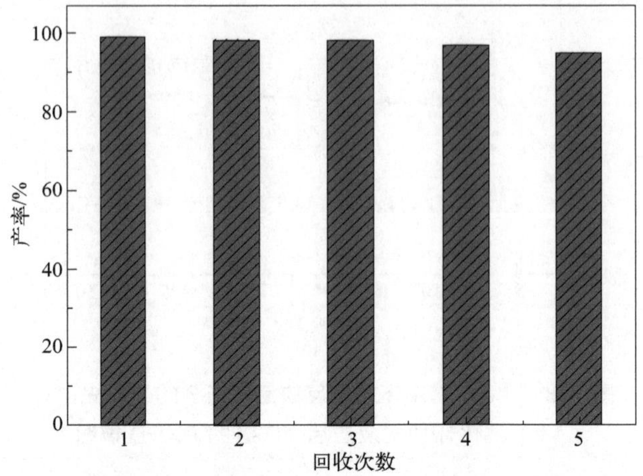

图 6-10　CO_2 与环氧苯乙烷的循环加成反应

结合实验数据和相关文献资料，本书提出了 TIT-3/n-Bu_4NBr 催化 CO_2 与环氧化合物进行环加成反应的机理（图 6-11），催化 CO_2 环加成反应分为环氧化合物开环、CO_2 亲核加成和环闭合三个步骤完成。首先，位于 TIT-3 通道中的环氧化合物和 CO_2 的客体分子被暴露的 Lewis 酸性和碱性位点同时极化。然后，由 n-Bu_4NBr 溴化的阴离子以亲核方式攻击环氧丙烷的 α-碳原子，形成与金属位点配合较弱的溴化阴离子中间体，像是悬挂在树枝上的蝙蝠。在这种情况下，溴烷氧基容易与极化的 CO_2 “接触分子”发生亲核加成反应生成碳酸烷基，碳酸烷基倾向于表现出闭环行为，生成五元环碳酸烷基。

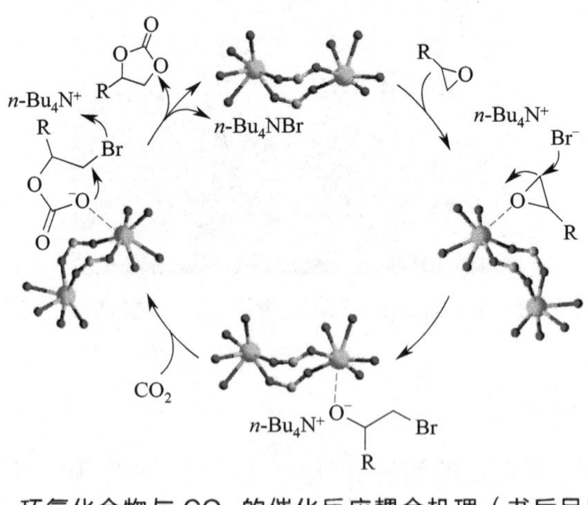

图 6-11　环氧化合物与 CO_2 的催化反应耦合机理（书后另见彩图）

6.4 TIT-3 催化 Knoevenagel 缩合反应

6.4.1 催化性能研究

近年来，科学研究证实多孔 MOFs 材料中活性金属中心（Lewis 酸位点）与亲核基团（Lewis 碱基位点）的协同环境可以大大加速 Knoevenagel 反应，包括醛/酮羰基与丙二腈的缩合反应，生成 C═C 键[12-17]。本研究以丙二腈和苯甲醛为模型进行催化 Knoevenagel 缩合反应，分别称量 20mmol 苯甲醛和 10mmol 丙二腈为反应底物，以及不同质量的催化剂 TIT-3，再量取 3mL 的乙醇一起加入圆底石英烧瓶中，在磁力搅拌器的搅拌下进行反应。

表 6-5 中数据显示，在 50℃的反应温度下，如果不使用催化剂 TIT-3，产物的产率等于 3%，说明几乎没有反应。而当 TIT-3 的引入量为 0.01mmol 时，反应 24h，2-苄基乙二腈的产率可达到 42%。在相同的反应条件下，随着催化剂用量的增加，反应产物的产率逐渐增加。当添加 0.03mmol 的 TIT-3 时，产率为 99%。

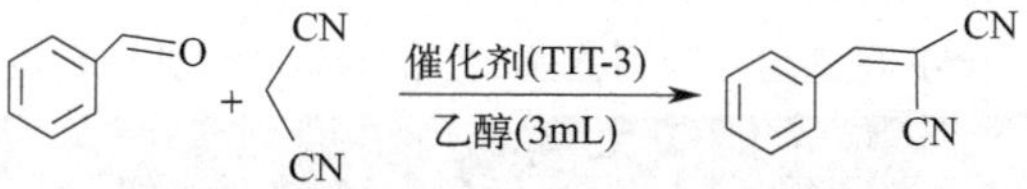

表 6-5　苯甲醛和丙二腈底物的 Knoevenagel 缩合反应分析

序号	TIT-3 用量/mmol	时间/h	温度/℃	产率/%
1	0	24	50	3
2	0.01	24	50	42
3	0.02	24	50	86
4	0.03	24	50	99
5	0.03	24	25	26
6	0.03	24	30	48
7	0.03	24	35	69
8	0.03	24	40	87
9	0.03	24	45	96
10	0.03	6	50	70
11	0.03	12	50	88
12	0.03	18	50	96

当 TIT-3 催化剂用量为 0.03mmol 时，随着温度从 25℃上升到 45℃，反应产物的产率从 26%上升到 96%，说明在催化反应中温度是影响催化活性的一个关键因素。随后，在 TIT-3 用量为 0.03mmol 时，在 50℃的反应温度下进行了不同反应时间的催化实验。反应 6h、12h 和 18h 时，反应产物的产率分别为 70%、88%和 96%，略低于反应 24h 的 99%。因此，结合上述实验结果分析认为：当醛与丙二腈的比例为 1∶2 时，最佳反应条件为：TIT-3 用量 0.03mmol，50℃的反应温度下反应 18h。

为了验证 TIT-3 在 Knoevenagel 缩合反应中的普遍性，添加 0.03mmol 的 TIT-3，在 50℃和 18h 的反应条件下，进行了一系列具有不同取代基和空间位阻的醛衍生物的反应（表 6-6）。表 6-6 中的数据表明，苯甲醛底物上的吸电子基团（—F、—Br 和—NO_2）可以极大地促进 Knoevenagel 缩合反应，产率≥97%。相反，给电子基团（—CH_3 和—OCH_3）显著降低了醛的转化效率。通过表 6-7 中的数据可知，TIT-3 的催化性能与 Yb-BDC-NH_2[13]、UiO-66-NH_2[18] 和 $\{[Eu(TATMA)(H_2O)]\cdot 2H_2O\}_n$[19] 相当，说明 TIT-3 是 Knoevenagel 缩合反应的潜在高效催化剂。

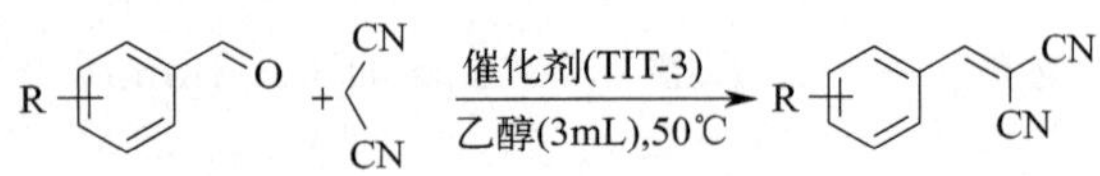

表 6-6　含不同基团的醛衍生物的 Knoevenagel 缩合反应分析

序号	反应物	产物	产率/%	TON
1	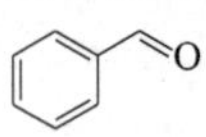	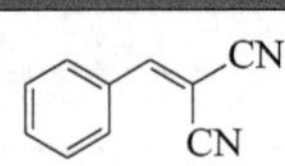	96	320
2	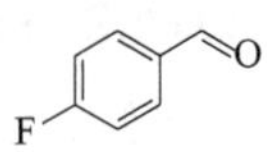	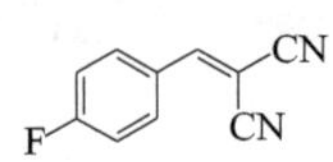	99	330
3	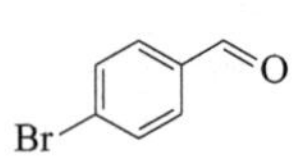	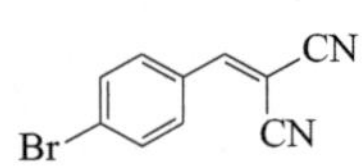	97	323
4	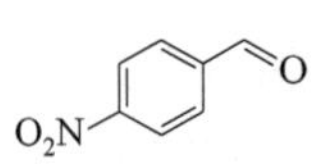	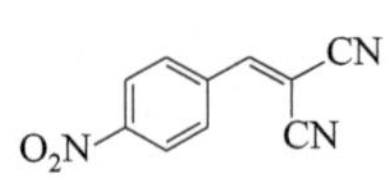	98	327
5	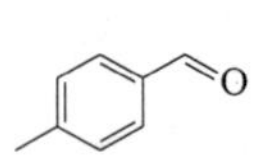	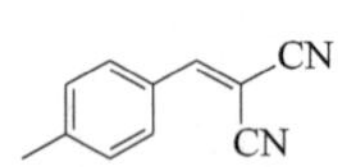	91	303
6	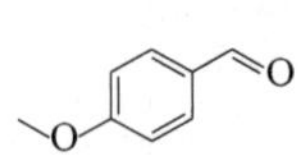	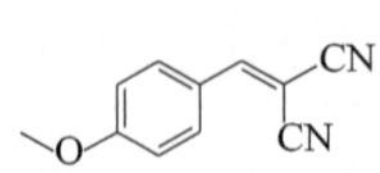	86	287

表 6-7 TIT-3 催化 Knoevenagel 缩合反应的性能与文献报道的 MOFs 材料的比较

MOFs 材料的种类	溶剂	温度/℃	时间/h	产率/%	参考文献
UPC-102-Zr	CH_2Cl_2	RT	5	88.9	[11]
UiO-66-NH-RNH_2	甲苯	RT	2	97	[12]
Yb-BDC-NH_2	DMSO-d_6	50	24	97	[13]
Dy-BDC-NH_2	DMSO-d_6	50	24	82	[13]
Sm-BDC-NH_2	DMSO-d_6	50	24	76	[13]
$\{[Eu(TATMA)(H_2O)]\cdot 2H_2O\}_n$	甲苯	80	3	98	[19]
UiO-66-NH_2	乙醇	80	2	94	[20]
ZIF8-A61-SO_3H	H_2O	90	4	98	[21]
$\{[Zn_2(L)(H_2O)_2]\cdot(DMF)_5\cdot(H_2O)_4]\}$	CH_2Cl_2	RT	2	90	[22]
TIT-3	乙醇	50	18	96	本工作

6.4.2 循环催化性能研究

此外，以苯甲醛和丙二腈为底物，在 50℃的最佳实验条件下，考察了 TIT-3 的稳定性和可回收性。每次反应完成后，将催化剂 TIT-3 离心分离，用 CH_2Cl_2 洗涤，进行循环实验。循环 5 次后，TIT-3 仍能保持良好的催化效果，产率在 95%以上（图 6-12）。此外，如图 6-13 所示，反应前后 TIT-3 的 PXRD 和 FT-IR 特征峰位置表明其骨架结构没有发生变化，表明该微孔多相催化剂具有较高的稳定性。通过 FE-SEM 观察也可以发现 TIT-3 在 Knoevenagel 缩合反应前后的微孔结构没有发生明显破坏（图 6-14）。我们利用电感耦合等离子体（ICP）监测催化循环实验后浸出的均相 Tm(Ⅲ)。结果显示，在滤液中检测到了非常微量（0.011%）的浸出 Tm(Ⅲ)，排除了在 Knoevenagel 缩合反应下从 TIT-3 框架中浸出金属离子的可能性。

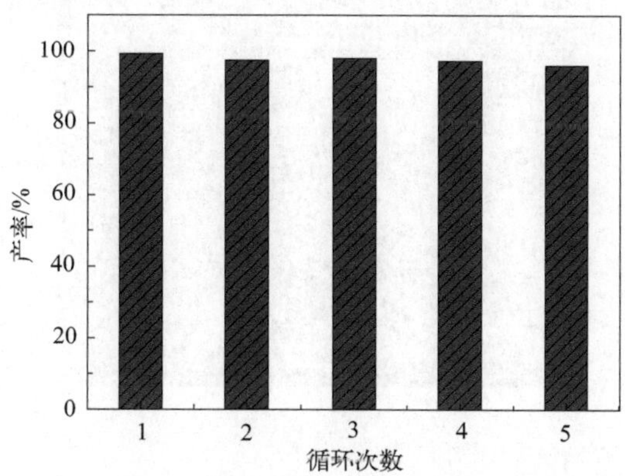

图 6-12 以 TIT-3 为催化剂的 Knoevenagel 循环反应

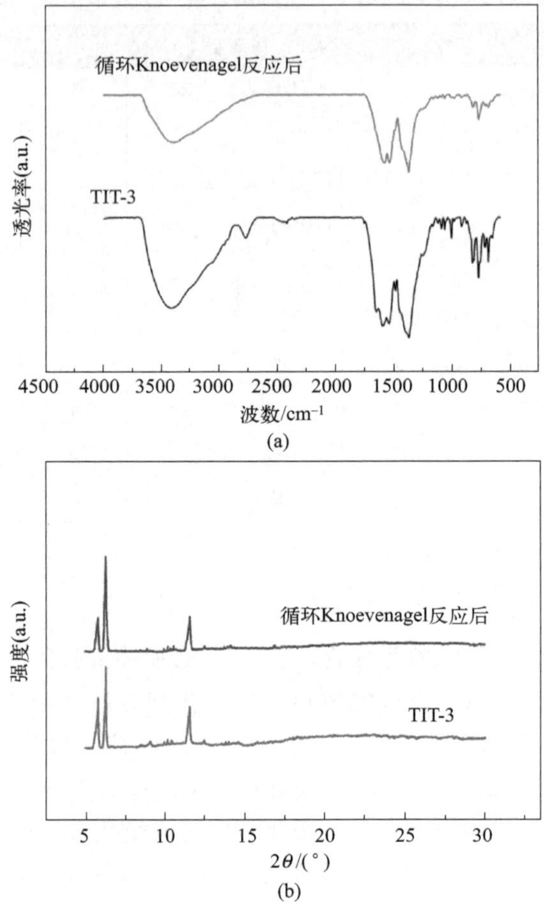

图 6-13　Knoevenagel 反应后 TIT-3的红外光谱（a）与 Knoevenagel 反应后 TIT-3 的 PXRD 谱图（b）

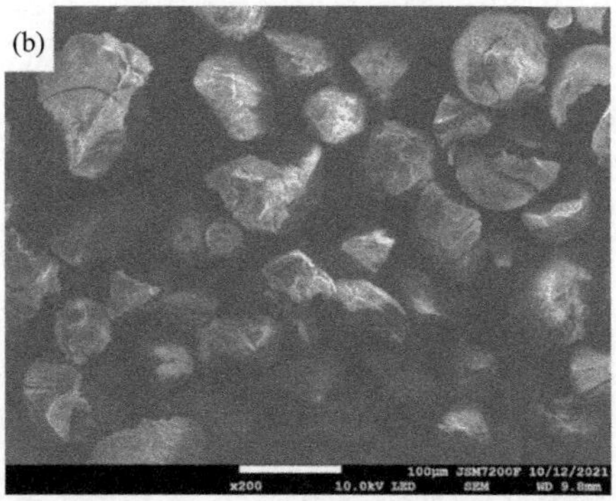

图 6-14 Knoevenagel 反应前后的 FE-SEM 图像

6.4.3 催化反应的机理

结合实验数据和相关文献资料[23-25]，笔者提出了 TIT-3 催化 Knoevenagel 缩合反应的机理（图 6-15）。主要分为两个步骤：在 TIT-3 中，孤立的 N═O 基团、不匹配的羧基氧原子和 $N_{吡啶}$ 原子作为 Lewis 碱攻击丙二腈的羰基碳，形成亚胺中间体。同时，作为 Lewis 酸位点的开放金属离子与苯甲醛的氧原子接触生成醛基，醛基易与第一步生成的亚胺中间体反应生成苄基马来腈。

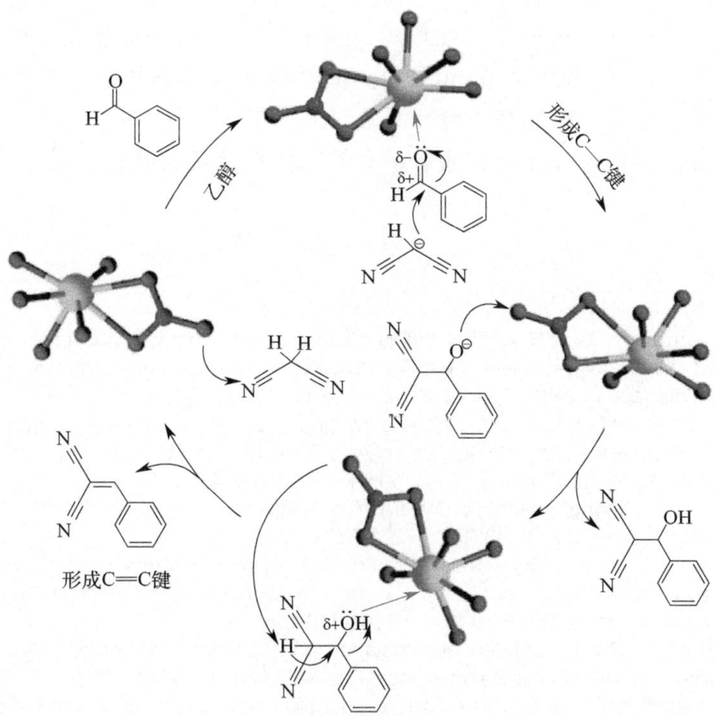

图 6-15 TIT-3 催化 Knoevenagel 缩合反应的反应机理（书后另见彩图）

本章小结

本章通过水热合成法，以 2,6-双(2,4-二羧基苯基)-4-(4-羧基苯基)吡啶(H_5BDCP)为配体与金属 Tm(Ⅲ) 成功地制备了富含 Lewis 酸碱位点的新型三维多孔 MOFs 材料（TIT-3），并将其用于催化 CO_2 与环氧化合物进行环加成反应生成环状碳酸酯，以及催化 Knoevenagel 缩合反应，得出以下结论：

① X 射线单晶衍射研究表明，TIT-3 属于三斜晶系，$P\bar{1}$ 空间群，单晶结构中的三维通道由未配位的硝酸根和羧酸基构成。热重分析结果表明 TIT-3 具有良好的热稳定性，PXRD 显示 TIT-3 具有较高结晶度和纯度，并且测试其合成样品得到的 PXRD 谱图与模拟谱图一致。

② TIT-3 作为催化剂，在 273K 和 298K 下对 CO_2 的吸附量分别达到 81.2cm^3/g 和 54.7cm^3/g，高于文献报道中的大多数 MOFs 材料。在催化 CO_2 与环氧化合物环加成反应中，通过对实验条件进行不断优化，笔者确定了 TIT-3 催化剂的用量为 1.0%（摩尔分数），并以 n-Bu_4NBr 为助催化剂，在 60℃、0.1MPa 的最佳反应条件下，反应 6h 后能够获得较高产率的多种环状碳酸酯，催化性能优于已报道的大多数 MOFs 催化剂。TIT-3 催化剂易于分离回收，能循环使用，5 次催化循环后活性损失也很小。

③ TIT-3 催化剂在催化 Knoevenagel 缩合反应中，笔者以醛类衍生物与丙二腈为反应物，以乙醇为反应介质，通过对实验条件进行不断优化，确定了 TIT-3 催化剂的用量为 0.03mmol，在 50℃和 18h 的最佳反应条件下，能够获得较高产率的多种苄基马来腈，催化性能优于已报道的大多数 MOFs 催化剂。而且 TIT-3 催化剂易于分离回收，可循环使用，5 次催化循环后活性损失也很小。

参考文献

[1] Verma G, Forrest K, Carr B A, et al. Indium-Organic Framework with soc Topology as a Versatile Catalyst for Highly Efficient One-Pot Strecker Synthesis of α-aminonitriles [J]. ACS Appl. Mater. Interfaces, 2021, 13 (44): 52023-52033.

[2] Sachan S K, Anantharaman G. Cuboctahedral [In_{36} (μ-OH) $_{24}$ (NO_3) $_8$ (Imtb) $_{24}$]MOF with Atypical Pyramidal Nitrate Ion in SBU: Lewis Acid-Base Assisted Catalysis and Nanomolar Sensing of Picric Acid[J]. Inorg. Chem., 2021, 60 (13): 9238-9242.

[3] Chen H, Fan L, Zhang X. Nanoporous Zn^{II}/Tb^{III}-Organic Frameworks for CO_2 Conversion[J]. ACS Appl. Nano Mater., 2020, 3 (7): 7201-7210.

[4] Chen H, Fan L, Zhang X. Highly Robust 3s-3d {CaZn}-Organic Framework for Excellent Catalytic Performance on Chemical Fixation of CO_2 and Knoevenagel Condensation Reaction [J]. ACS Appl. Mater. Interfaces, 2020, 12 (49): 54884-54892.

[5] Chen C, Zhang A. Radii-dependent self-assembly polynuclear lanthanide complexes as catalysts for CO_2 transformation into cyclic carbonates[J]. New J. Chem., 2021, 45 (43): 20155-20163.

[6] Ugale B, Dhankhar S S, Nagaraja C M. Exceptionally stable and 20-connected lanthanide metal-organic frameworks (MOFs) for selective CO_2 capture and conversion to cyclic carbonates at at-

mospheric pressure[J]. Cryst. Growth Des.，2018，18，2432-2440.

[7] Wei N，Zuo R X，Zhang Y Y，et al. Robust high-connected rare-earth MOFs as efficient heterogeneous catalysts for CO_2 conversion[J]. Chem. Commun.，2017，53（22）：3224-3227.

[8] Senthilkumar S，Maru M S，Somani R S，et al. Unprecedented NH_2-MIL-101（Al）/n-Bu_4NBr system as solvent-free heterogeneous catalyst for efficient synthesis of cyclic carbonates via CO_2 cycloaddition[J]. Dalton Trans.，2018，47（2）：418-428.

[9] Zalomaeva O V，Chibiryaev A M，Kovalenko K A，et al. Cyclic carbonates synthesis from epoxides and CO_2 over metal-organic framework Cr-MIL-101[J]. J. Catal，2013，298：179-185.

[10] Beyzavi M H，Klet R C，Tussupbayev S，et al. A Hafnium-Based Metal-Organic Framework as an Efficient and Multifunctional Catalyst for Facile CO_2 Fixation and Regioselective and Enantioretentive Epoxide Activation[J]. J. Am. Chem. Soc.，2014，136（45）：15861-15864.

[11] Qiao W Z，Xu H，Cheng P，et al. 3d-4f Heterometal-Organic Frameworks for Efficient Capture and Conversion of CO_2[J]. Cryst. Growth Des.，2017，17（6）：3128-3133.

[12] Luan Y，Gao H，Andriamitantsoa R S，et al. General Post-Synthetic Modification Approach of Amino-Tagged Metal-Organic Frameworks to Access Efficient Catalysts for the Knoevenagel Condensation Reaction[J]. J. Mater. Chem. A. 2015，3（33）：17320-17331.

[13] Zhang Y，Wang Y，Liu L，et al. Robust Bifunctional Lanthanide Cluster Based Metal-Organic Frameworks（MOFs）for Tandem Deacetalization-Knoevenagel Reaction[J]. Inorg. Chem.，2018，57（4）：2193-2198.

[14] Zhai Z W，Yang S H，Lv Y R，et al. Amino Functionalized Zn/Cd-Metal-Organic Frameworks for Selective CO_2 Adsorption and Knoevenagel Condensation Reactions[J]. lton Trans.，2019，48（12）：4007-4014.

[15] Dhakshinamoorthy A，Heidenreich N，Lenzen D，et al. Knoevenagel Condensation Reaction Catalysed by Al-MOFs with CAU-1 and CAU-10-Type Structures[J]. Cryst Eng Comm，2017，19（29）：4187-4193.

[16] Zhao Z S，Zhang Y，Fang T，et al. Chitosan-Coated Metal-Organic-Framework Nanoparticles as Catalysts for Tandem Deacetalization-Knoevenagel Condensation Reactions[J]. ACS Appl. Nano Mater，2020，3（7）：6316-6320.

[17] Min H K，An H，Kang D C，et al. Rational Design of Pomegranate-like Base-Acid Bifunctional β Zeolite by Steam-Assisted Crystallization for the Tandem Deacetalization-Knoevenagel Condensation[J].ACS Appl. Mater. Interfaces，2020，12（52）：57881-57887.

[18] Zhang Y，Dai T，Zhang F，et al. Fe_3O_4@UiO-66-NH_2 core-shell nanohybrid as stable heterogeneous catalyst for Knoevenagel condensation[J]. Chinese Journal of Catalysis，2016，37（12）：2106-2113.

[19] Zhao S. A Novel 3D MOF with Rich Lewis Basic Sites as a Base Catalysis Toward Knoevenagel Condensation Reaction[J]. Journal of Molecular Structure，2018，1167：11-15.

[20] Yang Y，Yao H F，Xi F G，et al. Amino-Functionalized Zr（Ⅳ）Metal-Organic Framework as Bifunctional Acid-Base Catalyst for Knoevenagel Condensation[J]. J. Mol. Catal. A：Chem.，2014，390：198-205.

[21] Lee Y R，Do X H，Hwang S S，et al. Dual-functionalized ZIF-8 as An Efficient Acid-base Bifunctional Catalyst for the One-pot Tandem Reaction[J]. Catalysis Today，2019，359：124-132.

[22] Pal T K，De D，Neogi S，et al. Significant Gas Adsorption and Catalytic Performance by a Robust Cu^{II}-MOF Derived through Single-Crystal to Single-Crystal Transmetalation of a Thermally Less-Stable ZnⅡ-MOF[J]. Chem. Eur. J.，2015，21（52）：19064-19070.

[23] Jin G，Sensharma D，Zhu N，et al. A Highly Augmented，（12，3）-Connected Zr-MOF Containing Hydrated Coordination Sites for the Catalytic Transformation of Gaseous CO_2 to Cyclic Carbonates[J]. Dalton Trans.，2019，48（41）：15487-15492.

[24] Ugale B，Dhankhar S S，Nagaraja C M. Construction of 3D Homochiral Metal-Organic Frameworks（MOFs）of Cd（Ⅱ）：Selective CO_2 Adsorption and Catalytic Properties for the Knoevenagel and Henry Reaction[J]. Inorg. Chem. Front.，2017，4（2）：348-359.

[25] Jiang W，Yang J，Liu Y Y，et al. A Porphyrin-Based Porous rtl Metal-Organic Framework as an Efficient Catalyst for the Cycloaddition of CO_2 to Epoxides[J]. Chem. Eur. J.，2016，22（47）：16991-16997.

第7章 $\{Ln_4\}$-H_5BDCP 的合成及其性能研究

近年来，人们发现微孔 Ln-MOFs 材料不仅具有极高的化学稳定性，而且对大多数涉及极化机制的有机反应具有很高的催化活性，这是由于 Ln^{III} 离子的强正电和丰富的空电子轨道降低了客体分子的能级[1]。然而，由于 Ln^{III} 离子的配位数的高度多元性和不确定性，生成的 Ln 基 MOFs 材料倾向于以密集的分散结构形式存在。因此，如何构建具有更大比表面积和更高孔隙率的溶剂可及表面型 Ln 基 MOFs 材料仍然是一个挑战。

之前，本课题组已经成功地采用 2,4,6-三(2,4-二羧基苯基)吡啶(H_6TDP)的三叉结构取向配体[2-4] 制备了一系列具有双核簇为二级结构单元（SBUs）的纳米多孔 MOFs 材料。然而，大量探索性的自组装工作证实，在 H_6TDP 配体存在的情况下，很难实现高核簇基纳米多孔 MOFs 材料。因此，在保留结构取向成分的前提下，设计了低对称 H_5BDCP 配体，使其羧基数量减少。两个高度稳定的纳米多孔骨架$\{(Me_2NH_2)[Yb_4(BDCP)_2(\mu_3\text{-}OH)_2(\mu_2\text{-}HCO_2)(H_2O)_2]\cdot 6DMF\cdot 3H_2O\}_n$（TIT-4）和$\{(Me_2NH_2)[Ho_4(BDCP)_2(\mu_3\text{-}OH)_2(\mu_2\text{-}HCO_2)(H_2O)_2]\cdot 6DMF\cdot 3H_2O\}_n$（TIT-5）通过共面$[Ln_4(\mu_3\text{-}OH)_2(\mu_2\text{-}HCO_2)(H_2O)_2]$集群和多功能 H_5BDCP 配体的精致组合制得。TIT-4 和 TIT-5 具有纳米通道、丰富的双功能活性位点、大的比表面积和稳定的物理化学性质等结构优势，作为一种催化剂，不仅在温和条件下对环氧化合物与 CO_2 的环加成反应表现出较高的催化活性，而且对醛与丙二腈的 Knoevenagel 缩合反应的催化活性也非常突出。

7.1 晶体结构分析

X 射线单晶分析表明，TIT-4 和 TIT-5 均属于六方晶系，$P6_3/mcm$ 空间群，详细的晶体学数据见本书附表 7。同时，PLATON 分析表明，TIT-4 和 TIT-5 的潜在溶剂可及体积分别为 16421Å^3 和 16050Å^3，相关孔隙率分别为 56.7%和

56.3%。据我们所知，TIT-4 和 TIT-5 的单晶结构是第一种基于$[Ln_4(\mu_3\text{-}OH)_2(\mu_2\text{-}HCO_2)(H_2O)_2]$共面团簇（$\{Ln_4\}$）的三维骨架材料，三角形微孔和六边形纳米孔通道分布排列，三维通道内部由未配位的羧酸基构成。在酸性溶剂热条件下，$[(CH_3)_2NH_2]^+$和$\mu_2\text{-}HCO_2^-$离子来自 *N*,*N*-二甲基甲酰胺(DMF)溶剂分子的原位分解。与$\{Tb(L)_{1.5}(H_2O)\}_n$(17.3%)[5]、{Ln(TPO)(Nd,48.4%；Sm，48.7%；Eu，48.2%；Gd，49.0%)}[5]、$\{[Ln(BTB)]_n$(Sm，47.5%；Gd，49.6%)}[6]、$Er_2(TBDC)_3(phen)_2$(38.9%)[7]、$\{Ln_3(PTTBA)_2\}_n$ (51.2%)[8]、$\{[Pr_3(ATPT)_2(HATPT)_4\}_n$ (47.9%)[9]、$\{Nd_3(ATPT)_3(HATPT)_3\}_n$(51.0%)[9]、$\{Ln_6(\mu_3\text{-}OH)_8(BPDC)_6\}_n$(70%)[10] 和$\{Ln_7(\mu_3\text{-}OH)_8L_9\}_n$(18.1%)[11] 等所有由 Ln^{III}离子和有机配体自组装得到的三维 Ln 系簇状 MOFs 材料相比，TIT-4 和 TIT-5 表现出罕见的较大孔洞体积。此外，与普通立方团簇 MOFs 材料不同的是，TIT-4 和 TIT-5 中的$\{Ln_4\}$簇存在共面结构，H_5BDCP 定向结构配体对其连接模式的影响极大，使得 Ln^{III}离子暴露最大。值得一提的是，这种骨架结构中充满了包括μ_3-OH 和μ_2-HCO_2 的非金属 Lewis 酸位点，在 CO_2 环加成反应过程中，可以作为亲电氢键给体（HBDs）激活环氧化合物中的氧。此外，与之前报道的由$[Tm(CO_2)_3(OH_2)]_n$ 和$[Tm(CO_2)_4(OH_2)_2]_n$ 两部分 SBUs 组成的具有 41%低孔隙率的$\{(Me_2NH_2)[(Tm_3(BDCP)_2)(H_2O)_3]\cdot 4DMF\cdot H_2O\}_n$(NUC-25)[12] 相比，TIT-4 和 TIT-5 的孔洞体积显著增大，这主要是由于反应体系中 DMF/H_2O 的溶剂比显著增加，以及定向结构 H_5BDCP 配体的对称性较低造成的。在合成 NUC-25 的过程中，使用了 8mL 的 DMF 和 H_2O 的混合溶液（体积比为 5∶3），而 TIT-4 和 TIT-5 使用了 15mL 的 DMF 和 H_2O 的混合溶液（体积比为 9∶6）合成的。与已报道的由 2,4,6-三(2,4-二羧基苯基)吡啶(H_6TDP)组装的双核簇基 MOFs 材料相比，TIT-4 和 TIT-5 中共面 $\{Ln_4\}$ 簇的形成应归因于 2,6-二(2,4-二羧基苯基)-4-(4-羧基苯基)吡啶(H_5BDCP)的低对称性，其羧基比 H_6TDP 少一个。因此，TIT-4 和 TIT-5 的成功构建为自组装微孔 Ln 团簇 MOFs 材料提供了一种有效的合成策略。

本章以 TIT-4 为例，具体分析其晶体的基本结构。首先，TIT-4 的组成和连接方式为：在不对称单元中有 2 个独立的 Yb^{III} 离子（各占 50%）、1/2 个 $BDCP^{5-}$、1/2 个μ_3-OH、1/4 个μ_2-HCO_2 和 1/2 个结合的 H_2O 分子，如图 7-1(b) 所示。Yb(1) 离子被一个 $BDCP^{5-}$ 中吡啶环上的 2-和 6-位上的两个苯环上的两个 α-羧基以μ_2-$\eta^1:\eta^1$ 的配位模式螯合，使 Yb(2) 和 Yb(2#) 离子进一步桥接，详细的化学键长度和角度见本书附表 8。因此，通过对称扩展，4 个三价的 Yb(1)、Yb(1#)、Yb(2#) 和 Yb(2#) 离子在 2 个 $BDCP^{5-}$配体的 4 个 α-羧基的帮助下，形成了$[Yb(\mu_3\text{-}OH)_2(\mu_2\text{-}HCO_2)]$团簇的初始骨架，其中 Yb(1)、Yb(2) 和 Yb(2#) 进一步被一个μ_3-OH 基团桥接。同时，Yb(2) 和 Yb(2#) 被

一个具有 μ_2-η^1 : η^1 配位模式的 μ_2-HCO_2 离子桥接。在 *ab* 平面上，[Yb_4(μ_3-$OH)_2$(μ_2-HCO_2)]SBUs 中每对相邻的 Yb(1) 和 Yb(2) 离子与相邻的 $BDCP^{5-}$ 配体在吡啶的 2-或 6-位苯环上的一个 γ-羧基进一步配位形成 2D 层，其配位模式为 μ_2-η^1 : η^1。Yb(1) 与吡啶 6-位苯环上的一个 γ-羧基以 μ_1-η^1 : η^1 配位模式螯合而形成一个 3D 阴离子骨架。因此，每个四核簇是基于 8 个完全去质子化的 $BDCP^{5-}$ 结构上的 10 个羧基提供，形成 1 个完整的碱性 SBU({Yb_4})。图 7-1(d) 显示，沿 *c* 轴方向可以观察到两种交错的通道，其中管状纳米孔较大 [孔径约 11.8Å，图 7-1(f)]，三角形微孔较小 [孔径约 2.4×3.1Å，图 7-1(g)]。较大的

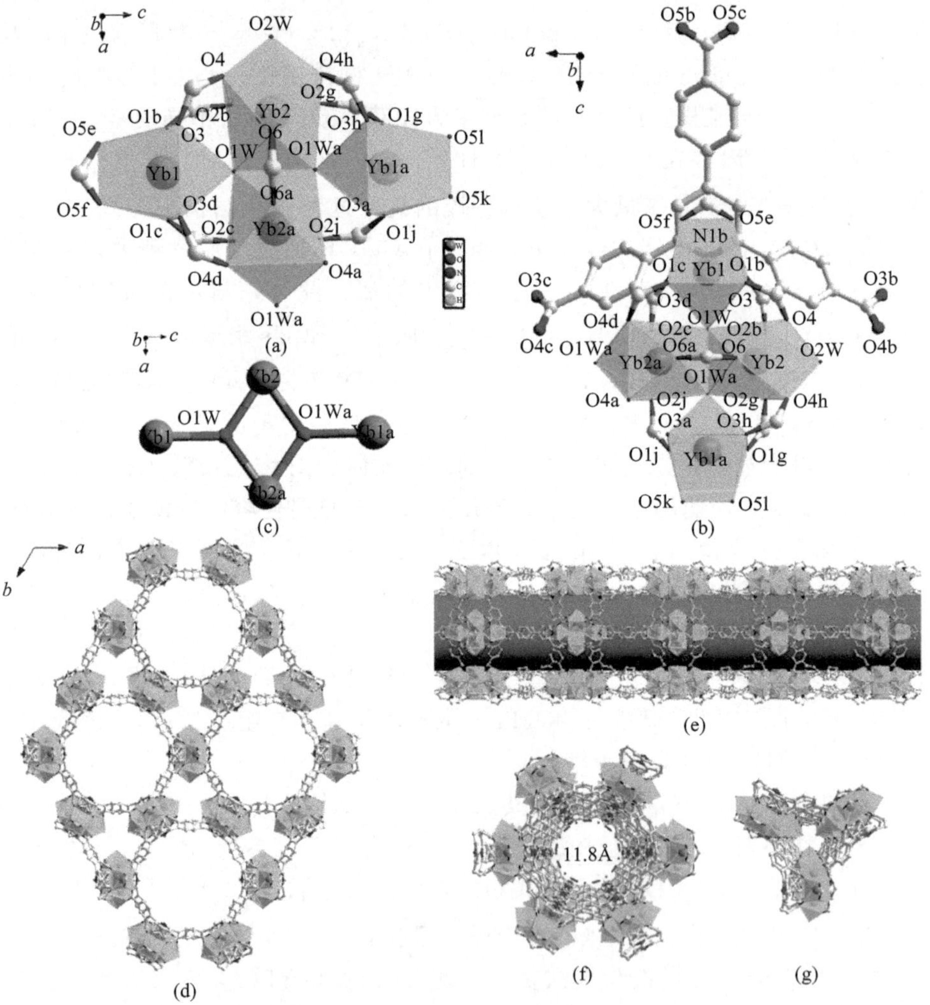

图 7-1 (a) 四核 {Yb_4^{III}} 簇的配位模式；(b) H_5BDCP 配体的配位模式；(c) 氢氧化镱的结构；(d) 基于六方通道的 ZT-4 三维负离子结构；(e) 沿 [100] 方向的一维六边形通道视图；(f)、(g) [001] 方向的通道 (Ⅰ和Ⅱ) 视图 (书后另见彩图)

孔结构是由六排{Yb_4}簇组成，其特征是存在大量的 Lewis 酸碱位点，包括开放的活性 Yb 位点、$N_{吡啶}$原子、μ_3-OH 和μ_2-HCO_2 基团。其亲电子的氢键供体（HBD）具有活化环氧化合物氧原子的能力，被认为是 Lewis 酸位点。而较小的孔结构则由三排{Yb_4}簇组成，并由“结合 H_2O 分子”表征。

通过对该结构进行简化，拓扑结构包含 4 连接的 $BDCP^{5-}$ 配体和 8 连接的{Yb_4}SBUs 被集成到一个[$(4\text{-c})_2(8\text{-c})$]-双节 ScD0.33 型网络中，使用 TOPOS40 分析了该结构的 Schläfli 符号为$\{4^6\}_2\{4^9.6^{18}.8\}$，如图 7-2 所示。

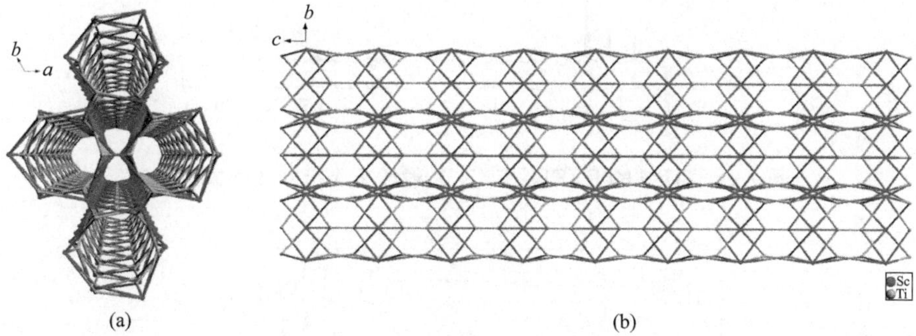

图 7-2 3D$(4\text{-c})_2(8\text{-c})$-双节 ScD0.33 型网络，Schläfli 符号$\{4^6\}_2\{4^9.6^{18}.8\}$沿着[001]（a）和[100]（b）轴（书后另见彩图，彩图中紫色为 H_5BDCP 配体，绿松石色为四核簇）

7.2 性能测试与表征

7.2.1 X 射线粉末衍射分析

如图 7-3 所示，TIT-4 活化后的 X 射线衍射关键特征峰位置与 X 射线单晶衍射数据模拟的关键峰位置几乎相同，说明所制备的 TIT-4 的相纯度良好。

7.2.2 红外光谱分析

TIT-4、TIT-5 和 H_5BDCP 的红外光谱如图 7-4 所示。图 7-4 显示，TIT-4 和 TIT-5 在 $3412cm^{-1}$、$2933cm^{-1}$、$1659cm^{-1}$、$1403cm^{-1}$ 和 $733cm^{-1}$ 处有比较强的特征衍射峰，而在 $1250cm^{-1}$、$1101cm^{-1}$、$924cm^{-1}$、$831cm^{-1}$ 和 $663cm^{-1}$ 处出现了较弱的特征衍射峰。其中，在 $3412cm^{-1}$ 处的特征吸收峰为水分子中 O—H 的伸缩振动，在 $1659cm^{-1}$ 和 $1403cm^{-1}$ 处的特征峰分别对应于羧基的 ν_{as}(COO—) 和 ν_s(COO—) 振动，这说明 TIT-4 和 TIT-5 中存在 H_5BDCP 配体的官能团结构。总体而言，TIT-4 和 TIT-5 的特征吸收峰位置与强度基本与

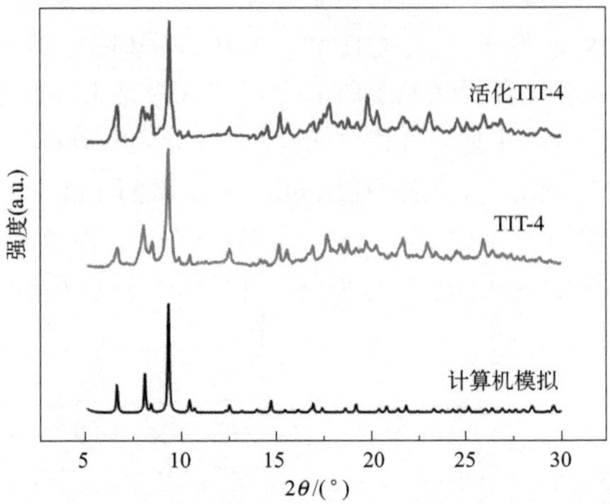

图 7-3 TIT-4 的 PXRD 图谱及 X 射线单晶衍射数据模拟图谱

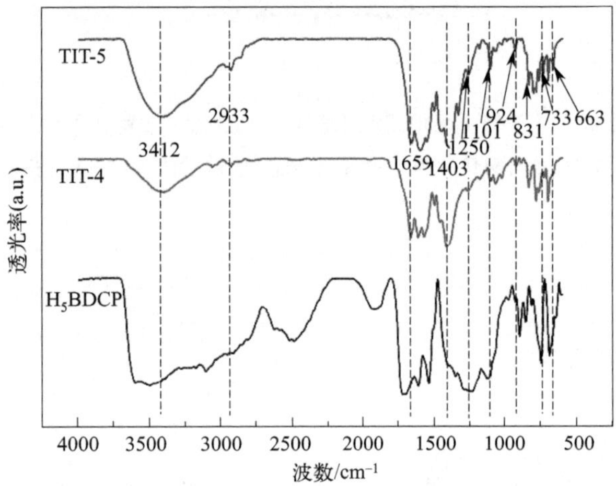

图 7-4 TIT-4、 TIT-5 及 H_5BDCP 的红外光谱

配体 H_5BDCP 的红外光谱一致，说明 TIT-4 和 TIT-5 的结构具备了金属离子与有机配体的综合特性。

7.2.3 热重分析

如图 7-5 所示，随着温度的升高，TIT-4 和 TIT-5 的失重依次经历了三个过程。对于 TIT-4，在 120℃之前，初始 2.2%的失重被指定为晶格水分子的去除，与理论含量 2.25%相似。在 180～300℃时，失重约为 16.8%，这应归因于 DMF 溶剂和配位水配体的脱除（理论值为 16.4%）。最后，当温度超过 400℃时，TIT-4 的骨架完全坍塌。同样，对于 TIT-5，在 120℃之前，初始失重 3.91%归因于晶格水分子的去除，与理论含量 3.90%相似。在 180～300℃，失重达

19.5%，这应归因于脱除了“结合水”和DMF溶剂（理论值为19.0%）。最后，当温度超过400℃时，TIT-5的框架完全倒塌。

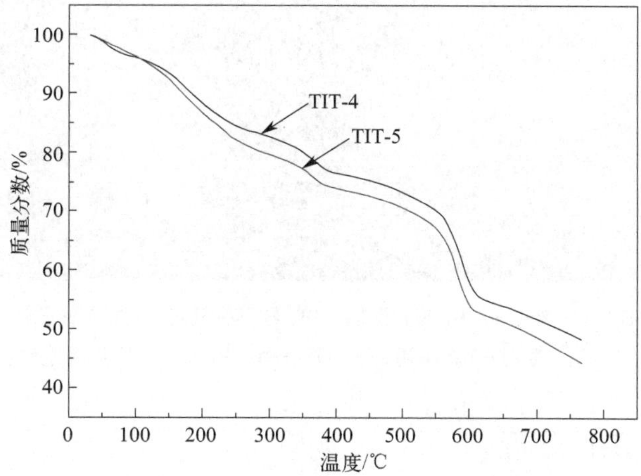

图 7-5 TIT-4和TIT-5的TGA曲线

7.2.4 扫描电镜分析

如图7-6所示，对TIT-4和TIT-5的结构进行扫描电子显微镜观察。结果显示，TIT-4和TIT-5的结构规整、棱角清晰，说明其结晶性能良好。然后对TIT-4和TIT-5晶体表面进行能谱分析（EDS），结果显示，TIT-4晶体表面C、N、O、Yb等元素均匀分布，从各元素的分布密度可以看到，C、O元素分布密集，这是因为配体H_5BDCP主体结构中含有大量苯环和羧基结构；而N原子只在配体H_5BDCP中的吡啶环上存在，数量较少；Yb元素在TIT-4表面也呈现均匀分布的状态[图7-6(a)]。TIT-5晶体表面也具有类似的元素分布[图7-6(b)]。

图 7-6

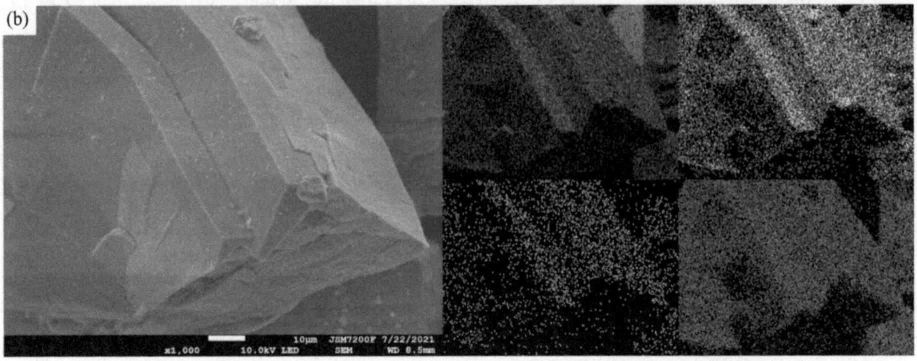

图 7-6 TIT-4（a）和 TIT-5（b）的 SEM-EDS 图像（彩图中 C：红色； O：黄色； N：青色； Yb/Ho：紫色）（书后另见彩图）

7.2.5 化学稳定性分析

本书对 TIT-4 在不同水系中的结构稳定性进行了测试和分析，将 TIT-4 分别在 pH 值为 2～12 的水溶液中浸泡。通过对 TIT-4 进行 PXRD 测试可知（图 7-7），TIT-4 的结构保持完整，均未发生坍塌，这充分反映了 TIT-4 具有较高的化学稳定性。

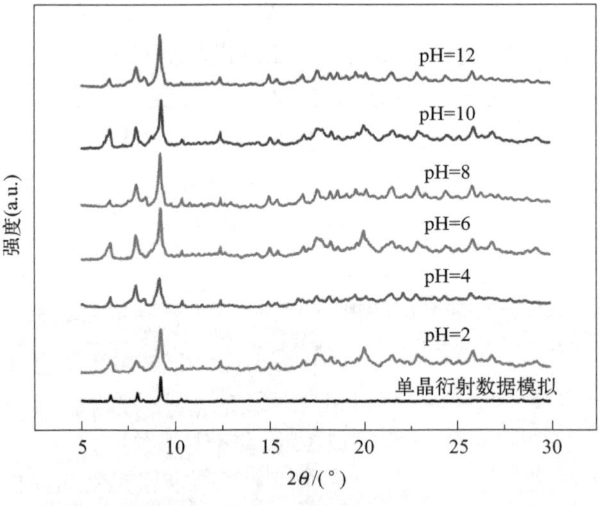

图 7-7 不同 pH 值水溶液中 TIT-4 的 PXRD 谱图

7.2.6 气体吸附性能分析

笔者通过 N_2 吸附实验验证了 TIT-4 的孔隙特征。在吸附测定之前，将新制备的样品与低沸点甲醇进行溶剂交换 3d（每 12h 更换一次溶剂），然后在 120℃下真空干燥 12h。在 77K 时，通过 N_2 的可逆吸附得到了 TIT-4 固有的永久孔隙。结果表明，TIT-4 具有经典的Ⅰ型吸附-解吸等温线，通过表面积方法（BET）测得其比表面积分别为 1263m^2/g 和 1027m^2/g[图 7-8(a)]。在低压区，吸附-脱附等温线急剧增加，说明 TIT-4 具有微孔特征，且骨架内存在不均匀的微孔通道[13,14]。通过计算可知，TIT-4 的孔径分布在 8.1～14.3Å 范围内。进一步研究了 TIT-4 对 CO_2 的吸附性能，发现在 273K 和 298K 时，其最大吸附容量分别为 91.8cm^3/g 和 55.6cm^3/g[图 7-8(b)]。此外，通过基于维里法的吸附焓（Q_{st}）计算，确定了 TIT-4 骨架对 CO_2 分子的吸附强度。零加载时的 Q_{st} 值为 22.7kJ/mol，这与文献报道的相同条件下的 MOFs 材料相当[15-18]。

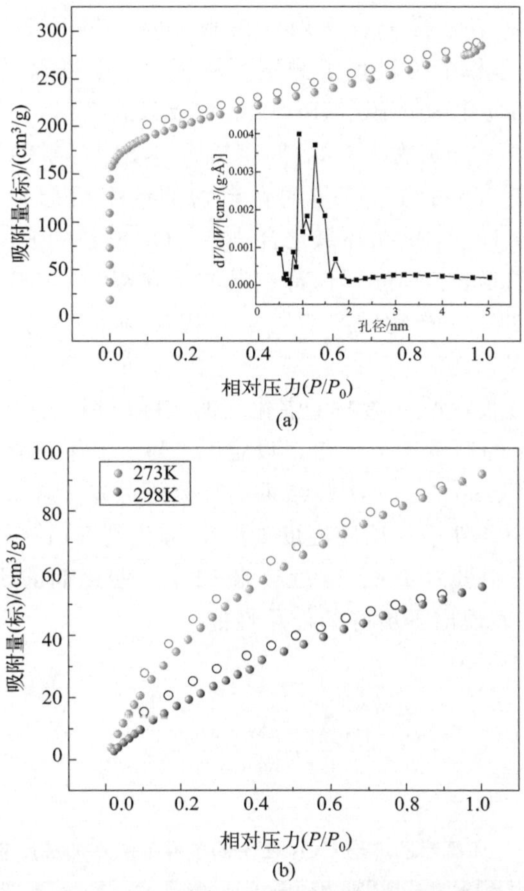

图 7-8 （a） TIT-4 在 77K 时的 N_2 吸附-脱附等温线（插图为孔径分布图）；
（b）在 273K 和 298K 时的 CO_2 吸附-脱附等温线

7.3 CO_2 和环氧化合物的催化环加成性能

7.3.1 催化性能研究

鉴于 TIT-4 对 CO_2 较大的吸附量，溶剂可达的纳米通道，以及在内壁共存的包括开放的 $Ln^{Ⅲ}$ 位点、$N_{吡啶}$ 原子、μ_3-OH 和 μ_2-HCO_2 等大量 Lewis 酸碱位点，在相对温和的条件下，研究了 TIT-4 对 CO_2 与环氧化合物生成环状碳酸酯的耦合催化性能。为确定催化剂用量、反应温度和反应时间等最佳反应条件，以氧化苯乙烯为模型底物进行了一系列的控制实验，并用^{1}H NMR、^{13}C NMR 和 GC-MS 对产物的产率和结构进行了测定。从表 7-1 中可以看出，在室温条件下反应 10h，当只有助催化剂 n-Bu_4NBr（2%）或只有 TIT-4（0.5%，以 Yb(Ⅲ)为活性中心）时，产率分别为 9%和 4%。然而，在同等条件下同时添加 2%的助催化剂 n-Bu_4NBr 和 0.5%的 TIT-4 时，产物的产率增加到 24%，表明催化剂 TIT-4 和助催化剂 n-Bu_4NBr 在环氧化合物与 CO_2 的环加成反应中具有良好的协同作用。当反应时间延长到 30h，保持室温的反应条件，产率可达 66%，而随着温度从室温升高到 60℃，产物的产率从 66%提高到了 96%，说明温度是影响反应催化活性的重要因素之一。

由于反应时间过长，严重影响了催化剂的实际应用，接下来的实验我们又将助催化剂 n-Bu_4NBr 的用量增加 1 倍，设定为 4%。结果，在 60℃的温度下反应 10h，产率迅速上升至 96%。对实验结果进行分析可知，环氧化合物与 CO_2 的环加成反应的最佳反应条件为：反应温度 60℃，催化剂 TIT-4 的用量为 0.5%，助催化剂 n-Bu_4NBr 的用量为 4%。与近年来 MOFs 催化剂的研究成果相比[19-29]，Ln 系催化剂 TIT-4 表现出了更好的催化性能。

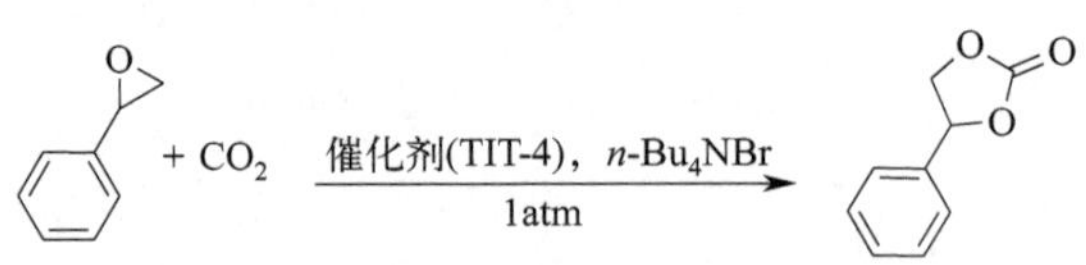

表 7-1 环氧苯乙烯与 CO_2 在不同条件下的环加成反应结果

序号	TIT-4 用量/%(摩尔分数)	n-Bu_4NBr 用量/%（摩尔分数）	温度/℃	时间/h	产率/%
1	0	2	室温	10	9
2	0.5	0	室温	10	4
3	0.5	2	室温	10	24

续表

序号	TIT-4 用量/%(摩尔分数)	n-Bu_4NBr 用量/%（摩尔分数）	温度/℃	时间/h	产率/%
4	0.5	2	室温	15	45
5	0.5	2	室温	20	61
6	0.5	2	室温	30	66
7	0.5	2	40	30	71
8	0.5	2	50	30	83
9	0.5	2	60	30	96
10	0.5	4	60	5	72
11	0.5	4	60	8	91
12	0.5	4	60	10	96

为了继续研究 TIT-4 在环加成反应中的催化通用性和选择性，我们还进行了更多种类的环氧化合物与 CO_2 的环加成反应。如表 7-2 所列，在最佳反应条件下，即反应时间为 6～10h，TIT-4 对一系列具有不同取代基的环氧化合物衍生物具有普遍较高的催化活性。实验结果表明，不同取代基对产量的影响具有一定的规律性。比较显示，吸电子基团（—F、—Cl）环氧化合物可以使环加成反应更高效，产率≥98%，这是因为吸电子基团能有效降低环氧乙烷的电子密度。此外，通过对比 1,2-环氧苯乙烷和其他位阻较小的环氧化合物的反应结果可知，空间位阻对环加成反应有不利影响。本实验所用环氧化合物衍生物的分子尺寸大小可以在本书附表 9 中找到。

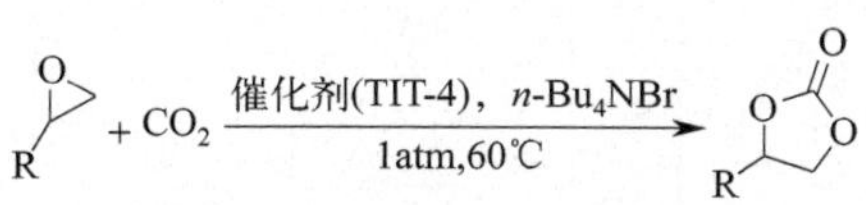

表 7-2　环氧化合物与 CO_2 的环加成反应数据

序号	反应物	产物	反应时间/h	产率/%	周转率（TON）
1	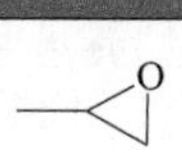	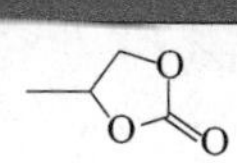	7	97	776
2	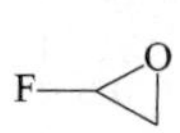	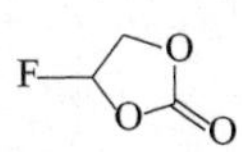	6	99	792
3	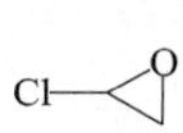	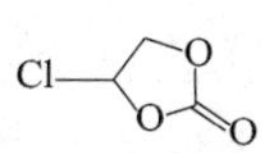	6	98	784
4	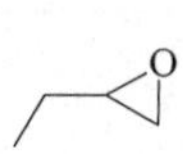	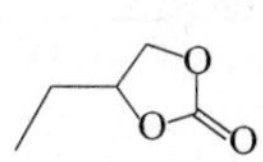	8	96	768

续表

序号	反应物	产物	反应时间/h	产率/%	周转率（TON）
5	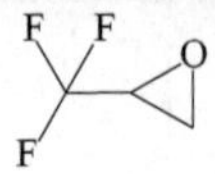	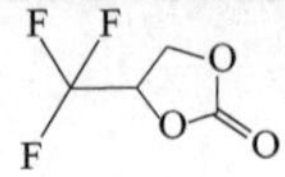	5	99	792
6	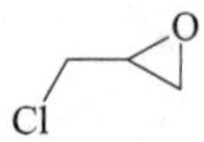	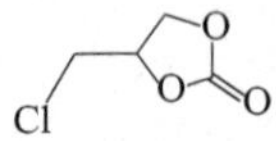	7	96	768
7	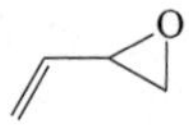	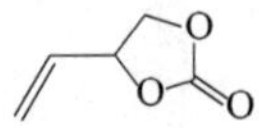	7	98	784
8	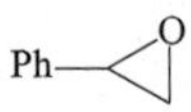	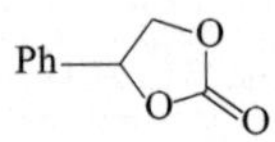	10	96	768

此外，在 TIT-4 的作用下，1,2-环氧苯乙烷的周转率（TON）为 768，远好于近年报道的 MOFs 催化剂，如 TMC-16(Zr)(185)[19]、Zn-2PDC(181.5)[20] 和 {[Ni(muco)(bpa)($2H_2O$)]·$2H_2O$}(163)[21]（表 7-3）。这主要归功于 TIT-4 孔道表面的[Yb_4(μ_3-OH)$_2$(μ_2-HCO_2)(H_2O)$_2$]团簇和吡啶基团的贡献。此外，在最佳反应条件下，对以 TIT-5 为催化剂的环加成反应也进行了相应的实验（表 7-4），同样具有优异的催化效果。

表 7-3 不同 MOFs 材料对 CO_2 与环氧化合物环加成反应的催化活性比较

序号	MOFs 材料种类	反应物	TIT-4 用量/%（摩尔分数）	时间/h	压力/MPa	温度/℃	产率/%	周转率（TON）	参考文献
1	TCM-16(Zr)	SO	0.5	16	0.1	100	93	185	[19]
2	Zn-2PDC	SO	0.49	3	1	80	89	181.5	[20]
3	{Ni(muco)(bpa)($2H_2O$)}·$2H_2O$	SO	0.5	12	0.8	80	81	163	[21]
4	Rh-PMOF-1	SO	0.2	24	0.1	100	88	439	[22]
5	In_2(OH)(btc)(Hbtc)$_{0.4}$(L)$_{0.6}$·$3H_2O$	SO	0.51	4	2	80	73	319	[23]
6	[$Mn_5L(H_2O)_6$·$(DMA)_2$]·5DMA·$4C_2H_5OH$	SO	0.5	12	0.2	80	94	752	[24]
7	JLU-MOF58(Zr)	SO	0.1	12	0.1	80	65	650	[25]
8	Co_6(TATAB)$_4$(DABCO)$_3$(H_2O)	SO	0.2	15	0.8	80	100	49.5	[26]
9	ZnMOF-1-NH_2	SO	1	8	0.8	80	88	58	[27]
10	TIT-4	SO	0.5	12	0.1	60	96	192	本工作

注：SO 为 1,2-环氧苯乙烷。

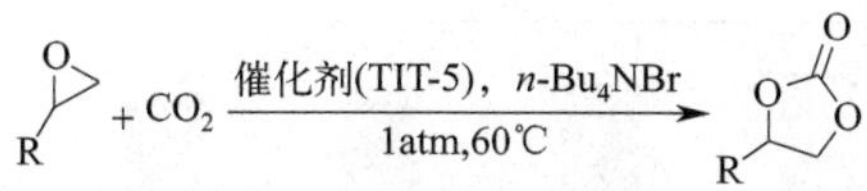

表 7-4　环氧化合物与 CO_2 的环加成反应数据

序号	反应物	产物	反应时间/h	产率/%	周转率（TON）
1	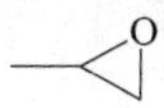	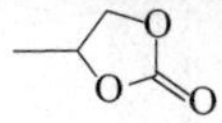	7	98	784
2	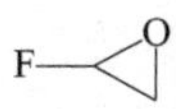	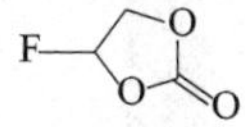	6	99	792
3	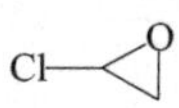	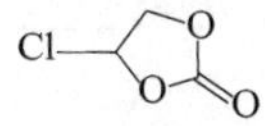	6	97	776
4	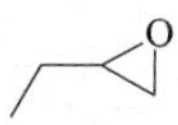	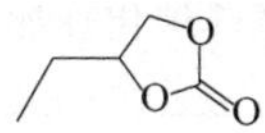	5	98	784
5	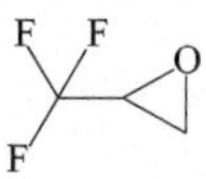	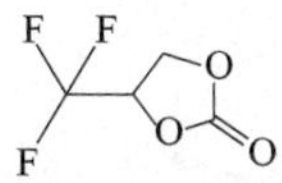	8	95	760
6	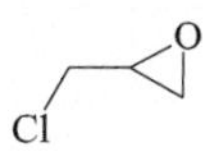	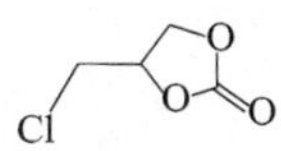	7	97	776
7	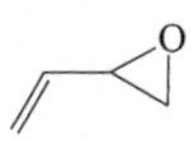	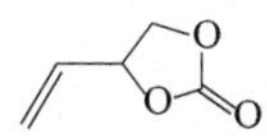	7	98	784
8	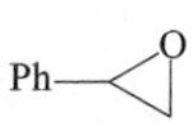	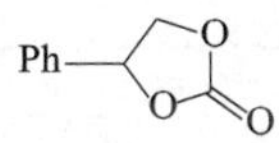	10	95	760

7.3.2　循环催化性能研究

为了进一步研究 TIT-4 优异的催化性能，我们对 TIT-4 进行了回收和循环利用实验。首先，在最佳反应条件下，以环氧苯乙烯为底物，以 500mmol 的环氧苯乙烯为反应底物，进行 10 倍放大反应，循环 5 次。在每个循环结束时，对 TIT-4 进行离心分离、二氯甲烷反复洗涤、真空干燥，然后直接用于下一次循环反应。然后，对反应溶液进行电感耦合等离子体（ICP）分析表明，只有微量（0.021%）的 Yb^{3+} 浸出。

如图 7-9 所示，TIT-4 在 5 次循环内的催化效果几乎相同，产率相似，说明 TIT-4 对环加成反应具有非常高的可循环性。此外，回收的 TIT-4 的 PXRD 图谱与反应前 TIT-4 的 PXRD 图谱基本一致，证实了 TIT-4 的结构完整性（图 7-10）。而热过滤实验表明，一旦将催化剂从反应体系中去除，催化反应接近停滞状态（图 7-11），证实了 TIT-4 优异的催化活性。

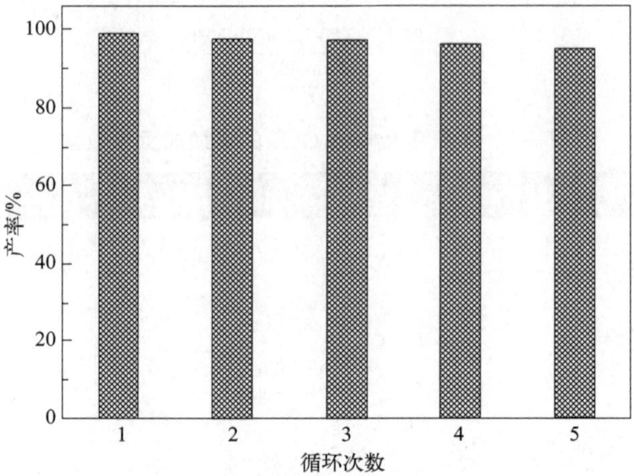

图 7-9　TIT-4 循环催化环加成反应

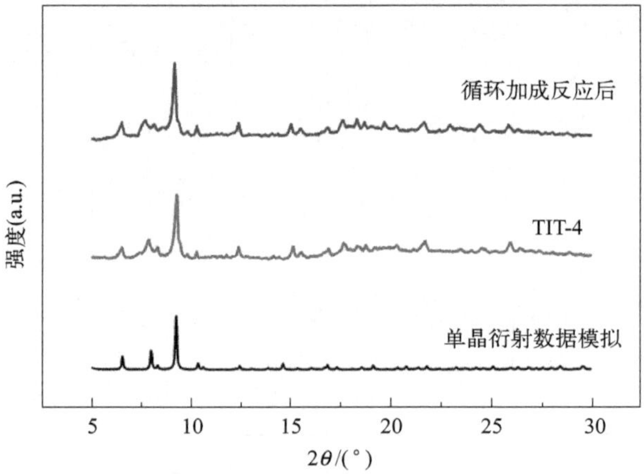

图 7-10　TIT-4 循环催化环加成反应前后的 PXRD 谱图

7.3.3　催化反应的机理

根据以往 MOFs 材料的相关文献[26-29]，结合 TIT-4 独特的结构特征，包括精致的｛Yb_4｝簇、高的比表面积和有效孔隙率，笔者提出了 TIT-4/n-Bu_4NBr 催化 CO_2 与环氧化合物进行环加成反应的机理（图 7-12）。首先，环氧化合物中的环氧原子被通道壁上｛Yb_4｝团簇暴露的 Lewis 酸性位点捕获并同时极化。然后由 n-Bu_4NBr 释放的溴离子对极性环氧分子的 α-碳原子发起一次亲核攻击，形成溴烷氧化物的阴离子中间体。在这种情况下，吸附的 CO_2 分子被极化，容易与溴烷氧化物中间体发生亲核加成反应生成烷基碳酸盐。最后，烃类碳酸酯倾向于形成目标环状碳酸酯（即释放催化剂的闭环过程）。

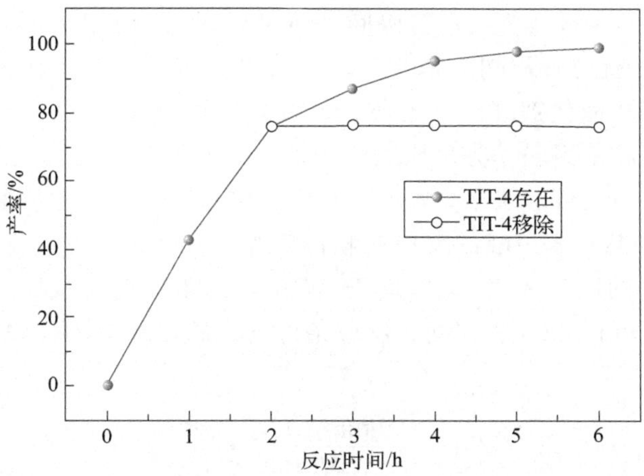

图 7-11　TIT-4 在环氧化合物与 CO_2 的环加成反应中的催化性能

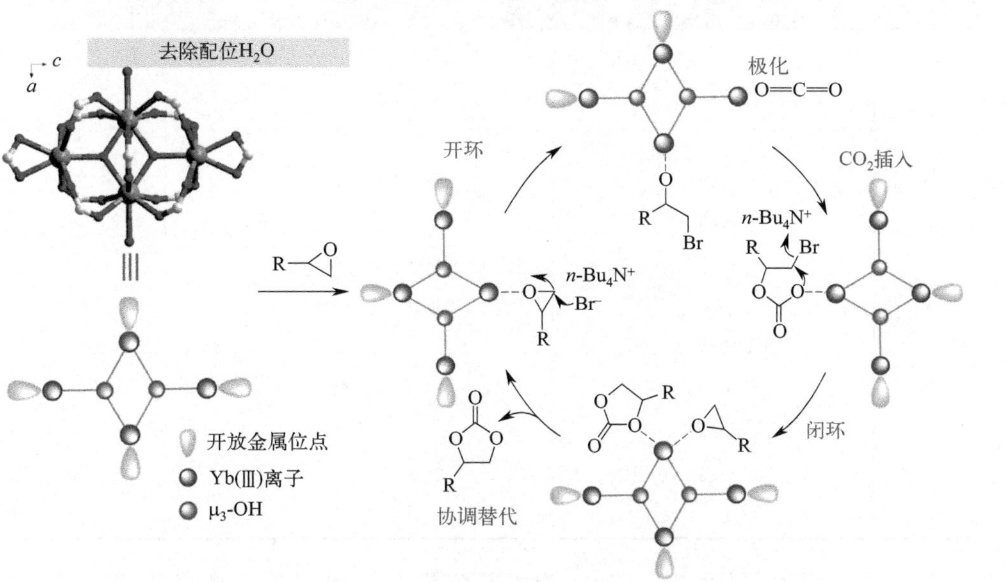

图 7-12　环氧化合物与 CO_2 的催化偶联反应机理（书后另见彩图）

7.4 催化 Knoevenagel 缩合反应

7.4.1　催化性能研究

近年来，科学研究证实，多孔 MOFs 材料中活性金属中心（Lewis 酸位点）

与亲核基团（Lewis 碱基位点）的协同环境可以大大加速 Knoevenagel 反应生成 C═C 键，该反应包括醛/酮羰基与甲基丙二腈的缩合反应。因此，本实验进一步研究了活性多孔催化剂 TIT-4 对 Knoevenagel 缩合反应的催化性能。如表 7-5 所列，以丙二腈和苯甲醛作为反应底物为例，考察了 TIT-4 催化 Knoevenagel 缩合反应的最佳反应条件。表 7-5 显示，在没有催化剂 TIT-4 的条件下，反应温度为 50℃时，丙二腈与苯甲醛的反应产物的产率等于 3%，可以说几乎没有反应。然而，当 TIT-4 的用量为 0.1%（基于 $\{Yb_4\}$ 集群）时，反应 24h 后产物 2-苄基丙二腈的产率可达 42%。在同等反应条件下，添加 0.3%的 TIT-4 时，反应产物的产率达到 99%。

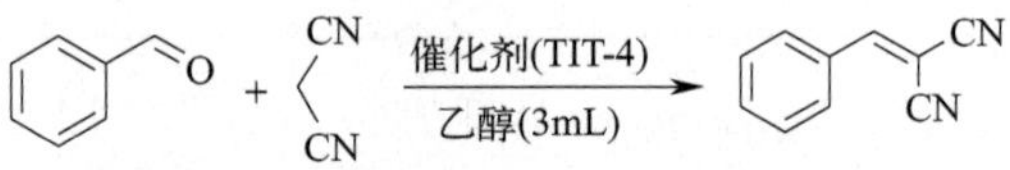

表 7-5　苯甲醛和丙二腈为底物的 Knoevenagel 缩合反应分析

序号	TIT-4 用量/%（摩尔分数）	反应时间/h	温度/℃	产率/%
1	0	24	50	3
2	0.1	24	50	42
3	0.2	24	50	86
4	0.3	24	50	99
5	0.3	24	室温	26
6	0.3	24	30	48
7	0.3	24	35	69
8	0.3	24	40	87
9	0.3	24	45	96
10	0.3	6	50	70
11	0.3	12	50	88
12	0.3	18	50	97

当 TIT-4 的用量为 0.3%时，温度从室温上升到 45℃，产率从 26%增加到 96%，说明温度也是影响该反应的一个关键因素。为了进一步考察反应时间的影响，在温度为 50℃和 TIT-4 用量为 0.3%的反应条件下，进行了随反应时间变化的催化实验。分别完成了在 6h、12h 和 18h 的实验，在 18h 的反应时间内产物的产率达到了 97%，略低于 24h 的反应结果。

综合以上实验结果，当醛与丙二腈的比例（1∶2）确定时，该反应的最佳反应条件为：TIT-4 的用量为 0.3%，醛类反应底物的用量为 20%，反应时间为 18h，反应温度为 50℃。

为了验证 TIT-4 在 Knoevenagel 反应中的普遍适用性，在添加 0.3mmol 的 TIT-4、50℃反应温度和 18h 的最佳反应条件下，进行了一系列具有不同取代基和空间位阻的醛类衍生物与丙二腈的 Knoevenagel 缩合反应（表 7-6）。表 7-6 中数据表明，苯甲醛底物上的吸电子基团（—F、—Br 和—NO_2）可以极大地促进 Knoevenagel 缩合反应，产率≥97%。与之相反的是，给电子基团（—CH_3 和—OCH_3）显著降低了醛的转化率，反应产率相对较低。表 7-7 中的数据显示，苯甲醛的 TON 值为 1280，远大于文献报道的大多数 MOFs 催化剂[30-36]。

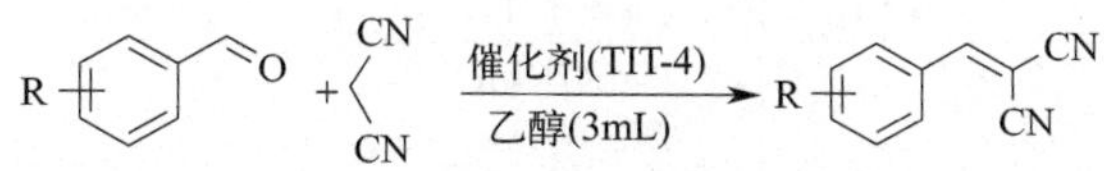

表 7-6 含不同基团的醛衍生物的 Knoevenagel 缩合反应结果

序号	反应物	产物	产率/%	周转率（TON）
1	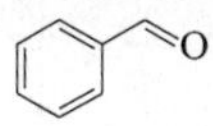	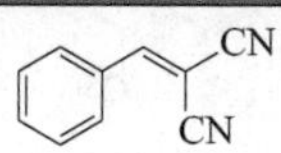	97	1280
2	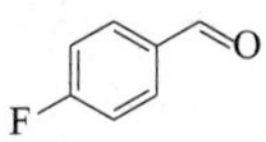	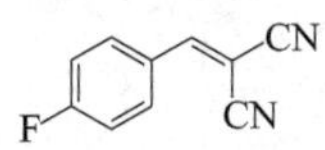	99	1320
3	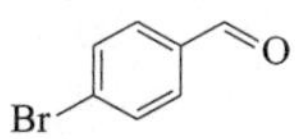	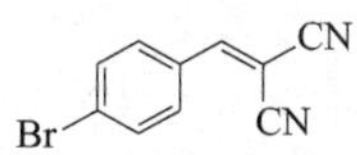	97	1292
4	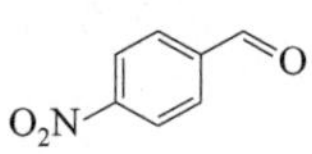	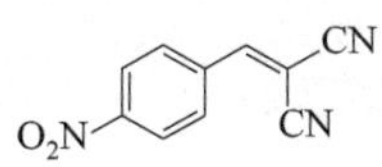	98	1308
5	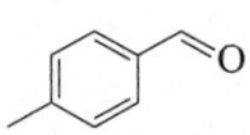	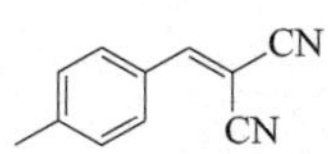	91	1212
6	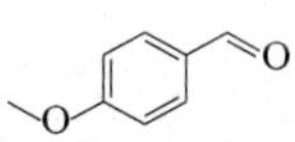	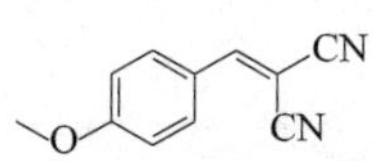	86	1148

表 7-7 不同 MOFs 材料对醛衍生物与丙二腈 Knoevenagel 缩合反应的催化活性比较

序号	MOFs 材料种类	醛的衍生物	TIT-4 用量/%（摩尔分数）	反应溶剂	反应时间/h	温度/℃	产率/%	周转率（TON）	参考文献
1	$[Zn_2(TCA)(BIB)_{2.5}](NO_3)$	苯甲醛	0.3	乙醇	1	60	99	167	[30]
2	UiO-66-NH-RNH_2	苯甲醛	1	甲苯	2	23	97	97	[31]
3	$[Zn_2(L)(H_2O)_2]\cdot(DMF)_5\cdot(H_2O)_4]$	苯甲醛	1	CH_2Cl_2	2	25	90	90	[32]
4	$[Cd_3(tipp)(bpdc)_2]\cdot(DMA)\cdot(H_2O)_9$	苯甲醛	0.6	—	1	60	99	158.4	[33]
5	FJI-C2	苯甲醛	3	甲苯	6	35	80.9	30	[34]
6	UiO-67-diamine	苯甲醛	6	DMF	2	25	99	16.5	[35]
7	$[Cu_2(\mu\text{-}H_3ddba)_2(phen)_2]$	苯甲醛	2	H_2O	1	25	99	49.5	[36]
8	TIT-4	苯甲醛	0.3	乙醇	18	50	97	1280	本工作

在最佳反应条件下，以同构的 TIT-5 为催化剂，进行了 Knoevenagel 缩合反应实验，研究金属中心对催化性能的影响。如表 7-8 所列，在 Knoevenagel 缩合反应中，相同反应条件下的催化产率均较高，这也可以表明，MOFs 结构中丰富的 Lewis 酸碱位点共存和较大的比表面积对其优异的催化活性起决定性作用。

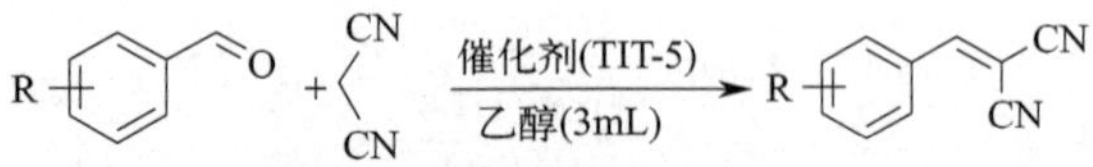

表 7-8　含不同基团的醛衍生物的 Knoevenagel 缩合反应结果

序号	反应物	产物	产率/%	周转率（TON）
1	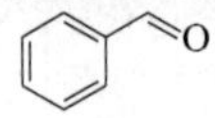	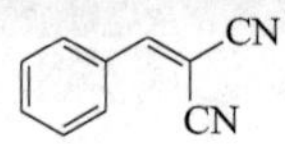	95	1272
2	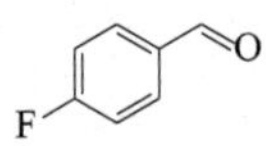	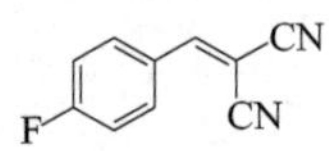	99	1320
3	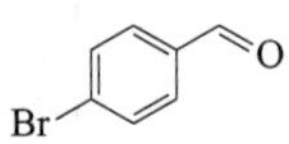	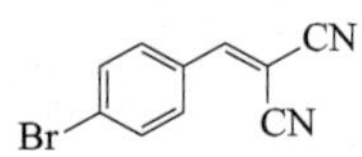	98	1308
4	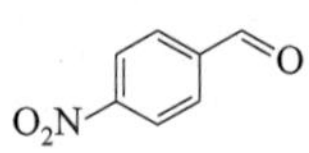	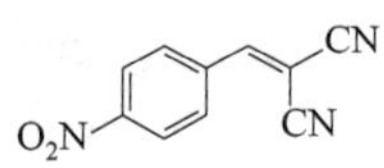	97	1292
5	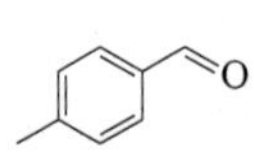	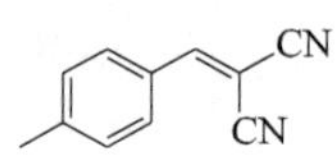	90	1200
6	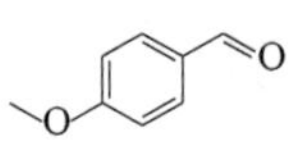	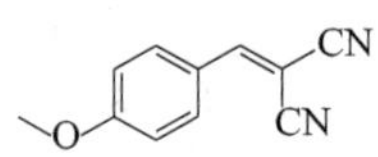	88	1172

7.4.2　循环催化性能研究

此外，以苯甲醛和丙二腈为底物，在 50℃ 的最佳温度条件下，考察了 TIT-4 的可回收和循环催化性。每次反应结束后，通过离心分离 TIT-4，用无水二氯甲烷进行洗涤，真空干燥。回收后的催化剂 TIT-4 直接应用到下一次的循环实验中，重复循环使用 5 次。如图 7-13 所示，回收后的催化剂 TIT-4 仍能保持良好的催化效果，产率在 95% 以上。对回收后的 TIT-4 进行 X 射线衍射表征，回收后 TIT-4 的主体骨架没有发生任何变化，说明 TIT-4 微孔催化剂具有很高的稳定性（图 7-14）。采用 ICP 分析方法对催化实验回收液中浸出的 Yb^{3+} 进行监测，结果显示，在滤液中检测到极其微量（0.017%）的 Yb^{3+}，完全可以排除在 Knoevenagel 缩合反应过程中从 TIT-4 骨架析出 Yb^{3+} 的可能性。

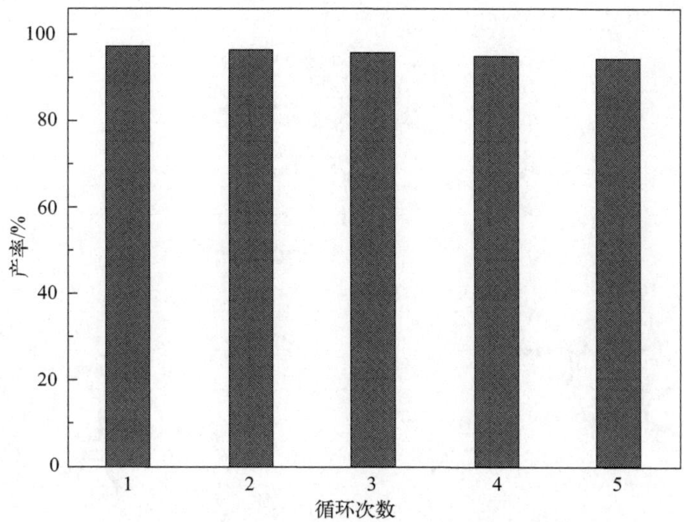

图 7-13　TIT-4 催化循环 Knoevenagel 缩合反应

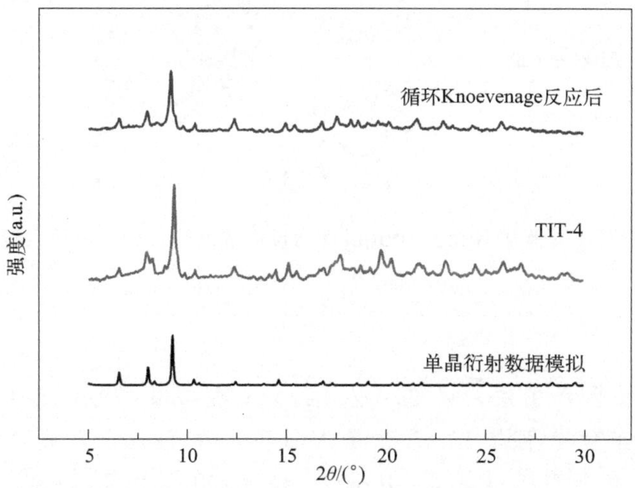

图 7-14　Knoevenagel 缩合反应后回收的 TIT-4 的 PXRD 谱图

7.4.3　催化反应的机理

根据相关文献[37-39]，笔者推测出 TIT-4 催化 Knoevenagel 缩合反应的机理如图 7-15 所示。主要分为两个步骤完成：

① 在多孔 TIT-4 结构中，孤立的羧基 O 原子和 $N_{吡啶}$ 原子作为 Lewis 碱攻击丙二腈的羰基碳，形成亚胺中间体；

② 开放的金属离子作为 Lewis 酸位点与醛基的 O 原子接触，更有可能与第一步的亚胺中间体反应生成苄基马来腈，并释放出水分子。

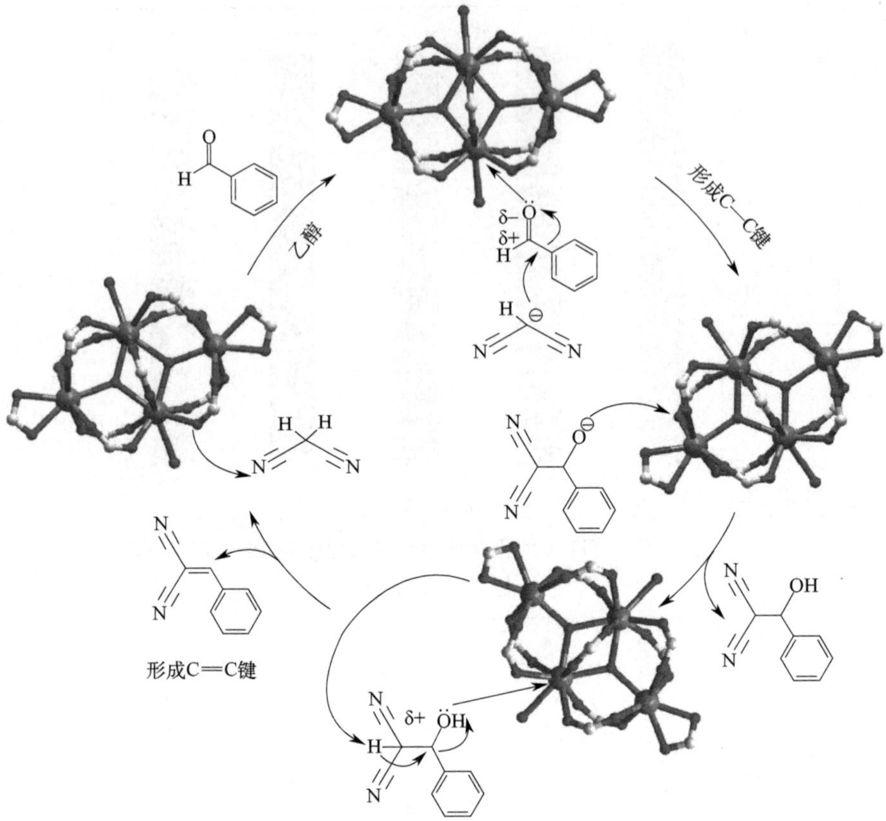

图 7-15　TIT-4 催化 Knoevenagel 缩合反应的反应机理（书后另见彩图）

本章小结

本章通过水热合成法，以 2,6-双(2,4-二羧基苯基)-4-(4-羧基苯基)吡啶(H_5BDCP) 为配体分别与 Ln 系金属 Yb(Ⅲ) 和 Ho(Ⅲ) 成功地制备了富含 Lewis 酸碱位点的新型三维多孔 MOFs 材料（TIT-4 和 TIT-5)，并将其用于催化 CO_2 与环氧化合物进行环加成反应生成环状碳酸酯，以及催化 Knoevenagel 缩合反应，得出以下结论：

① X 射线单晶衍射研究表明，TIT-4 和 TIT-5 均属于六方晶系，$P6_3/mcm$ 空间群。据我们所知，TIT-4 和 TIT-5 的单晶结构是第一种基于$[Ln_4(\mu_3\text{-}OH)_2(\mu_2\text{-}HCO_2)(H_2O)_2]$共面团簇($\{Ln_4\}$)的三维骨架材料，三角形微孔和六边形纳米孔通道分布排列，三维通道内部由未配位的羧酸基构成。热重分析结果表明 TIT-4 和 TIT-5 具有良好的热稳定性，PXRD 显示 TIT-4 和 TIT-5 具有较高结晶度和纯度，并且测试其合成样品得到的 PXRD 谱图与单晶衍射数据模拟 XRD 谱图一致。

② 本章主要以 TIT-4 作为催化剂进行具体研究，其在 273K 和 298K 下对 CO_2 的吸附量分别达到 91.8cm^3/g 和 55.6cm^3/g，高于文献报道中的大多数 MOFs 材料。在催化 CO_2 与环氧化合物环加成反应中，通过对实验条件进行不断优化，笔者确定了 TIT-4 催化剂的用量为 0.5%，并以 n-Bu_4NBr 为助催化剂，在 60℃、0.1MPa 的最佳反应条件下，反应 10h 后能够获得较高产率的多种环状碳酸酯。同样的实验条件下，TIT-5 催化剂的催化性能也非常优异，TIT-4 和 TIT-5 的催化性能均优于已报道的大多数 MOFs 催化剂。TIT-4 催化剂易于分离回收，可循环使用，5 次催化循环后活性损失也很小。

③ TIT-4 催化剂在催化 Knoevenagel 缩合反应中，笔者以醛类衍生物与丙二腈为反应物，以乙醇为反应介质。通过对实验条件进行不断优化，确定了 TIT-4 催化剂的用量为 0.3%（摩尔分数），在 50℃和 18h 的最佳反应条件下，能够获得较高产率的多种苄基马来腈。同样的实验条件下，TIT-5 催化剂的催化性能也非常优异，二者的催化性能均优于已报道的大多数 MOFs 催化剂。而且该类催化剂易于分离回收，可循环使用，5 次催化循环后活性损失也很小。

参考文献

[1] Yang X G，Zhai Z M，Ma L F，et al. Fast Crystallization-Deposition of Orderly Molecule Level Heterojunction Thin Films Showing Tunable Up-Conversion and Ultrahigh Photoelectric Response [J].ACS Cent. Sci.，2020，6（7）：1169-1178.

[2] Chen H，Fan L，Zhang X. Highly Robust 3s-3d {CaZn}-Organic Framework for Excellent Catalytic Performance on Chemical Fixation of CO_2 and Knoevenagel Condensation Reaction[J]. ACS Appl. Mater. Interfaces，2020，12（49）：54884-54892.

[3] Chen H，Fan L，Hu T，et al. 6s-3d {Ba_3Zn_4}-Organic Framework as an Effective Heterogeneous Catalyst for Chemical Fixation of CO_2 and Knoevenagel Condensation Reaction[J].Inorg. Chem.，2021，60（5）：3384-3392.

[4] Qiu J，Zhao Y，Li Z，et al. Imidazolium-Salt-Functionalized Covalent Organic Frameworks for Highly Efficient Catalysis of CO_2 Conversion[J]. ChemCatChem，2019，12（11）：2421-2427.

[5] Lyu J，Zhang X，Li P，et al. Exploring the Role of Hexanuclear Clusters as Lewis Acidic Sites in Isostructural Metal-Organic Frameworks[J]. Chem. Mater.，2019，31（11）：4166-4172.

[6] Chen X Y，Zhao B，Shi W，et al. Microporous Metal-Organic Frameworks Built on a Ln_3 Cluster as a Six-Connecting Node [J]. Chem. Mater.，2005，17（11）：2866-2874.

[7] Gu X，Xue D. 3D Coordination Framework [Ln_4（μ_3-OH）$_2$$Cu_{6I5}$（IN）$_8$（OAc）$_3$]（IN= Isonicotinate）： Employing 2D Layers of Lanthanide Wheel Clusters and 1D Chains of Copper Halide Clusters [J]. Inorg. Chem.，2007，46（13）：5349-5353.

[8] Li Y J，Wang Y L，Liu Q Y. The Highly Connected MOFs Constructed from Nonanuclear and Trinuclear Lanthanide-Carboxylate Clusters：Selective Gas Adsorption and Luminescent pH Sensing [J]. Inorg. Chem.，2017，56（4）：2159-2164.

[9] Song T Q，Yuan K，Qiao W Z，et al. Water Stable [Tb_4] Cluster-Based Metal-Organic Framework as Sensitive and Recyclable Luminescence Sensor of Quercetin [J]. Anal. Chem.，2019，91（4）：2595-2599.

[10] Zhang Y，Wang Y，Liu L，et al. Robust Bifunctional Lanthanide Cluster Based Metal-Organic Frameworks （MOFs） for Tandom Deacetalization-Knoevenagel Reaction [J]. Inorg. Chem.，2018，57（4）：2193-2198.

[11] Gu X，Xue D. Surface Modification of High-Nuclearity Lanthanide Clusters：Two Tetramers Con-

structed by Cage-Shaped {Dy_{26}} Clusters and Isonicotinate Linkers [J]. Inorg. Chem., 2007, 46(8): 3212-3216.

[12] Chen H T, Hu T P, Fan L M, et al. One Robust Microporous Tm^{III}-Organic Framework for Highly Catalytic Activity on Chemical CO_2 Fixation and Knoevenagel Condensation [J]. Inorg. Chem., 2021, 60(2): 1028-1036.

[13] Shi X, Cao B, Liu J, et al. Rare-Earth-Based Metal-Organic Frameworks as Multifunctional Platforms for Catalytic Conversion [J]. Small, 2021, 17(22): 2005371.

[14] Masoomi M Y, Morsali A, Dhakshinamoorthy A, et al. Mixed-Metal MOFs: Unique Opportunities in Meta-Organic Framework (MOF) Functionality and Design [J]. Angew. Chem. Int. Ed., 2019, 58(43): 15188-15205.

[15] Chen D, Luo R, Li M, et al. Salen (Co(Ⅲ)) Imprisoned within Pores of a Metal-Organic Framework by Post-Synthetic Modification and its Asymmetric Catalysis for CO_2 Fixation at Room Temperature [J]. Chem. Commun., 2017, 53(79): 10930-10933.

[16] Shi G, Xu W, Wang J, et al. A Cu-Based MOF for the Effective Carboxylation of Terminal Alkynes with CO_2 Under Mild Conditions [J]. J. CO_2 Util., 2020, 39: 101177.

[17] Wang X K, Liu J, Zhang L, et al. Monometallic Catalytic Models Hosted in Stable Metal-Organic Frameworks for Tunable CO_2 Photoreduction [J]. ACS Catal., 2019, 9(3): 1726-1732.

[18] Zhang T, Chen H, Wang L, et al. Nanochannel-Based Heterometallic {$Co^{II}Tb^{III}$}-Organic Framework for Fluorescence Recognition of Tryptophan and Catalytic Cycloaddition of Epoxides with CO_2 [J]. ACS Appl. Nano Mater., 2022, 5: 15220-15227.

[19] Jin G, Sensharma D, Zhu N, et al. A Highly Augmented, (12, 3)-Connected Zr-MOF Containing Hydrated Coordination Sites for the Catalytic Transformation of Gaseous CO_2 to Cyclic Carbonates [J]. Dalton Trans., 2019, 48(41): 15487-15492.

[20] Li Y, Zhang X, Lan J, et al. A High-Performance Zinc-Organic Framework with Accessible Open Metal Sites Catalyzes CO_2 and Styrene Oxide into Styrene Carbonate under Mild Conditions [J]. ACS Sustain. Chem. Eng., 2021, 9(7): 2795-2803.

[21] Ugale B, Dhankhar S S, Nagaraja C M. Construction of 3-Fold-Interpenetrated Three-Dimensional Metal-Organic Frameworks of Nickel(Ⅱ) for Highly Efficient Capture and Conversion of Carbon Dioxide [J]. Inorg. Chem., 2016, 55(19): 9757-9766.

[22] Liu J, Fan Y Z, Li X, et al. Catalytic Space Engineering of Porphyrin Metal-Organic Frameworks for Combined CO_2 Capture and Conversion at a Low Concentration [J]. ChemSusChem, 2018, 11(14): 2340-2347.

[23] Liu L, Wang S M, Han Z B, et al. Exceptionally Robust In-Based Metal-Organic Framework for Highly Efficient Carbon Dioxide Capture and Conversion [J]. Inorg. Chem., 2016, 55(7): 3558-3565.

[24] Jiang W, Yang J, Liu Y Y, et al. A Porphyrin-Based Porous rtl Metal-Organic Framework as an Efficient Catalyst for the Cycloaddition of CO_2 to Epoxides [J]. Chem. Eur. J., 2016, 22(47): 16991-16997.

[25] Sun X, Gu J, Yuan Y, et al. A Stable Mesoporous Zr-Based Metal Organic Framework for Highly Efficient CO_2 Conversion [J]. Inorg. Chem., 2019, 58(11): 7480-7487.

[26] Ugale B, Kumar S, Dhilip Kumar T J, et al. Environmentally Friendly, Co-Catalyst-Free Chemical Fixation of CO_2 at Mild Conditions Using Dual-Walled Nitrogen-Rich Three-Dimensional Porous Metal-Organic Frameworks [J]. Inorg. Chem., 2019, 58(6): 3925-3936.

[27] Patel P, Parmar B, Kureshy R I, et al. Amine-Functionalized Zn(Ⅱ) MOF as an Efficient Multifunctional Catalyst for CO_2 Utilization and Sulfoxidation Reaction [J]. Dalton Trans., 2018, 47(24): 8041-8051.

[28] Shaabani A, Mohammadian R, Farhid H, et al. Multitask Guanidinium Bromide Functionalized Metal-Organic Framework in Chemical Fixation of CO_2 at Low Pressure and Temperature [J]. Ind. Eng. Chem. Res., 2019, 58(8): 2784-2791.

[29] Li Y, Zhang X, Lan J, et al. A High-Performance Zinc-Organic Framework with Accessible Open Metal Sites Catalyzes CO_2 and Styrene Oxide into Styrene Carbonate under Mild Conditions [J]. ACS Sustain. Chem. Eng., 2021, 9(7): 2795-2803.

[30] Yao C, Zhou S, Kang X, et al. A Cationic Zinc-Organic Framework with Lewis Acidic and

Basic Bifunctional Sites as an Efficient Solvent-Free Catalyst: CO_2 Fixation and Knoevenagel Condensation Reaction [J]. Inorg. Chem., 2018, 57 (17): 11157-11164.
[31] Luan Y, Gao H, Andriamitantsoa R S, et al. General Post-Synthetic Modification Approach of Amino-Tagged Metal-Organic Frameworks to Access Efficient Catalysts for the Knoevenagel Condensation Reaction [J]. J. Mater. Chem. A., 2015, 3 (33): 17320-17331.
[32] Pal T K, De D, Neogi S, et al. Significant Gas Adsorption and Catalytic Performance by a Robust Cu^{II}-MOF Derived through Single-Crystal to Single-Crystal Transmetalation of a Thermally Less-Stable ZnⅡ-MOF [J]. Chem. Eur. J., 2015, 21 (52): 19064-19070.
[33] Jiang W, Yang J, Liu Y Y, et al. A Stable Porphyrin-Based Porous mog Metal-Organic Framework as an Efficient Solvent-Free Catalyst for C-C Bond Formation [J]. Inorg. Chem., 2017, 56 (5): 3036-3043.
[34] Wang X S, Liang J, Li L, et al. An Anion Metal-Organic Framework with Lewis Basic Sites-Rich toward Charge-Exclusive Cationic Dyes Separation and Size-Selective Catalytic Reaction [J]. Inorg. Chem., 2016, 55 (5): 2641-2649.
[35] Xi F G, Liu H, Yang N N, et al. Aldehyde-Tagged Zirconium Metal-Organic Frameworks: a Versatile Platform for Postsynthetic Modification [J]. Inorg. Chem., 2016, 55 (10): 4701-4703.
[36] Lee L C, Lu J, Weck M, et al. Acid-Base Bifunctional Shell Cross-Linked Micelle Nanoreactor for One-Pot Tandem Reaction [J]. ACS Catal., 2016, 6 (2): 784-787.
[37] Markad D, Khullar S, Mandal S K. Engineering a Nanoscale Primary Amide-Functionalized 2D Coordination Polymer as an Efficient and Recyclable Heterogeneous Catalyst for the Knoevenagel Condensation Reaction [J]. ACS Appl. Nano Mater., 2018, 1 (9): 5226-5236.
[38] Cheng K, Svec F, Lv Y, et al. Hierarchical Micro- and Mesoporous Zn-Based Metal-Organic Frameworks Templated by Hydrogels: Their Use for Enzyme Immobilization and Catalysis of Knoevenagel Reaction [J]. Small, 2019, 15 (44): 201902927.
[39] Giménez-Marqués M, Santiago-Portillo A, Navalón S, et al. Exploring the Catalytic Performance of a Series of Bimetallic MIL-100 (Fe, Ni) MOFs [J]. J. Mater. Chem. A, 2019, 7 (35): 20285-20292.

第8章 多元羧酸配体金属有机骨架材料的发展趋势分析

8.1 多元羧酸配体金属有机骨架材料的发展方向和趋势

多元羧酸配体（如均苯三甲酸、联苯二甲酸等）因其具有多个羧基、多齿配位能力和刚性/柔性可调的特点，能够与金属离子构建结构稳定且功能可调的三维网络结构的 MOFs 材料[1,2]。近年来，随着计算化学和合成技术的进步，多元羧酸 MOFs 材料的研究从单纯结构探索转向功能导向设计，但其在规模化制备、稳定性提升及实际应用中的瓶颈仍需突破。未来的发展方向和趋势主要为以下几个方面。

8.1.1 配体功能化与多样化

随着对金属有机骨架（MOFs）材料研究的深入，配体的功能化与多样化成为推动材料性能提升的关键。多元羧酸配体因其丰富的配位模式和可调控的化学性质，在 MOFs 材料合成中占据重要地位。近年来，研究人员通过引入氨基、磺酸基、磷酰基等功能基团，显著增强了 MOFs 材料的耐水性、化学稳定性和选择性吸附能力。例如，氨基修饰的羧酸配体可提升 MOFs 材料对 CO_2 的吸附容量和选择性，这一发现为 MOFs 材料在气体分离和存储领域的应用提供了新的思路[3-6]。

此外，配体的多样化也是未来研究的重要趋势。通过设计不同链长、分支度和取代基的羧酸配体，可以精确调控 MOFs 材料的孔径、比表面积和表面性质，从而满足不同应用场景的需求。例如，长链羧酸配体有助于构建大孔径 MOFs 材料，适用于大分子催化反应；而短链或刚性配体则更利于形成高稳定性、小孔径的材料，适用于气体分离和存储[2-7]。

8.1.2 缺陷工程与活性位点调控

缺陷工程通过可控引入配位缺陷或空位，可显著增加 MOFs 材料的活性位点密度，提升其催化、吸附和传感性能。例如，在多元羧酸配体 MOFs 材料中，部分配体未完全配位形成的缺陷位点可作为催化活性中心，加速 CO_2 环加成反应或 Knoevenagel 缩合反应的进行。未来，缺陷工程将与配体功能化相结合，通过精确控制缺陷类型和分布，实现 MOFs 材料性能的定制化设计[8,9]。

同时，活性位点的调控也将成为研究重点。通过金属离子掺杂、配体修饰或后合成修饰（PSM）等手段，可在 MOFs 材料表面或孔道内构建高活性催化位点，提升其对特定反应的催化效率和选择性。例如，将过渡金属离子（如 Cu^{2+}、Fe^{3+}）掺杂到羧酸配体 MOFs 材料中，可形成双金属活性中心，显著提升其光催化 CO_2 还原为甲酸的效率[10,11]。

8.1.3 复合材料与多级结构构建

单一 MOFs 材料在性能上往往存在局限性，如导电性差、机械强度不足等。未来，通过与碳纳米管、石墨烯、金属氧化物等材料复合，可构建多级结构 MOFs 复合材料，显著提升其综合性能。例如，将羧酸配体 MOFs 材料与石墨烯复合，可形成高导电性、高比表面积的复合材料，适用于电催化氧还原反应（ORR）和超级电容器电极材料[12,13]。

此外，多级结构构建也是重要方向。通过设计核壳结构、分级孔道或三维互联网络，可实现 MOFs 材料性能的优化。例如，核壳结构 MOFs 材料可保护内部活性位点不受外界环境干扰，提升其稳定性；而分级孔道结构则可同时实现大分子和小分子的高效传输与分离[14,15]。

8.2 多元羧酸配体金属有机骨架材料的潜在应用领域

8.2.1 环境治理与资源化利用

随着全球环境问题日益严峻，MOFs 材料在环境治理领域的应用前景广阔。多元羧酸配体 MOFs 材料因其高比表面积和可调孔径，可高效吸附水中的重金属离子（如 Pb^{2+}、Cd^{2+}）、有机污染物（如染料、农药）和放射性核素（如 TcO_4^-、UO_2^{2+}）。例如，SCU-100 材料对 TcO_4^- 的吸附容量高达 541mg/g，显示出在核废水处理中的巨大潜力[16,17]。

同时，MOFs 材料还可用于 CO_2 捕获与转化。通过环氧化合物与 CO_2 的环加成反应制备环状碳酸酯，不仅实现了 CO_2 的资源化利用，还符合绿色化学的可持续性原则。多元羧酸配体 MOFs 材料作为该反应的高效催化剂，其催化效率和选择性可通过配体功能化和缺陷工程进一步提升[18,19]。

8.2.2 能源存储与催化

在能源领域，MOFs 材料因其高比表面积和可调孔径，成为氢气存储和天然气提纯的理想材料。例如，某些 MOFs 材料在 77K 下的储氢量可达 7.5%（质量分数），显著高于传统材料。未来，通过优化配体结构和合成条件，可进一步提升 MOFs 材料的储氢性能和循环稳定性[20,21]。

在催化领域，MOFs 材料作为多相催化剂，已广泛应用于烷基化、加氢、氧化等反应。多元羧酸配体 MOFs 材料因其丰富的活性位点和可调的孔道结构，在 CO_2 光催化还原、电催化氧还原等反应中表现出色。例如，锆基卟啉 MOFs 材料（PCN-222）在光催化 CO_2 还原为甲酸根离子反应中可使产率达 97.7%，显示出在能源催化中的巨大潜力[22,23]。

8.2.3 生物医学与传感

在生物医学领域，MOFs 材料因其良好的生物相容性和可调的孔道结构，成为药物递送和成像的理想载体。通过叶酸修饰或 pH 响应机制，MOFs 材料可实现药物的靶向递送和控释，提升治疗效果并降低副作用。例如，姜黄素在 MOFs 载体中的生物利用度提升 3.2 倍，显示出在中药现代化中的广阔前景[24,25]。

在传感领域，MOFs 材料的荧光特性使其成为检测金属离子、氨基酸和爆炸物的理想材料。多元羧酸配体 MOFs 材料通过荧光猝灭或增强效应，可实现对 Fe^{3+}、色氨酸等的高灵敏度检测[26,27]。

8.2.4 光电材料与器件

MOFs 材料作为光电材料，在光电器件、光电存储和光催化领域表现出色。多元羧酸配体 MOFs 材料因其独特的电子结构和可调的能带隙，可高效吸收和转换光能，适用于太阳能电池和光催化分解水制氢。未来，通过与量子点、钙钛矿等材料复合，可进一步提升 MOFs 材料的光电转换效率和稳定性，推动其在新能源领域的应用[28,29]。

8.3 多元羧酸配体金属有机骨架材料的未来展望

未来研究将进一步深入探讨多元羧酸配体金属有机骨架材料的合成方法、结构调控及性能优化。同时，随着科技的不断进步和跨学科合作的发展，该类材料在实际应用中的研究将被加强，以期实现更多创新突破。研究者们还将与材料化学、化学工程、环境科学等领域的专家合作，共同推动 MOFs 材料为人类社会的发展和进步做出更大贡献[30-33]。

总之，多元羧酸配体有机骨架材料的研究具有广阔的应用前景和重要意义，将会有更多的创新性构筑策略、性能优化的新途径以及应用领域的拓展，在能源、环境、生物医学等领域发挥更重要的作用。

参考文献

[1] 李一星．基于含氮杂环羧酸配体构建锌基 MOFs 及其催化 CO_2 转化利用[D]. 哈尔滨:哈尔滨工业大学,2021.

[2] Zhang T,Liang S,Jia S,et al. Nanoporous [$Ho_2(CO_2)_7(H_2O)_2$]-organic frameworks for excellent catalytic performance on the cycloaddition of CO_2 into epoxides and the deacetalization-Knoevenagel condensation [J]. RSC Advances，2025，15（22）：17811-17818.

[3] Zhang T，Chen H，Wang L，et al. Nanochannel-Based Heterometallic {$Co^{II}Tb^{III}$} -Organic Framework for Fluorescence Recognition of Tryptophan and Catalytic Cycloaddition of Epoxides with CO_2 [J]. ACS Appl. Nano Mater.， 2022， 5： 15220-15227.

[4] Chen Z， Kirlikovali K O， Li P， et al. Reticular Chemistry for Highly Porous Metal-Organic Frameworks： The Chemistry and Applications [J]. Acc. Chem. Res.， 2022， 55 (4)： 579-591.

[5] Demadis K D， Panera A， Anagnostou Z， et al. Disruption of "Coordination Polymer" Architecture in Cu^{2+} Bis-Phosphonates and Carboxyphosphonates by Use of 2，2'-Bipyridine as Auxiliary Ligand： Structural Variability and Topological Analysis [J]. Crystal Growth & Design， 2013， 13 (10)： 4480-4489.

[6] Long J R， Yaghi O M. The pervasive chemistry of metal-organic frameworks [J]. Chemical Society Reviews， 2009， 38 (5)： 1213-1214.

[7] Ding M， Cai X， Jiang H L. Improving MOF stability： approaches and applications [J]. Chemical Science， 2019， 10 (44)： 10209-10230.

[8] Wang C， Liu X， Demir N K， et al. Applications of water stable metal-organic frameworks [J]. Chemical Society Reviews， 2016， 45 (18)： 5107-5134.

[9] Liao P Q， Huang N Y， Zhang W X， et al. Controlling guest conformation for efficient purification of butadiene [J]. Science， 2017， 356 (6343)： 1193-1196.

[10] Faizan M， Pawar R. Alanine boronic acid functionalized UiO-66 MOF as a nanoreactor for the conversion of CO_2 into formic acid [J]. Journal of Computational Chemistry， 2023， 44 (18)： 1624-1633.

[11] 卜显和，章跃标，闫冰，等．金属-有机框架材料在电催化领域的研究进展 [J]．中国科学：化学， 2018， 48 (9)： 1058-1075.

[12] Fang Q R， Zhu G S， Jin Z， et al. Mesoporous metal-organic framework with rare etb topology for hydrogen storage and catalysis [J]. Chemical Communications， 2007， (44)： 4642-4644.

[13] Jiang H L， Xu Q. Porous metal-organic frameworks as platforms for functional applications [J]. Chemical Communications， 2011， 47 (12)： 3351-3370.

[14] 张涛．基于多元羧酸配体金属-有机骨架材料的构筑及其性能研究 [D]．太原：中北大学， 2022.

[15] Zhang J P， Zhang Y B， Lin J B， et al. Metal azolate frameworks： from crystal engineering to functional materials [J]. Chemical Reviews， 2012， 112 (2)： 1001-1033.

[16] Deng H X， Grunker R， Feng X， et al. Synthesis of a microporous metal-organic framework with high stability and its application in the removal of arsenic from water [J]. Chemistry-A European Journal， 2012， 18 (29)： 8979-8985.

[17] Li J R， Sculley J， Zhou H C. Metal-organic frameworks for separations [J]. Chemical Reviews， 2012， 112 (2)： 869-932.

[18] Wang Y， Zhao M T， Ou J H， et al. CO_2 capture and conversion using metal-organic frameworks [J]. Green Chemistry， 2020， 22 (1)： 6-28.

[19] Lin R B， Chen D M， Lin Y Y， et al. Metal-organic frameworks for CO_2 capture and separa-

tion [J]. Advanced Functional Materials, 2020, 30 (35): 2000234.

[20] Zhao D, Wang X, Yue L, et al. Porous metal-organic frameworks for hydrogen storage [J]. Chem. Commun., 2022, 58 (79): 11059-11078

[21] Koizumi K, Nobusadaab K, Boero M. Hydrogen storage mechanism and diffusion in metal-organic frameworks [J]. Phys. Chem. Chem. Phys., 2019, 21 (15): 7756-7764.

[22] Li X F, Wang Y, Li G, et al. Highly efficient photocatalytic reduction of CO_2 to CO by a Zr-based metal-organic framework [J]. Chemical Communications, 2016, 52 (46): 7316-7319.

[23] Wang X S, Chen L, Li L, et al. Recent advances in metal-organic frameworks for photocatalytic CO_2 reduction [J]. Journal of Materials Chemistry A, 2020, 8 (13): 6173-6199.

[24] Horcajada P, Serre C, Maurin G, et al. Flexible porous metal-organic frameworks for a controlled drug delivery [J]. Journal of the American Chemical Society, 2008, 130 (21): 6774-6780.

[25] Chen Y Z, Wang C, Wu Z Y, et al. From bimetallic metal-organic framework to porous carbon: high surface area and nitrogen-doped porous carbon for high performance lithium-sulfur batteries [J]. Advanced Functional Materials, 2015, 25 (3): 432-438.

[26] Cui Y J, Yue Y F, Qian G D, et al. Luminescent functional metal-organic frameworks [J]. Chemical Reviews, 2012, 112 (2): 1126-1162.

[27] Hu Z C, Deibert B J, Li J. Luminescent metal-organic frameworks for chemical sensing and explosive detection [J]. Chemical Society Reviews, 2014, 43 (16): 5815-5840.

[28] Wang M S, Guo S P, Li Y G, et al. A direct white-light-emitting metal-organic framework with tunable yellow-to-white emission [J]. Journal of the American Chemical Society, 2009, 131 (38): 13572-13573.

[29] Dhakshinamoorthy A, Asiri A M, Garcia H. Metal-organic framework (MOF) compounds: Photocatalysts for redox reactions and solar fuel production [J]. Angewandte Chemie International Edition, 2016, 55 (1): 5414-5445.

[30] Song K, Feng X, Zhang N, et al. Metal-organic framework materials in NH_3-SCR: Progress and prospects [J]. Coordination Chemistry Reviews, 2025, 535: 216615.

[31] Sohrabi H, Ghasemzadeh S, Ghoreishi Z, et al. Metal-organic frameworks (MOF)-based sensors for detection of toxic gases: A review of current status and future prospects [J]. Materials Chemistry and Physics, 2023, 299: 127512.

[32] Jiao L, Jiang H L. Metal-organic frameworks for catalysis: Fundamentals and future prospects [J]. Chinese Journal of Catalysis, 2023, 45: 1-5.

[33] Parmar C, Khandelwal R, Vasava M. Fluorescent Metal-Organic Frameworks for the Detection of Explosive Materials: Current Trends and Future Prospects [J]. J Fluoresc, 2025, https: //doi. org/10. 1007/s10895-025-04390-z.

附 录

附录 1
MOFs 材料的单晶衍射数据及部分键长、键角

附表 1 TIT-1 的晶体数据和细化参数

配合物	TIT-1	配合物	TIT-1
化学式	$C_{29}H_{11}HoNO_{13}Zn$	$V/Å^3$	26443.9(2)
分子量	811.71	Z	18
晶系	三方晶系	晶体密度计算值/(g/cm³)	0.917
空间群	$R\bar{3}m$	μ/mm^{-1}	3.249
a/Å	47.916(16)	GOF	1.028
b/Å	47.916(16)	$R_1[I>2\sigma(I)]$	0.0460
c/Å	13.299(4)	$wR_2[I>2\sigma(I)]$	0.1573
α/(°)	90	R_1(对于所有数据)	0.0479
β/(°)	90	wR_2(对于所有数据)	0.1592
γ/(°)	120	R_{int}	0.0289

注：$R_1=\sum||F_o|-|F_c||/\sum|F_o|$；$wR_2=|\sum w(|F_o|^2-|F_c|^2)|/\sum|w(F_o^2)^2|^{1/2}$。

附表 2 TIT-1 的部分化学键的键长和键角

化学键	键长/Å [键角/(°)]	化学键	键长/Å [键角/(°)]	化学键	键长/Å [键角/(°)]
Ho(1)-O(1)	2.243(2)	Ho(1)-OW	2.346(4)	O(5)-C(18)	1.239(7)
Ho(1)-O(1)#1	2.243(2)	Ho(1)-C(8)#2	2.762(3)	O(5)-C(18)#2	1.239(7)
Ho(1)-O(7)#3	2.286(3)	Ho(1)-C(8)#7	2.762(3)	O(2)-C(1)	1.254(4)
Ho(1)-O(4)#2	2.369(3)	Zn(1)-O(5)#5	1.933(3)	O(1)-C(1)	1.249(4)
Ho(1)-O(4)#7	2.369(3)	Zn(1)-O(2)	1.964(3)	O(7)-C(19)	1.224(5)
Ho(1)-O(3)#2	2.436(3)	Zn(1)-O(2)#1	1.963(3)	O(4)-C(8)	1.239(4)
Ho(1)-O(3)#7	2.436(3)	Zn(1)-O(8)#3	1.918(3)	N(1)-C(9)	1.372(4)

续表

化学键	键长/Å [键角/(°)]	化学键	键长/Å [键角/(°)]	化学键	键长/Å [键角/(°)]
N(1)-C(9)#4	1.372(4)	C(5)-C(6)	1.387(5)	C(12)-C(17)	1.331(7)
O(3)-C(8)	1.237(4)	C(15)-C(19)	1.508(5)	C(6)-C(7)	1.374(6)
O(8)-C(19)	1.251(5)	C(15)-C(14)	1.305(6)	C(14)-C(13)	1.376(7)
C(9)-C(10)	1.368(4)	C(15)-C(16)	1.334(6)	C(13)-C(18)	1.658(7)
C(9)-C(5)	1.476(5)	C(11)-C(12)	1.481(5)	C(13)-C(18)#4	1.658(7)
C(10)-C(11)	1.363(4)	C(3)-C(2)	1.393(4)	C(16)-C(17)	1.368(8)
C(4)-C(5)	1.407(4)	C(2)-C(7)	1.394(4)	C(18)-C(18)#4	1.593(17)
C(4)-C(3)	1.381(5)	C(12)-C(13)	1.338(6)	C(18)-O(6)	1.198(9)
C(1)-C(2)	1.486(5)				

注：#1 $-x+y,+y,+z$；#2 $-1/3+y,1/3+x,1/3-z$；#3 $1/3-x+y,5/3-x,-1/3+z$；#4 $+x,1+x-y,z$；#5 $-1/3+y,1/3+x,4/3-z$；#6 $4/3-x,2/3-x+y,2/3-z$；#7 $2/3+x-y,1/3+x,1/3-z$。

附表 3 TIT-2 的晶体数据和细化参数

配合物	TIT-2	配合物	TIT-2
化学式	$C_{87}H_{33}Co_3NO_{39}Tb_3$	V/Å^3	27046(4)
分子量	2397.67	Z	6
晶系	三方晶系	晶体密度计算值/(g/cm^3)	0.883
空间群	$R\bar{3}m$	μ/mm^{-1}	1.477
a/Å	48.143(6)	GOF	1.003
b/Å	48.143(6)	$R_1[I>2\sigma(I)]$	0.0726
c/Å	13.4741(13)	$wR_2[I>2\sigma(I)]$	0.2219
α/(°)	90	R_1(对于所有数据)	0.0849
β/(°)	90	wR_2(对于所有数据)	0.2318
γ/(°)	120	R_{int}	0.0469

注：$R_1=\Sigma||F_o|-|F_c||/\Sigma|F_o|$；$wR_2=|\Sigma w(|F_o|^2-|F_c|^2)|/\Sigma|w(F_o^2)^2|^{1/2}$。

附表 4 TIT-2 的部分化学键的键长和键角

化学键	键长/Å [键角/(°)]	化学键	键长/Å [键角/(°)]	化学键	键长/Å [键角/(°)]
C(1)-O(2)	1.255(14)	C(2)-C(7)#1	1.367(19)	C(5)-C(4)#1	1.396(17)
C(1)-O(1)	1.259(15)	C(2)-C(3)#1	1.422(17)	C(5)-C(6)#1	1.41(2)
C(1)-C(2)	1.508(16)	C(2)-C(3)	1.422(17)	C(5)-C(6)	1.41(2)
C(2)-C(7)	1.367(19)	C(5)-C(4)	1.396(17)	C(5)-C(9)	1.473(15)

续表

化学键	键长/Å [键角/(°)]	化学键	键长/Å [键角/(°)]	化学键	键长/Å [键角/(°)]
C(9)-C(10)	1.375(10)	C(19)-O(6)	1.240(11)	Tb(1)-O(8)#8	2.400(7)
C(9)-C(10)#1	1.375(10)	C(19)-O(5)	1.257(11)	Tb(1)-O(8)#9	2.400(7)
C(10)-C(11)	1.393(11)	Co(1)-O(1)	1.936(9)	Tb(1)-O(7)#8	2.492(7)
C(11)-N(1)	1.359(10)	Co(1)-O(4)#3	1.949(9)	Tb(1)-O(7)#9	2.492(7)
C(11)-C(12)	1.478(13)	Co(1)-O(5)#4	1.994(7)	Tb(1)-C(13)#8	2.806(9)
C(12)-C(18)	1.404(13)	Co(1)-O(5)#5	1.994(7)	Tb(1)-C(13)#9	2.806(9)
C(12)-C(14)	1.416(12)	N(1)-C(11)#1	1.360(10)	O(3)-C(8)	1.22(2)
C(18)-C(17)	1.359(14)	O(2)-Tb(1)#4	2.314(8)	C(8)-O(4)	1.17(2)
C(17)-C(16)	1.396(12)	O(8)-Tb(1)#2	2.399(7)	C(8)-C(8)#1	1.42(4)
C(16)-C(15)	1.393(12)	O(7)-Tb(1)#2	2.492(7)	C(8)-C(4)	1.51(2)
C(16)-C(19)	1.480(13)	O(6)-Tb(1)	2.286(7)	C(8)-C(4)#1	1.85(2)
C(15)-C(14)	1.390(13)	O(9)-Tb(1)	2.382(10)	C(3)-C(4)	1.40(2)
C(14)-C(13)	1.505(12)	O(5)-Co(1)#6	1.995(7)	C(4)-C(8)#1	1.85(2)
C(13)-O(8)	1.227(11)	O(4)-Co(1)#3	1.949(9)	C(6)-C(7)	1.36(2)
C(13)-O(7)	1.248(11)	Tb(1)-O(6)#7	2.286(7)	O(4)-C(8)#1	1.17(2)
C(13)-Tb(1)#2	2.806(9)	Tb(1)-O(2)#6	2.314(8)		

注：#1 $-x+y$，y，z；#2 $y-1/3$，$-x+y+1/3$，$-z+7/3$；#3 1，$-y+2$，$-z+1$；#4 $-y+4/3$，$x-y+5/3$，$z-1/3$；#5 $x+1/3$，$x-y+5/3$，$z-1/3$；#6 $-x+y-1/3$，$-x+4/3$，$z+1/3$；#7 $-y+1$，$-x+1$，z；#8 $-x+2/3$，$-x+y+1/3$，$-z+7/3$；#9 $x-y+2/3$，$x+1/3$，$-z+7/3$。

附表 5 TIT-3 的晶体数据和细化参数

配合物	TIT-3	配合物	TIT-3
化学式	$C_{56}H_{30}N_3O_{26}Tm_3$	V/Å^3	3984.5(6)
分子量	1667.62	Z	2
晶系	三斜晶系	晶体密度计算值/(g/cm^3)	1.390
空间群	$P\bar{1}$	μ/mm^{-1}	3.376
a/Å	9.2560(8)	GOF	1.099
b/Å	15.8648(15)	$R_1[I>2\sigma(I)]$	0.0437
c/Å	28.250(3)	$wR_2[I>2\sigma(I)]$	0.1162
α/(°)	96.574(4)	R_1(对于所有数据)	0.0517
β/(°)	90.095(3)	wR_2(对于所有数据)	0.1197
γ/(°)	104.682(3)	R_{int}	0.0620

注：$R_1=\Sigma||F_o|-|F_c||/\Sigma|F_o|$；$wR_2=|\Sigma w(|F_o|^2-|F_c|^2)|/\Sigma|w(F_o^2)^2|^{1/2}$。

附表 6　TIT-3 的部分化学键的键长和键角

化学键	键长/Å [键角/(°)]	化学键	键长/Å [键角/(°)]	化学键	键长/Å [键角/(°)]
O(1)W-Tm(1)	2.329(4)	O(1)-Tm(1)	2.240(4)	O(2)-Tm2#4	2.244(4)
O(3)-Tm(1)	2.240(4)	O(4)-Tm(2)#4	2.229(4)	O(5)-Tm(3)#2	2.211(6)
O(8)-Tm(3)#4	2.241(4)	O(9)-Tm(1)#1	2.378(4)	O(10)-Tm(1)#1	2.349(4)
O(11)-Tm(1)	2.234(4)	O(12)-Tm(2)	2.210(4)	O(13)-Tm(1)	2.226(4)
O(14)-Tm(2)	2.249(4)	O(15)-Tm(3)	2.237(4)	O(17)-Tm(2)#	2.371(4)
O(18)-Tm(2)#3	2.360(4)	O(19)-Tm(3)#2	2.361(5)	O(20)-Tm(3)#2	2.426(5)
O(2)W-Tm(2)	2.341(4)	O(22)-Tm(3)	2.409(7)	Tm(3)-O(23)	2.431(7)
Tm(3)-O(3)W	2.367(7)				
O(1)W-Tm(1)-O(9)#1	150.24(16)	O(1)W-Tm(1)-O(10)#1	150.49(14)	O(1)-Tm(1)-O(1)W	84.67(15)
O(1)-Tm(1)-O(9)#1	74.11(14)	O(1)-Tm(1)-O(10)#1	124.82(14)	O(3)-Tm(1)-O(1)W	92.26(15)
O(3)-Tm(1)-O(1)	82.94(15)	O(3)-Tm(1)-O(9)#1	105.27(16)	O(3)-Tm(1)-O(10)#1	90.66(16)
O(11)-Tm(1)-O(3)	164.18(15)	O(11)-Tm(1)-O(9)#1	88.65(15)	O(11)-Tm(1)-O(10)#1	91.34(15)
O(13)-Tm(1)-O(1)W	77.92(15)	O(13)-Tm(1)-O(1)	156.69(14)	O(13)-Tm(1)-O(3)	82.39(15)
O(4)#5-Tm(2)-O(25)	86.48(15)	O(4)#5-Tm(2)-O(14)	106.47(15)	O(4)#5-Tm(2)-O(17)#3	85.07(15)
O(4)#5-Tm(2)-O(18)#3	88.88(15)	O(4)#5-Tm(2)-O(2)W	78.83(14)	O(12)-Tm(2)-O(2)#5	82.83(15)
O(12)-Tm(2)-O(4)#5	168.81(14)	O(12)-Tm(2)-O(14)	82.49(15)	O(12)-Tm(2)-O(17)#3	104.30(16)
O(12)-Tm(2)-O(18)#3	91.52(16)	O(12)-Tm(2)-O(2)W	95.85(15)	O(14)-Tm(2)-O(17)#3	72.69(14)
O(5)#6-Tm(3)-O(15)	79.67(18)	O(5)#6-Tm(3)-O(19)#6	86.8(2)	O(5)#6-Tm(3)-O(20)#6	83.6(2)
O(8)#5-Tm(3)-O(23)	79.8(2)	O(8)#5-Tm(3)-O(3)W	86.4(2)	O(15)-Tm(3)-O(85)	81.63(16)
O(15)-Tm(3)-O(19)#6	130.77(17)	O(15)-Tm(3)-O(20)#6	77.60(16)	O(15)-Tm(3)-O(22)	145.9(3)
O(15)-Tm(3)-O(23)	144.4(2)	O(15)-Tm(3)-O(3)W	81.7(2)	O(19)#6-Tm(3)-O(20)#6	53.84(17)
O(19)#6-Tm(3)-O(22)	73.3(2)	O(19)#6-Tm(3)-O(23)	72.6(2)	O(19)#6-Tm(3)-O(3)W	97.9(2)

续表

化学键	键长/Å [键角/(°)]	化学键	键长/Å [键角/(°)]	化学键	键长/Å [键角/(°)]
O(3)W-Tm(3)-O(20)#6	82.6(3)	O(3)W-Tm(3)-O(22)	123.0(3)	O(3)W-Tm(3)-O(23)	67.2(3)

注：#1 $-x, 1-y, 1-z$；#2 $1+x, 1+y, +z$；#3 $-1-x, 1-y, -z$；#4 $1+x, +y, +z$；#5 $-1+x, +y, +z$；#6 $-1+x, -1+y, +z$。

附表 7　TIT-4 和 TIT-5 的晶体数据和细化参数

配合物	TIT-4	TIT-5
化学式	$C_{57}H_{25}N_2O_{26}Yb_4$	$C_{57}H_{25}N_2O_{26}Ho_4$
分子量	1845.95	1813.51
晶系	六方晶系	六方晶系
空间群	$P6_3/mcm$	$P6_3/mcm$
a/Å	22.060(4)	22.209(4)
b/Å	22.060(4)	22.209(4)
c/Å	38.082(8)	38.440(2)
α/(°)	90.00(3)	90.00(3)
β/(°)	90.00(3)	90.00(3)
γ/(°)	120.00(3)	120.00(3)
V/Å^3	16050(7)	16421(15)
Z	6	6
晶体密度计算值/(g/cm^3)	1.146	1.100
μ/mm^{-1}	3.512	2.907
GOF	1.048	1.086
$R_1[I>2\sigma(I)]$	0.0306	0.0415
$wR_2[I>2\sigma(I)]$	0.0814	0.1120
R_1(对于所有数据)	0.0341	0.0539
wR_2(对于所有数据)	0.0840	0.1120
R_{int}	0.0572	0.1129

注：$R_1=\Sigma||F_o|-|F_c||/\Sigma|F_o|$；$wR_2=|\Sigma w(|F_o|^2-|F_c|^2)|/\Sigma|w(F_o^2)^2|^{1/2}$。

附表 8　TIT-4 的部分化学键的键长和键角

化学键	键长/Å [键角/(°)]	化学键	键长/Å [键角/(°)]	化学键	键长/Å [键角/(°)]
Yb(1)-O(1)#2	2.207(3)	Yb(1)-O(1)#3	2.207(3)	Yb(1)-O(3)#4	2.195(3)

续表

化学键	键长/Å [键角/(°)]	化学键	键长/Å [键角/(°)]	化学键	键长/Å [键角/(°)]
Yb(1)-O(3)	2.195(3)	Yb(1)-O(5)#6	2.305(6)	Yb(1)-O(5)#5	2.305(6)
Yb(1)-O(1)W	2.296(3)	Yb(2)-O(2)#7	2.306(3)	Yb(2)-O(2)#2	2.306(3)
Yb(2)-O(4)	2.251(3)	Yb(2)-O(4)#8	2.251(3)	Yb(2)-O(1)W	2.2985(19)
Yb(2)-O(1)W#8	2.2985(19)	Yb(2)-O(6)	2.309(5)	Yb(2)-O(2)W	2.557(9)
O(1)#2-Yb(1)-O(1)#3	86.50(18)	O(1)#2-Yb(1)-O(5)#5	80.9(2)	O(1)#2-Yb(1)-O(5)#4	114.8(2)
O(1)#3-Yb(1)-O(5)#4	80.9(2)	O(1)#3-Yb(1)-O(5)#5	114.8(2)	O(1)#2-Yb(1)-O(1)W	79.86(10)
O(1)#3-Yb(1)-O(1)W	79.86(10)	O(3)-Yb(1)-O(1)#2	162.40(13)	O(3)#6-Yb(1)-O(1)#2	89.82(14)
O(3)-Yb(1)-O(1)#3	89.82(14)	O(3)-Yb(1)-O(3)#6	88.5(2)	O(3)#6-Yb(1)-O(1)#3	162.40(13)
O(3)-Yb(1)-O(1)W	82.55(12)	O(3)#6-Yb(1)-O(1)W	82.56(12)	O(5)#4-Yb(1)-O(5)#5	49.9(4)
O(1)W-Yb(1)-O(5)#4	154.94(18)	O(1)W-Yb(1)-O(5)#5	154.94(18)	O(2)#8-Yb(2)-O(2)#3	74.64(17)
O(2)#8-Yb(2)-O(6)	141.69(8)	O(2)#3-Yb(2)-O(6)	141.69(8)	O(2)#3-Yb(2)#O(2)W	70.62(19)
O(2)#8-Yb(2)-O(2)W	70.62(19)	O(4)#7-Yb(2)-O(2)#8	82.48(14)	O(4)#7-Yb(2)-O(2)#3	136.63(13)
O(4)-Yb(2)-O(2)#8	136.63(13)	O(4)-Yb(2)-O(2)#3	82.48(14)	O(4)#7-Yb(2)-O(4)	90.1(2)
O(4)#7-Yb(2)-O(1)W	147.77(13)	O(4)-Yb(2)-O(1)W#7	147.77(13)	O(4)-Yb(2)-O(1)W	92.63(12)
O(4)#7-Yb(2)-O(1)W#7	92.63(12)	O(4)#7-Yb(2)-O(6)	74.21(13)	O(4)-Yb(2)-O(6)	74.21(13)
O(4)-Yb(2)-O(2)W	67.17(17)	O(4)#7-Yb(2)-O(2)W	67.16(17)	O(1)W#7-Yb(2)-O(2)#3	115.77(13)
O(1)W#7-Yb(2)-O(2)#8	75.48(12)	O(1)W-Yb(2)-O(2)#8	115.77(13)	O(1)W-Yb(2)-O(2)#3	75.48(12)
O(6)-Yb(2)-O(2)W	124.1(3)	O(1)W-Yb(2)-O(1)W#7	68.86(13)	O(1)W#7-Yb(2)-O(6)	75.68(14)
O(1)W-Yb(2)-O(6)	75.68(14)	O(1)W-Yb(2)-O(2)W	142.23(11)	O(1)W#7-Yb(2)-O(2)W	142.23(11)

注：#1 $2-x$，$1-y$，$2-z$； #2 $1-y$，$+x-y$，$1+z$；#3 $1+y$，$+x$，$3/2-z$；#4 $2-x$，$1-y$，$1/2+z$；#5 $1+y$，$1-x+y$，$2-z$；#6 $1-y$，$1-x$，$2-z$；#7 $1-y$，$1-x$，$3/2-z$；#8 $+x$，$+x-y$，$1/2+z$。

附表 9　TIT-5 的部分化学键的键长和键角

化学键	键长/Å [键角/(°)]	化学键	键长/Å [键角/(°)]	化学键	键长/Å [键角/(°)]
Ho(1)-O(1)#1	2.243(4)	Ho(1)-O(1)#2	2.243(4)	Ho(1)-O(3)	2.206(5)
Ho(1)-O(3)#3	2.206(5)	Ho(1)-O(3)#4	2.751(10)	Ho(1)-O(5)#4	2.325(8)
Ho(1)-O(5)#4	2.325(8)	Ho(1)-O(1)W	2.341(4)	Ho(2)-O(2)#1	2.326(4)
Ho(2)-O(2)#7	2.326(4)	Ho(2)-O(4)	2.298(5)	Ho(2)-O(4)#8	2.298(5)
Ho(2)-O(1)W	2.321(2)	Ho(2)-O(1)W#8	2.321(2)	Ho(2)-O(6)	2.342(7)
Ho(2)-O(2)W	2.620(12)	O(1)#1-Ho(1)-O(1)#2	84.5(2)	O(1)#2-Ho(1)-O(3)#3	101.0(2)
O(1)#2-Ho(1)-O(5)#3	80.7(2)	O(1)#1-Ho(1)-O(5)#4	113.8(3)	O(1)#1-Ho(1)-O(3)#3	101.0(3)
O(1)#1-Ho(1)-O(1)W	79.27(13)	O(3)-Ho(1)-O(1)#2	88.3(2)	O(1)#2-Ho(1)-O(1)W	79.27(13)
O(3)#5-Ho(1)-O(1)#2	160.59(17)	O(3)-Ho(1)-O(1)#1	160.59(17)	O(3)#5-Ho(1)-O(1)#1	88.3(2)
O(3)#5-Ho(1)-O(3)#3	98.1(3)	O(3)-Ho(1)-O(3)#3	98.1(3)	O(3)-Ho(1)-O(3)#5	92.7(3)
O(3)#5-Ho(1)-O(5)#4	82.6(3)	O(3)-Ho(1)-O(5)#3	82.6(3)	O(3)#5-Ho(1)-O(5)#3	118.7(3)
O(3)-Ho(1)-O(1)W	81.69(16)	O(3)#5-Ho(1)-O(1)W	81.69(16)	O(3)-Ho(1)-O(5)#4	118.7(3)
O(5)#4-Ho(1)-O(3)#3	25.3(2)	O(5)#4-Ho(1)-O(5)#3	49.8(4)	O(5)#3-Ho(1)-O(3)#3	25.3(2)
O(5)#4-Ho(1)-O(1)W	154.8(2)	O(1)W-Ho(1)-O(3)#3	179.7(3)	O(5)#3-Ho(1)-O(1)W	154.8(2)
O(2)#7-Ho(2)-O(2)#6	97.69(12)	O(2)#7-Ho(2)-O(2)#2	76.1(2)	O(2)#2-Ho(2)-O(2)#6	97.69(12)
O(2)#2-Ho(2)-O(6)	140.87(11)	O(2)#7-Ho(2)-O(2)W	70.5(2)	O(2)#7-Ho(2)-O(6)	140.87(11)
O(4)#8-Ho(2)-O(2)#6	122.51(14)	O(4)-Ho(2)-O(2)#6	122.51(14)	O(2)#2-Ho(2)-O(2)W	70.5(2)
O(4)-Ho(2)-O(2)#2	81.83(18)	O(4)#8-Ho(2)-O(2)#2	136.35(18)	O(4)-Ho(2)-O(2)#7	136.34(18)
O(4)-Ho(2)-O(4)#8	89.2(3)	O(4)-Ho(2)-O(1)W	93.15(17)	O(4)#8-Ho(2)-O(2)#7	81.83(18)
O(4)#8-Ho(2)-O(1)W#8	93.16(17)	O(4)-Ho(2)-O(1)W#8	148.03(18)	O(4)#8-Ho(2)-O(1)W	148.03(18)

续表

化学键	键长/Å [键角/(°)]	化学键	键长/Å [键角/(°)]	化学键	键长/Å [键角/(°)]
O(4)-Ho(2)-O(6)	74.95(18)	O(4)#8-Ho(2)-O(2)W	66.7(2)	O(4)#8-Ho(2)-O(6)	74.95(18)
O(1)W#8-Ho(2)-Ho(2)#6	34.43(9)	O(1)W-Ho(2)-Ho(2)#6	34.43(9)	O(4)-Ho(2)-O(2)W	66.7(2)
O(1)W#8-Ho(2)-O(2)#7	75.41(15)	O(1)W-Ho(2)-O(2)#7	116.42(17)	O(1)W#8-Ho(2)-O(2)#2	116.41(17)
O(1)W#8-Ho(2)-O(1)W	68.82(17)	O(1)W-Ho(2)-O(6)	74.91(17)	O(1)W-Ho(2)-O(2)#2	75.41(15)
O(1)W-Ho(2)-O(2)W	142.28(14)	O(1)W#8-Ho(2)-O(2)W	142.28(14)	O(1)W#8-Ho(2)-O(6)	74.92(17)
O(6)-Ho(2)-O(2)W	124.9(3)				

注：#1 $1-y, +x-y, +z$；#2 $1+y, +x, +z$；#3 $2-x, 1-x+y, +z$；#4 $1+y, 1-x+y, 1-z$；#5 $1-y, 1-x, 1-z$；#6 $2-x, 1-x+y, 3/2-z$；#7 $1-y, +x-y, 3/2-z$；#8 $+x, +y, 3/2-z$。

附录 2

CO_2 环加成反应产物的核磁及 GC-MS 图谱

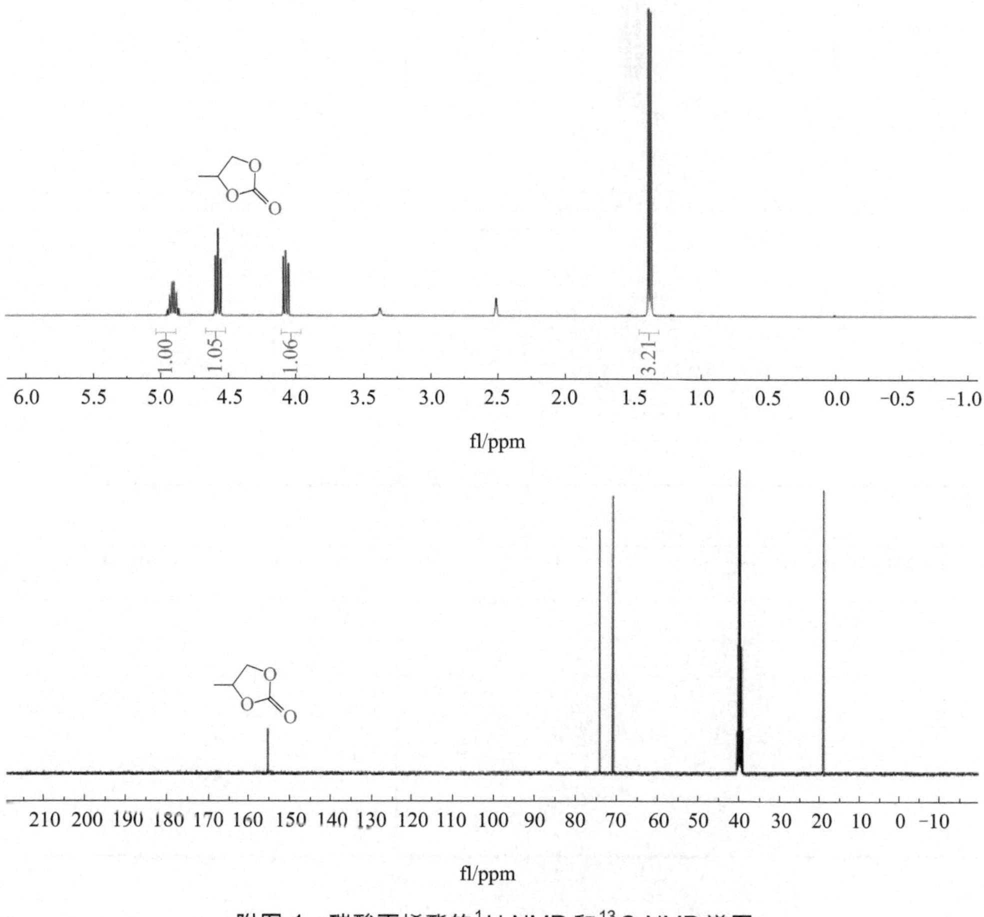

附图 1　碳酸丙烯酯的 ^{1}H NMR 和 ^{13}C NMR 谱图

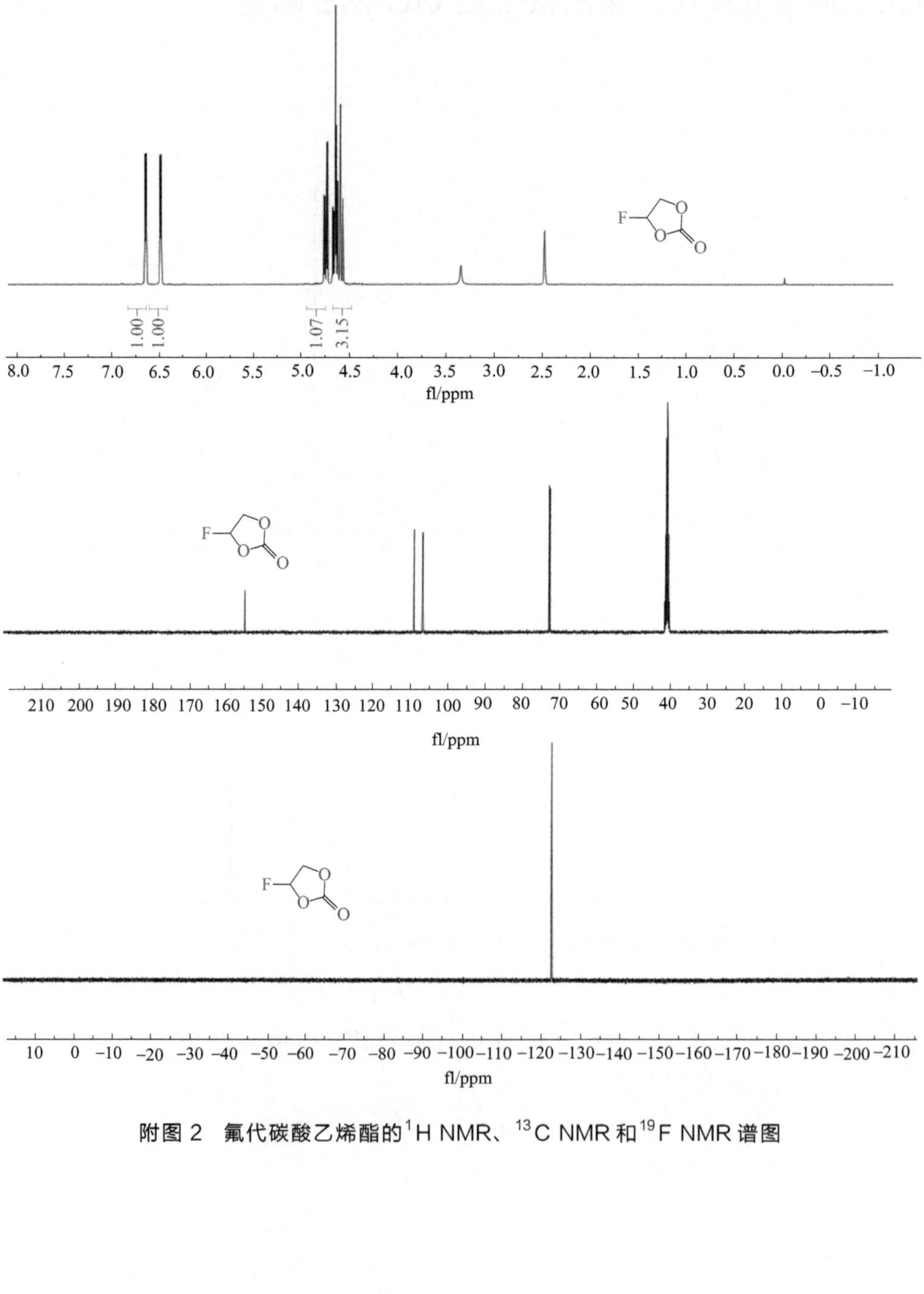

附图 2　氟代碳酸乙烯酯的^{1}H NMR、^{13}C NMR 和^{19}F NMR 谱图

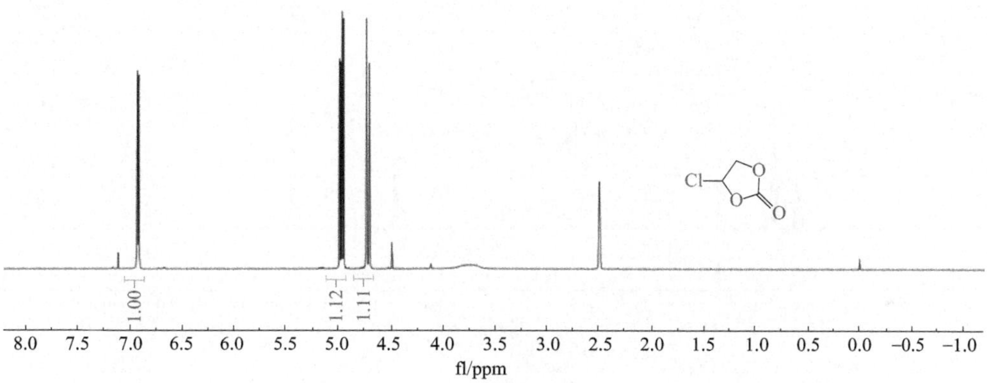

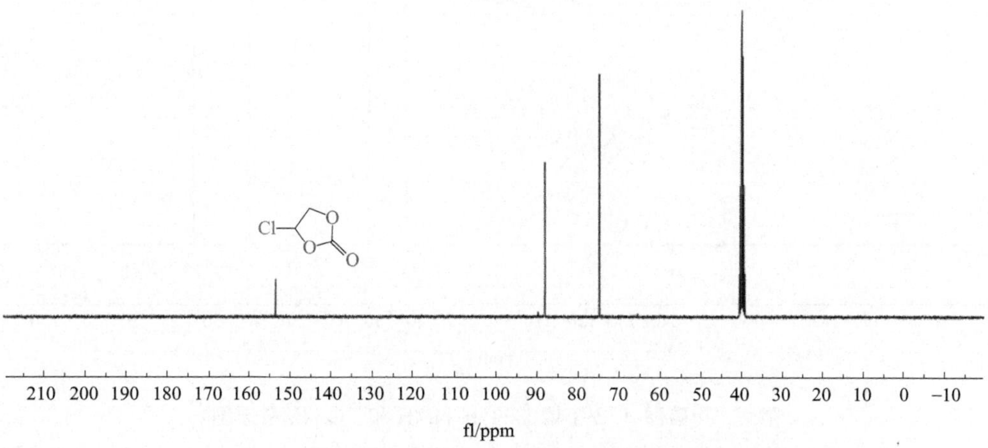

附图 3　氯代碳酸乙烯酯的 ^{1}H NMR 和 ^{13}C NMR 谱图

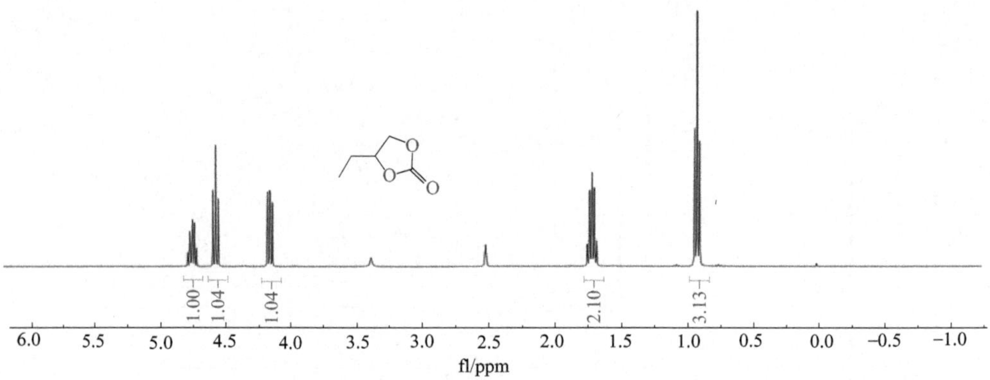

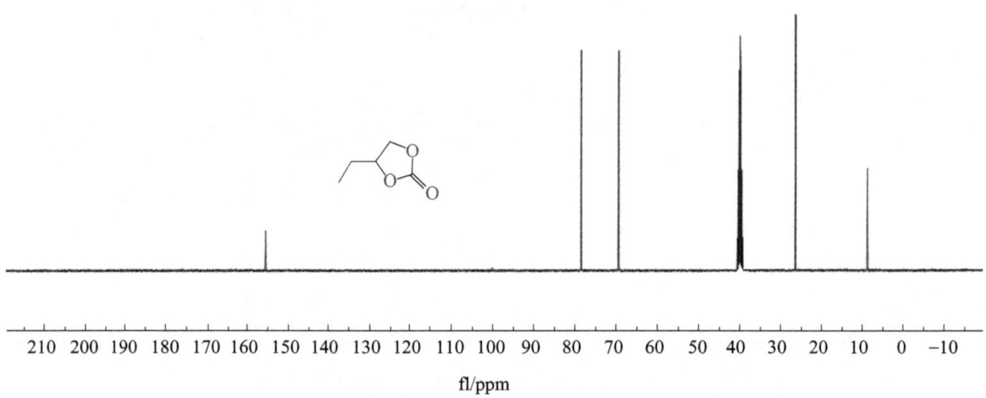

附图 4　碳酸 1, 2-丁烯酯的 ^{1}H NMR 和 ^{13}C NMR 谱图

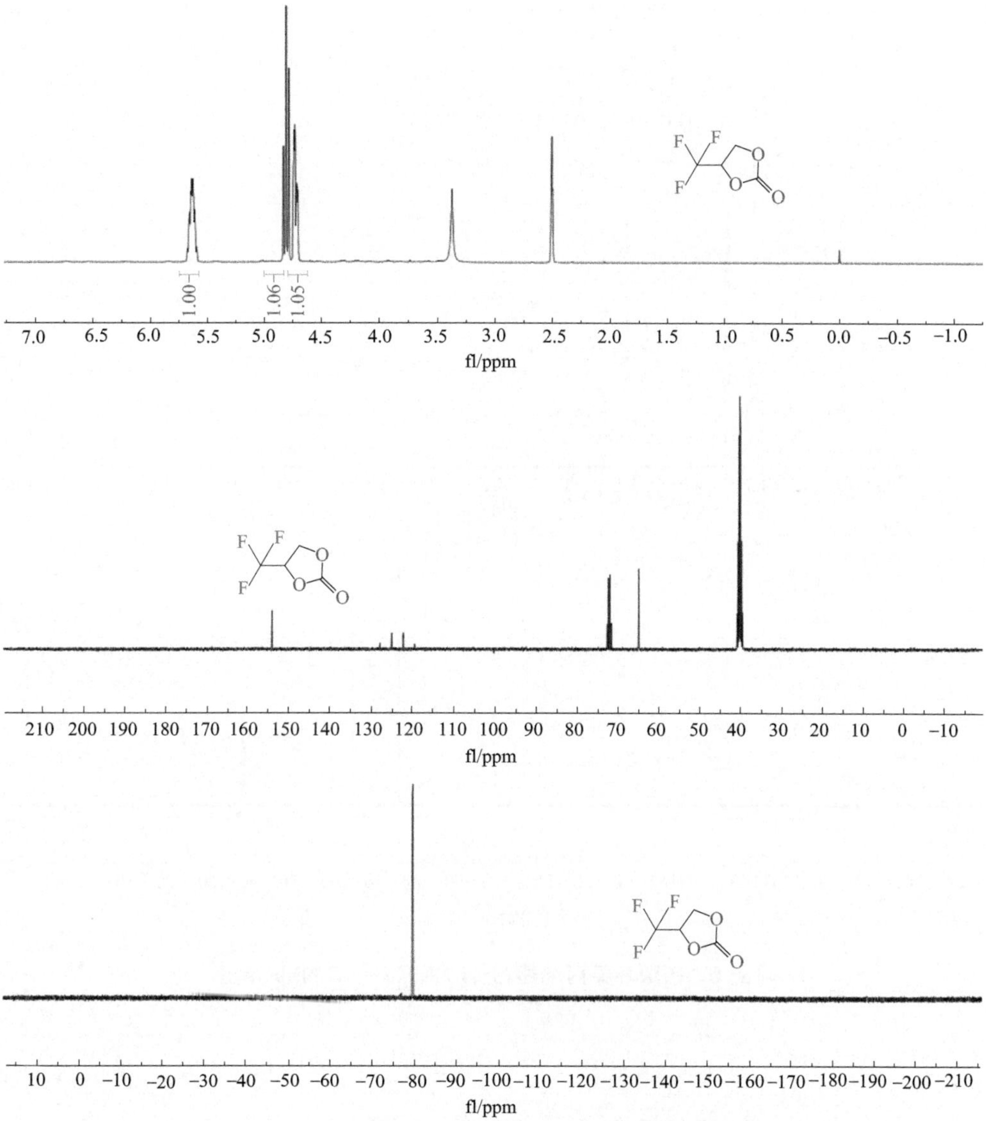

附图 5　三氟代碳酸乙烯酯的 ^{1}H NMR、^{13}C NMR 和 ^{19}F NMR 谱图

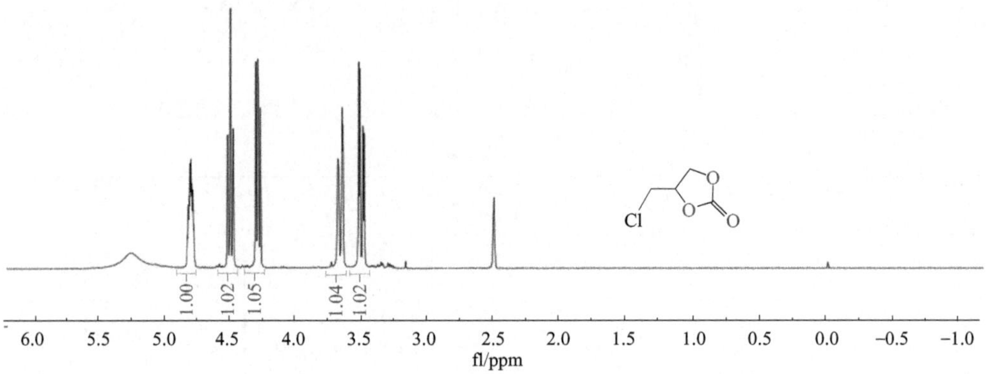

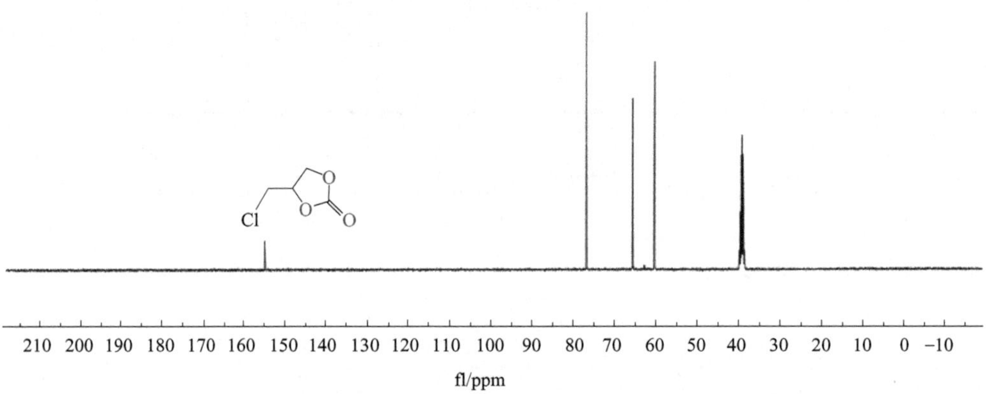

附图 6　碳酸环氯丙烯酯的 ^{1}H NMR 和 ^{13}C NMR 谱图

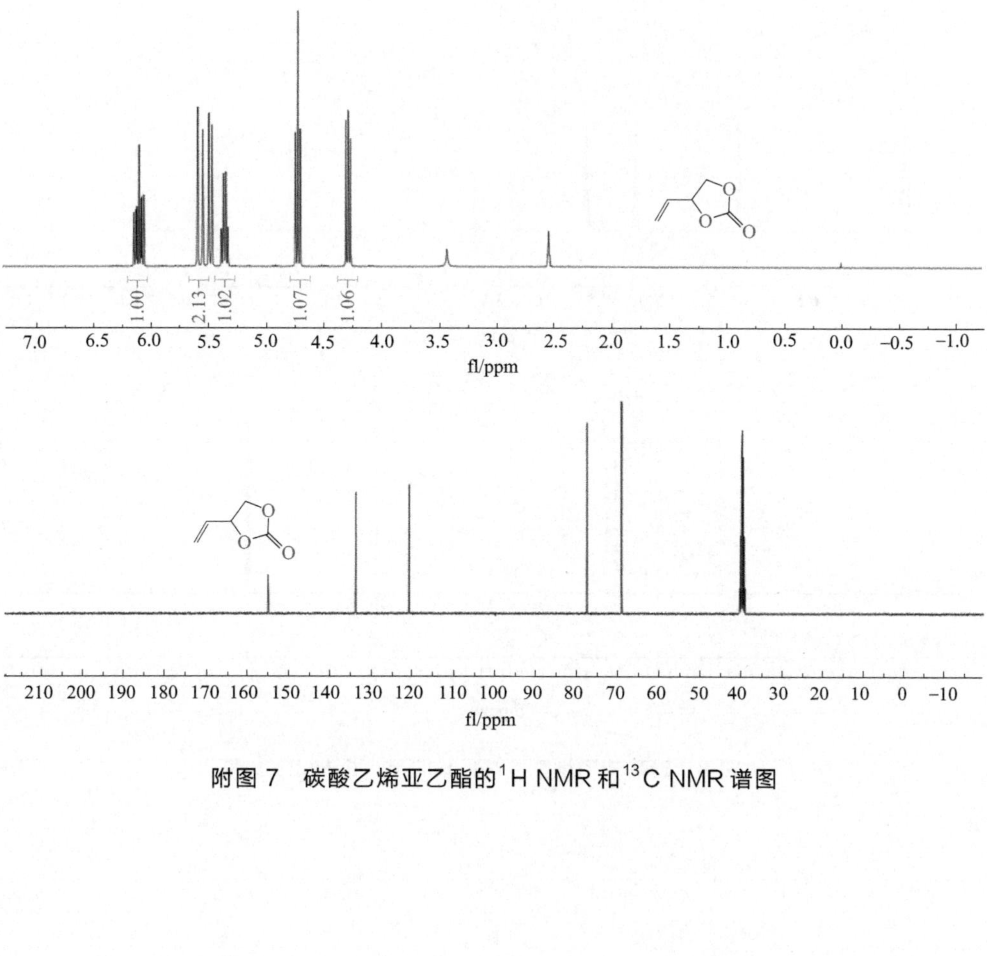

附图 7　碳酸乙烯亚乙酯的 ^{1}H NMR 和 ^{13}C NMR 谱图

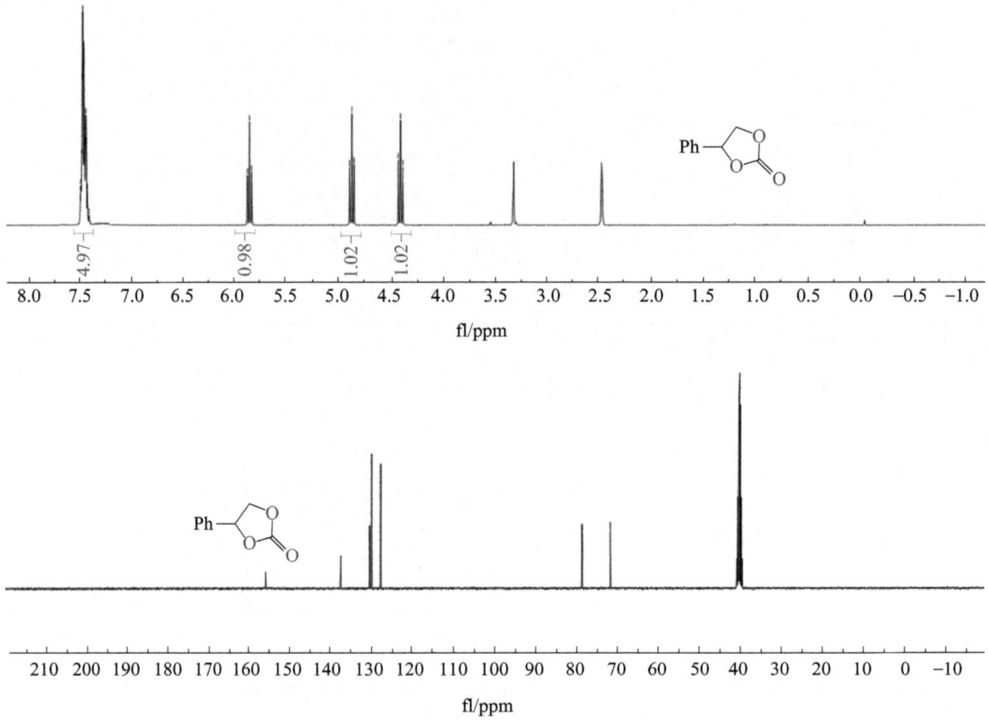

附图 8 碳酸苯乙烯酯的 ^{1}H NMR 和 ^{13}C NMR 谱图

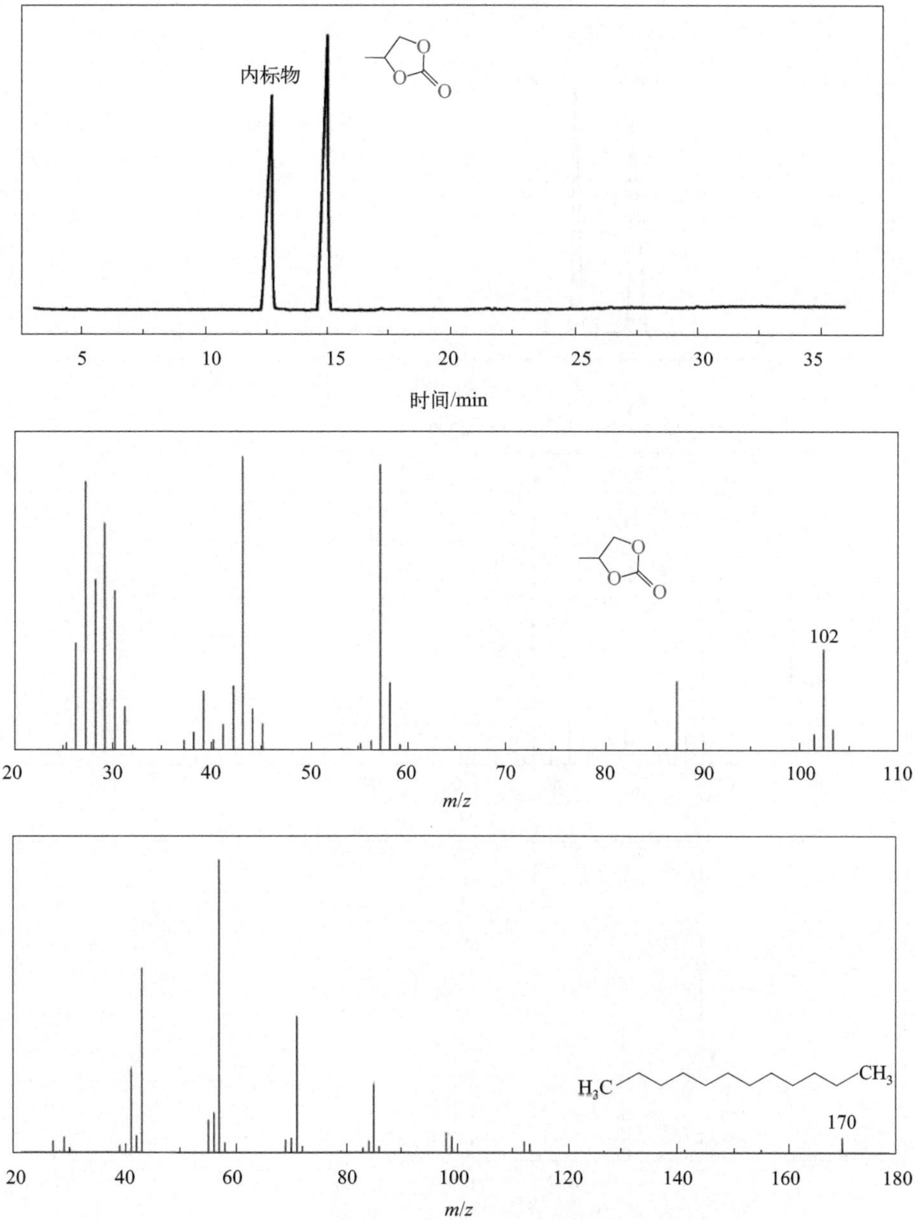

附图 9　碳酸丙烯酯的 GC-MS 数据

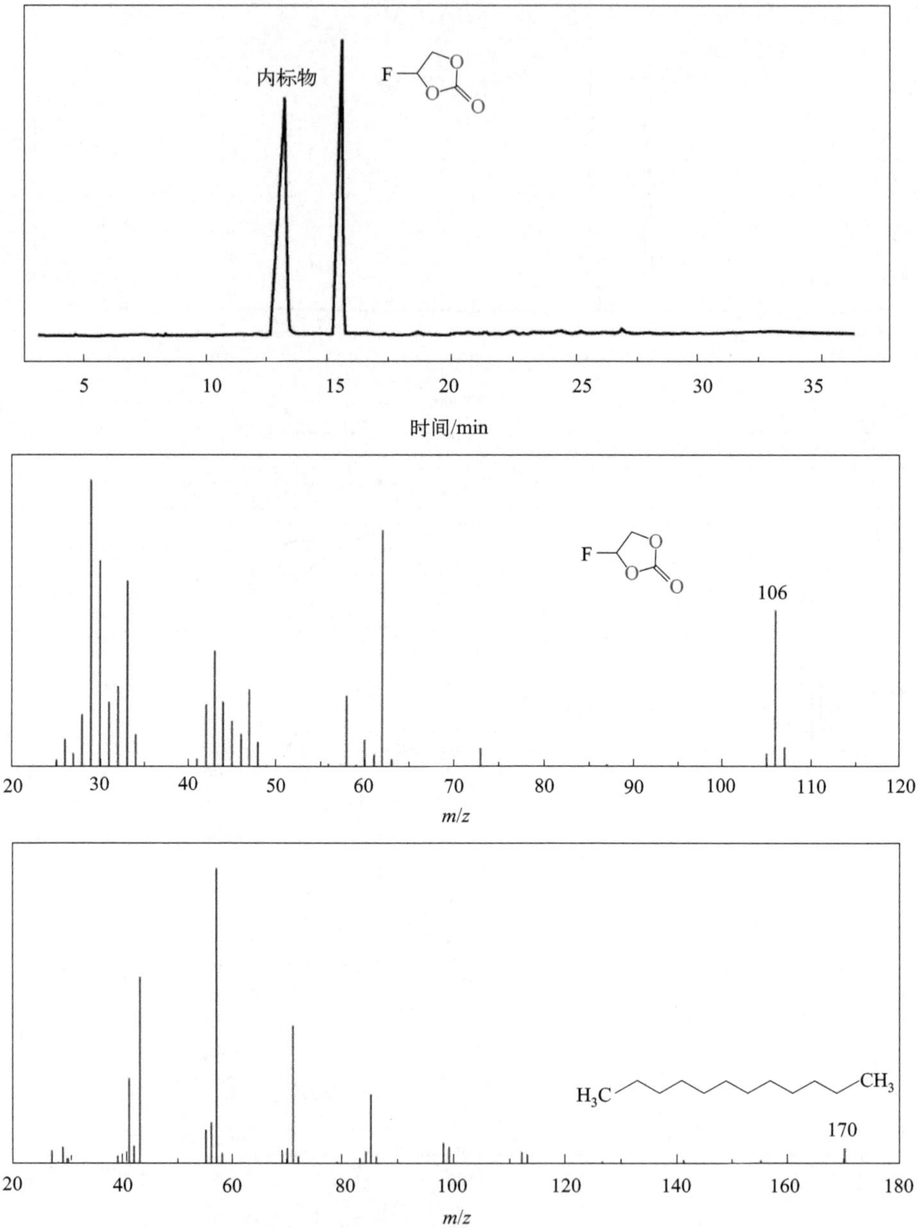

附图 10　氟代碳酸乙烯酯的 GC-MS 数据

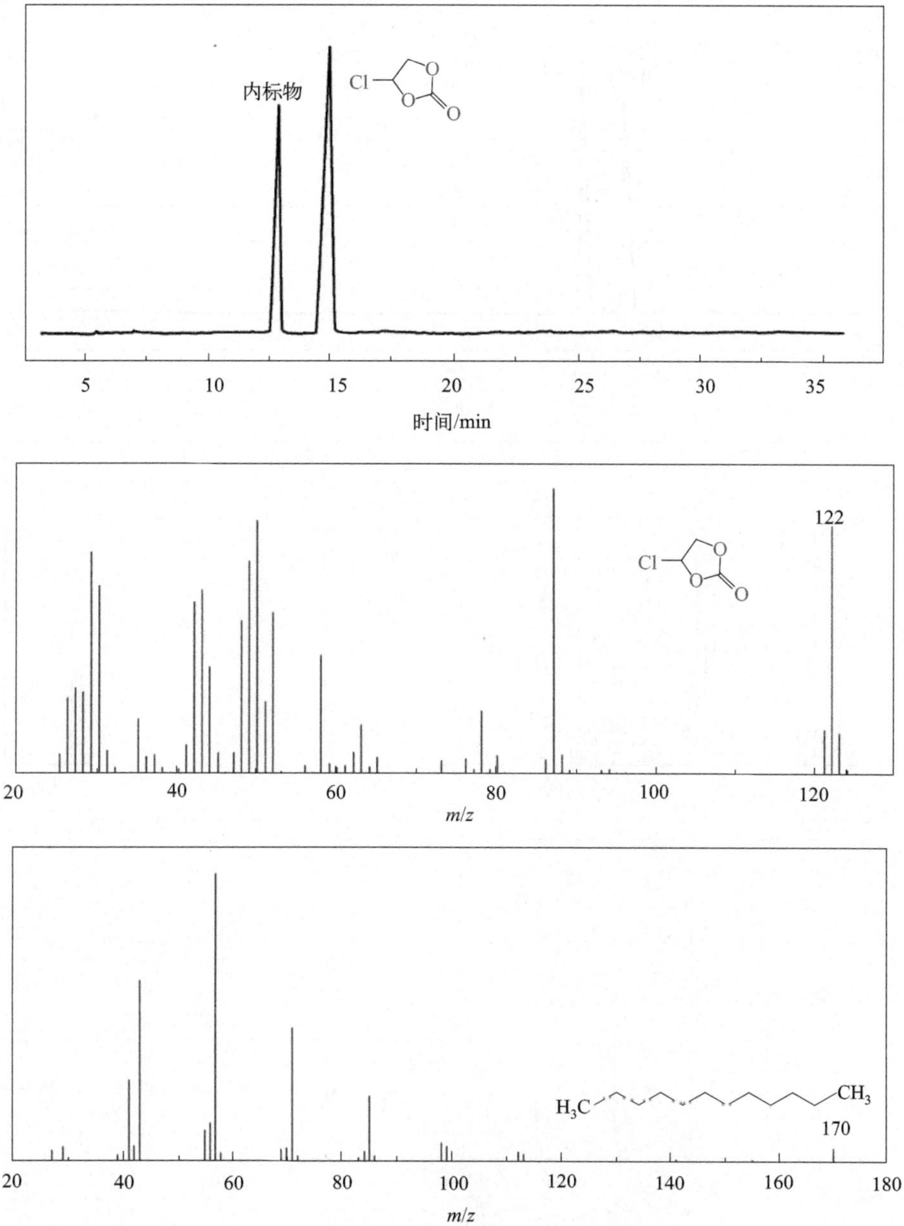

附图 11　氯代碳酸乙烯酯的 GC-MS 数据

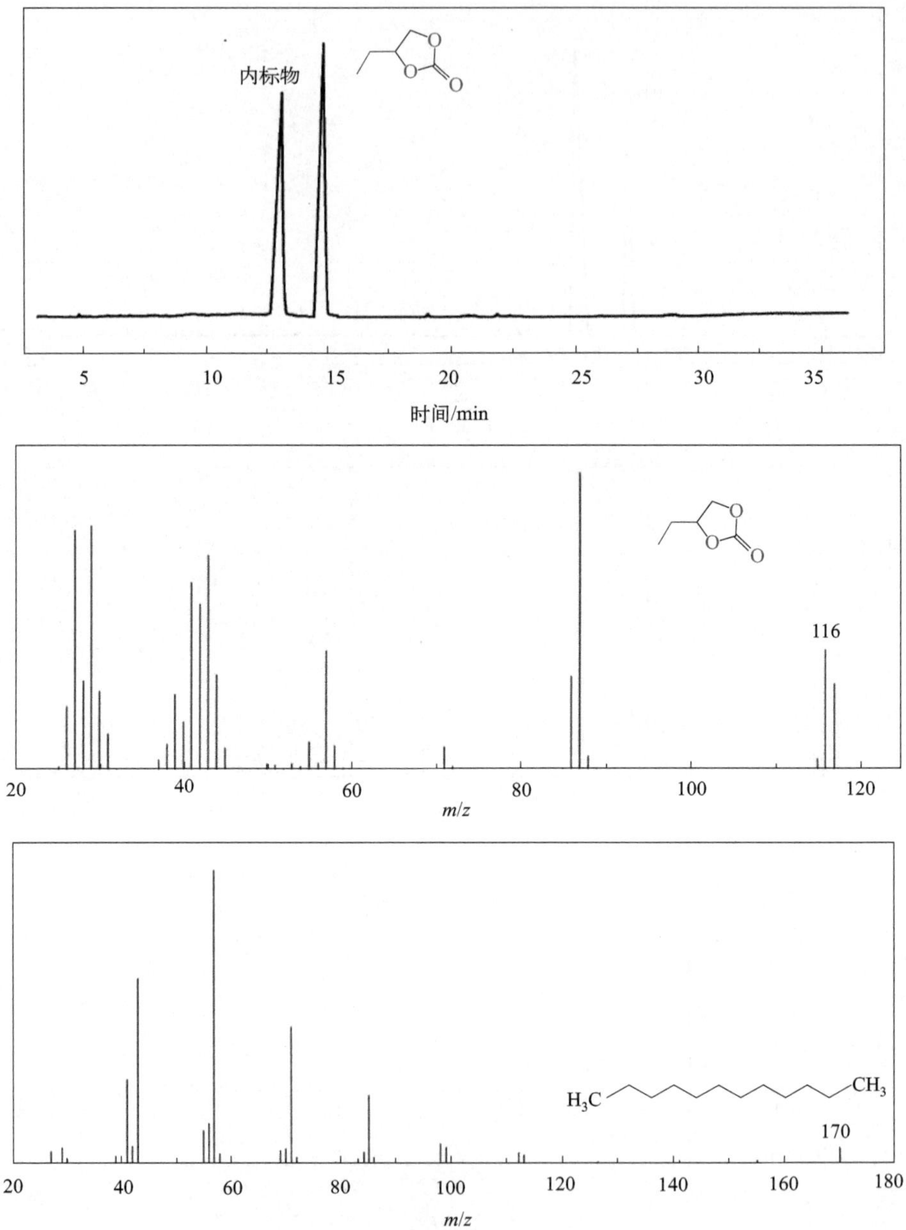

附图 12　碳酸 1, 2-丁烯酯的 GC-MS 数据

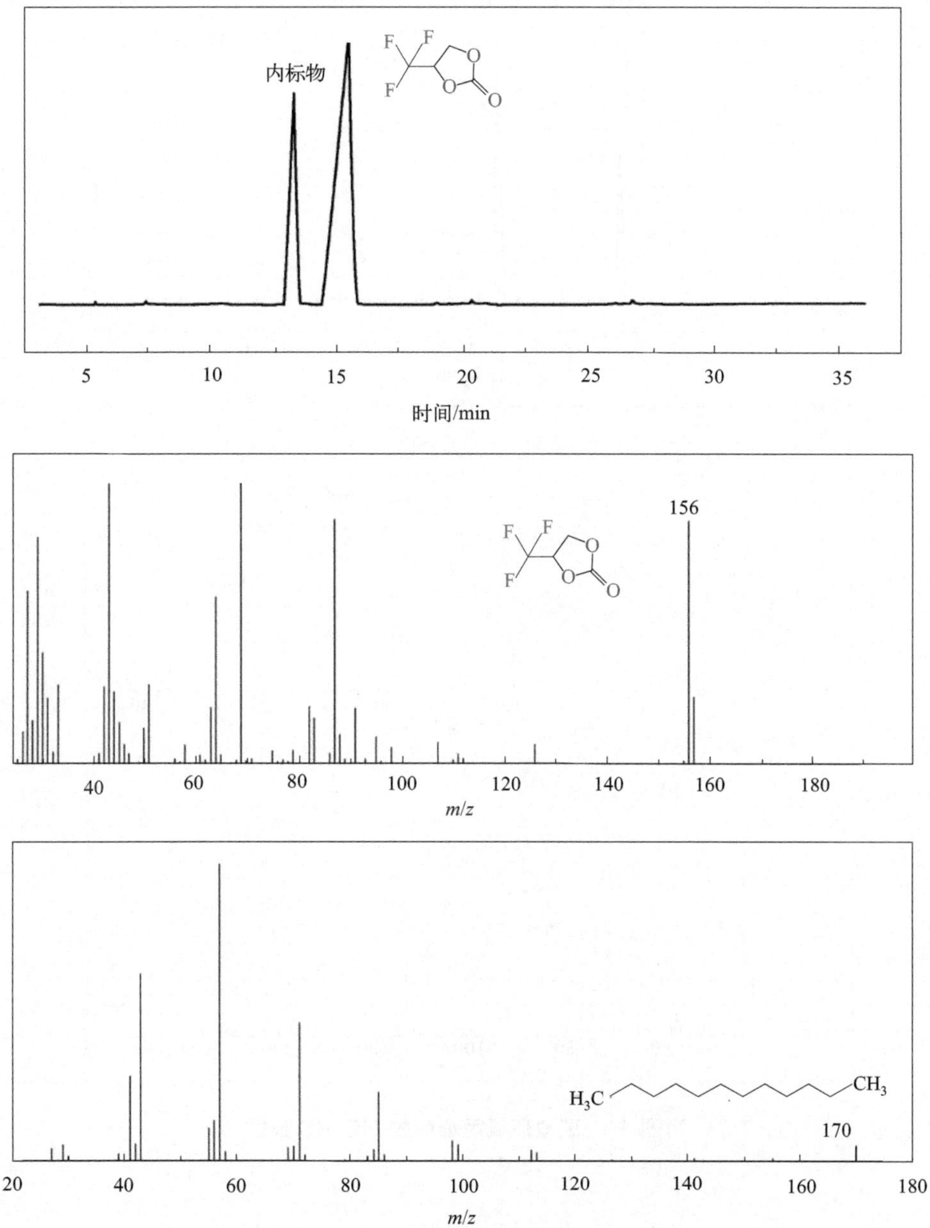

附图 13　三氟代碳酸乙烯酯的 GC-MS 数据

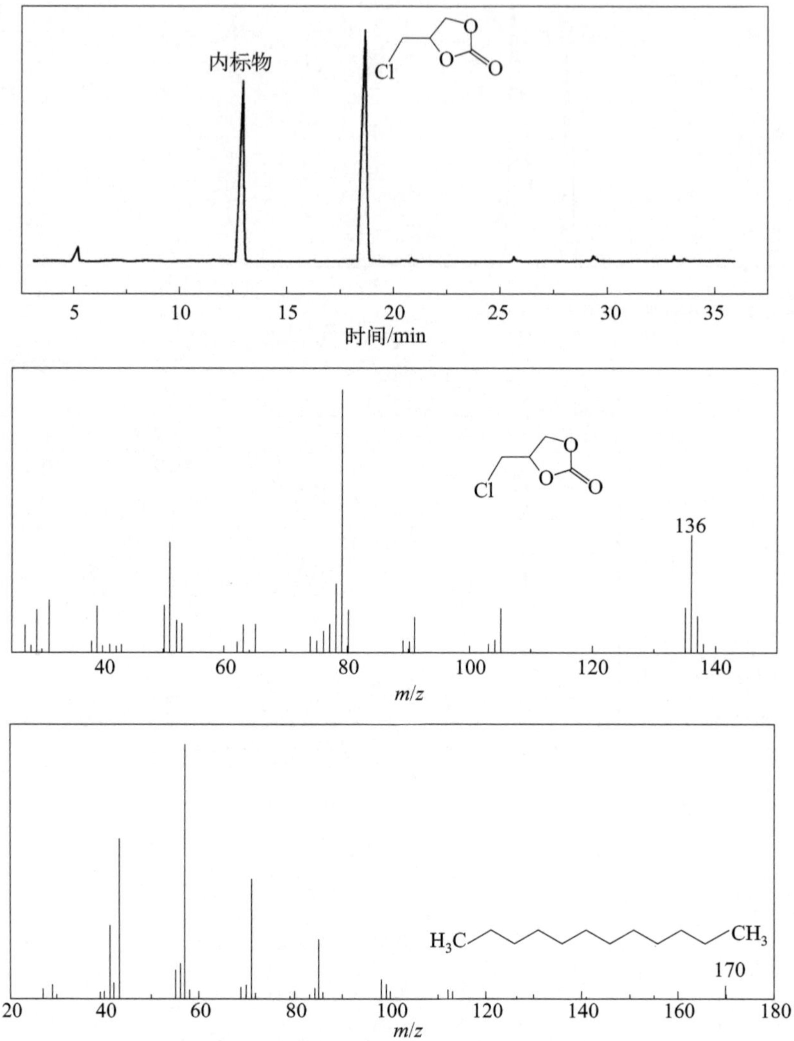

附图 14　碳酸环氯丙烯酯的 GC-MS 数据

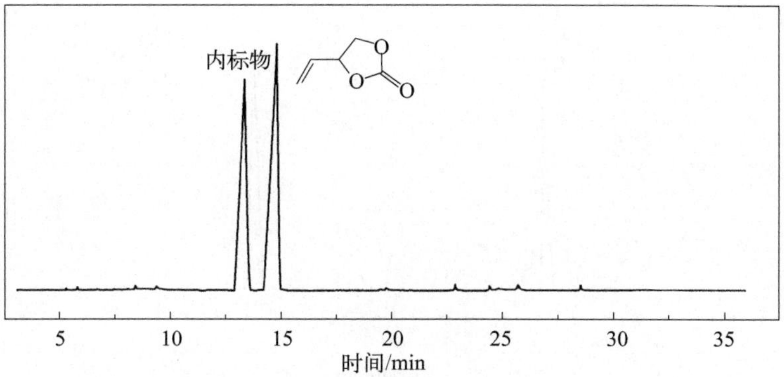

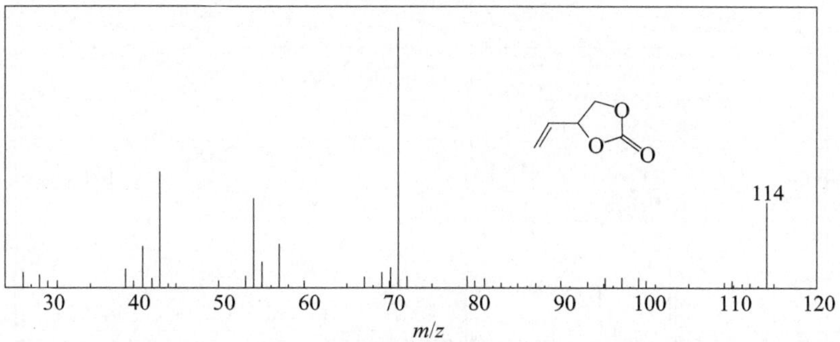

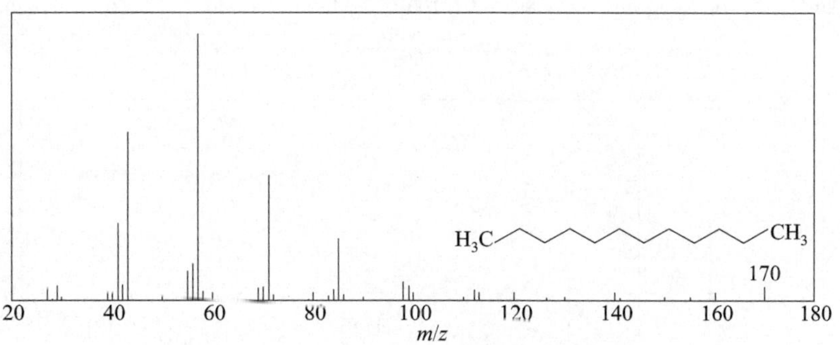

附图 15　碳酸乙烯亚乙酯的 GC-MS 数据

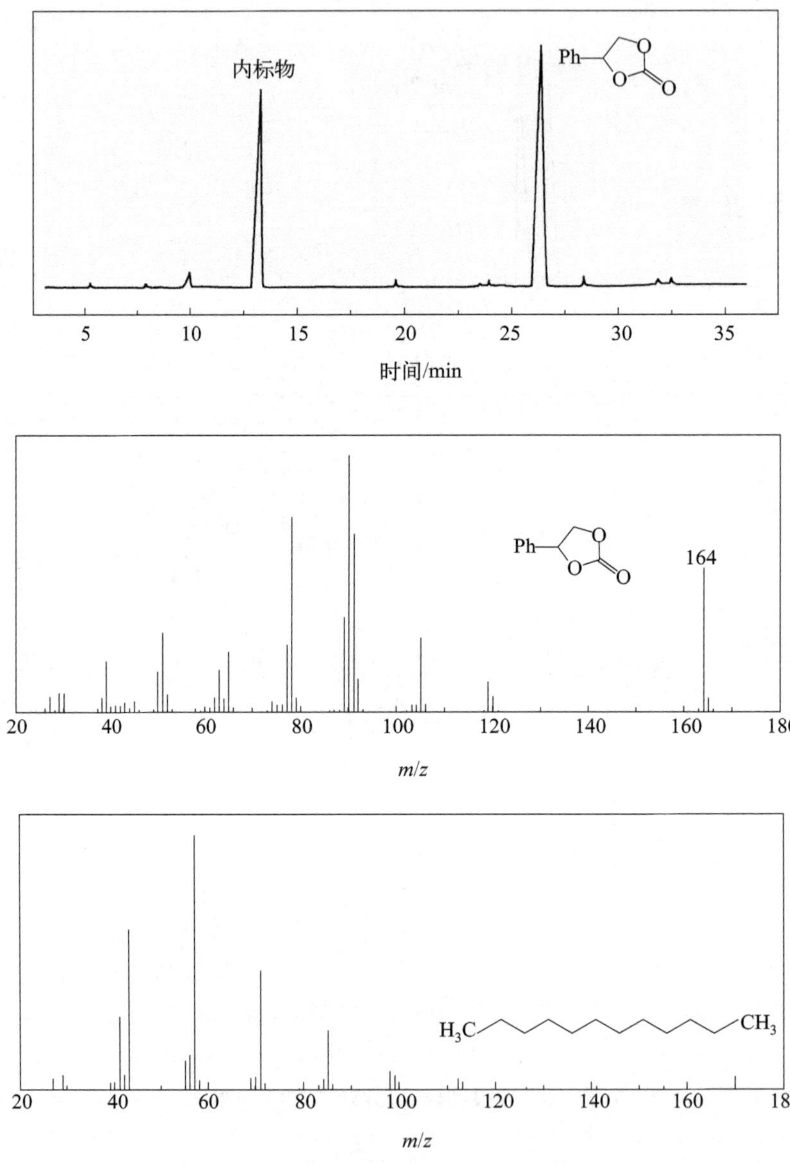

附图 16 碳酸苯乙烯酯的 GC-MS 数据

附录 3
Knoevenagel 缩合反应产物的核磁及 GC-MS 图谱

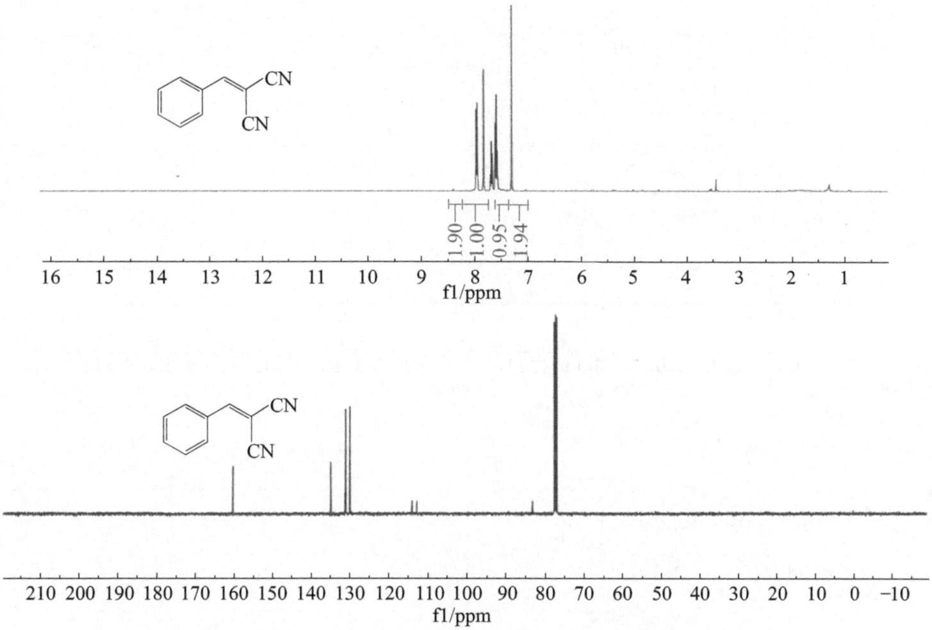

附图 17　苯亚甲基丙二腈的^{1}H NMR 和^{13}C NMR 谱图

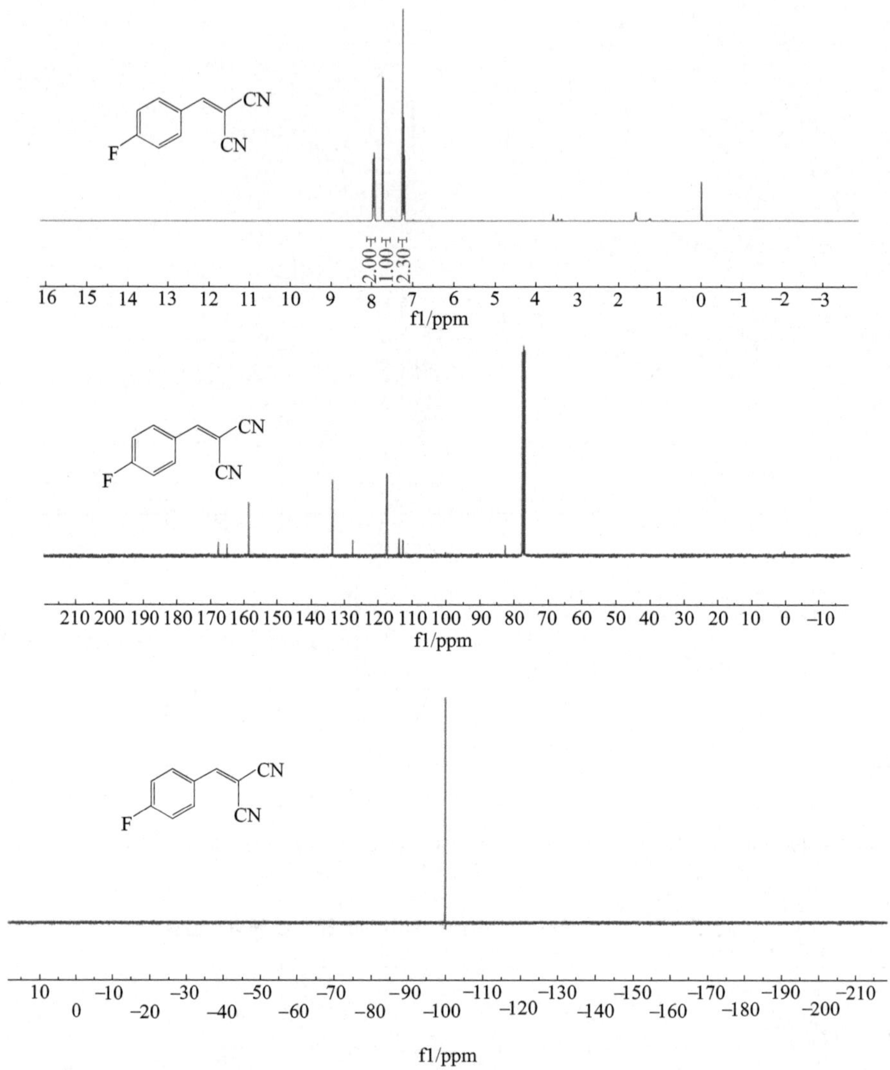

附图 18　2-(4-氟亚苄基)丙二腈的^{1}H NMR、^{13}C NMR和^{19}F NMR谱图

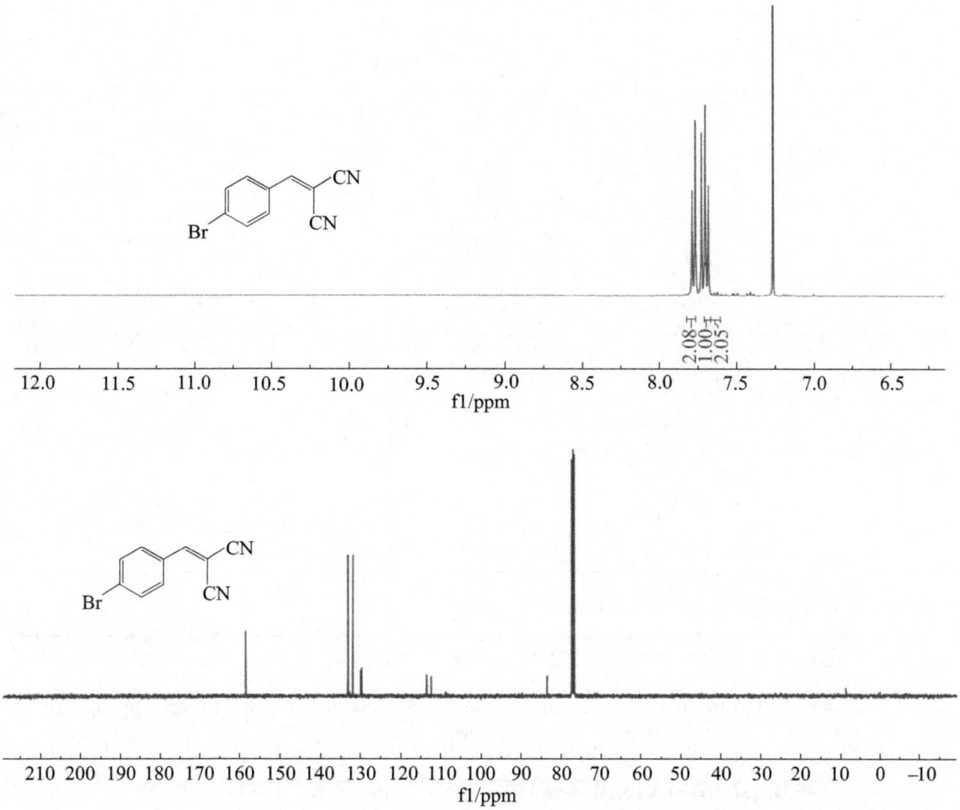

附图 19　2-(4-溴亚苄基)丙二腈的^{1}H NMR 和^{13}C NMR 谱图

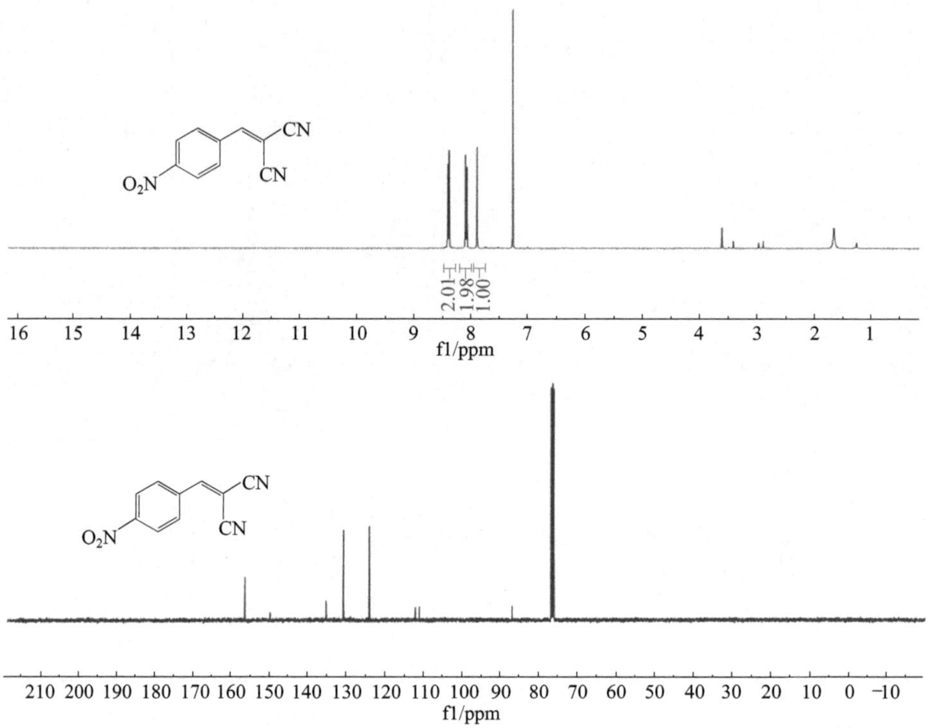

附图 20　2-(4-硝基亚苄基)丙二腈的 ^{1}H NMR 和 ^{13}C NMR 谱图

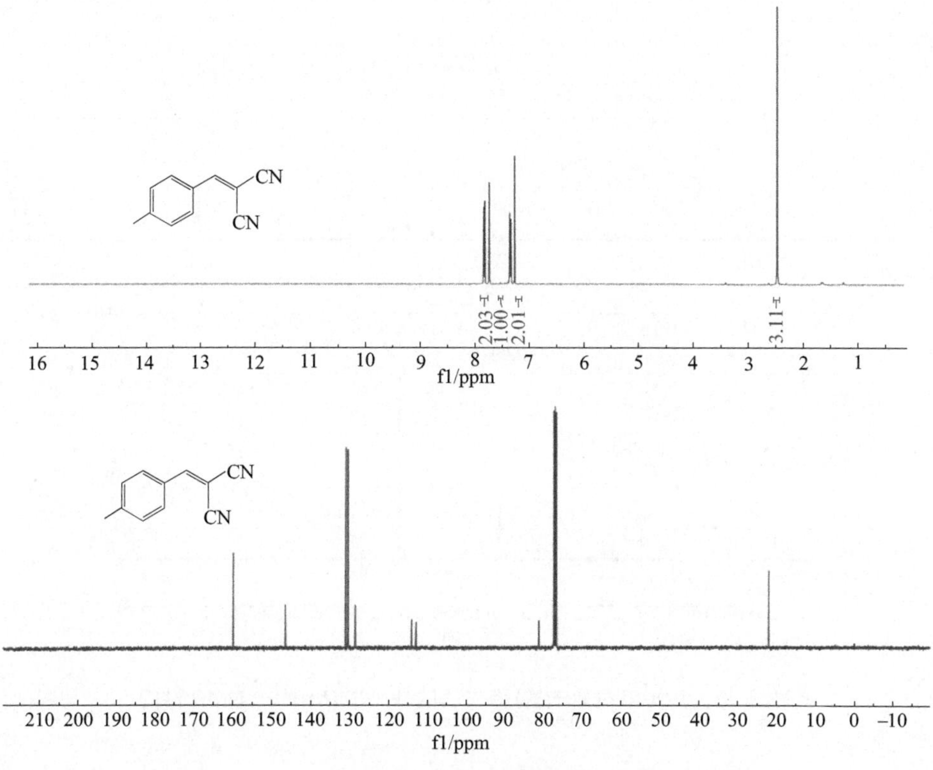

附图 21　2-(4-苄基)丙二腈的 ^{1}H NMR 和 ^{13}C NMR 谱图

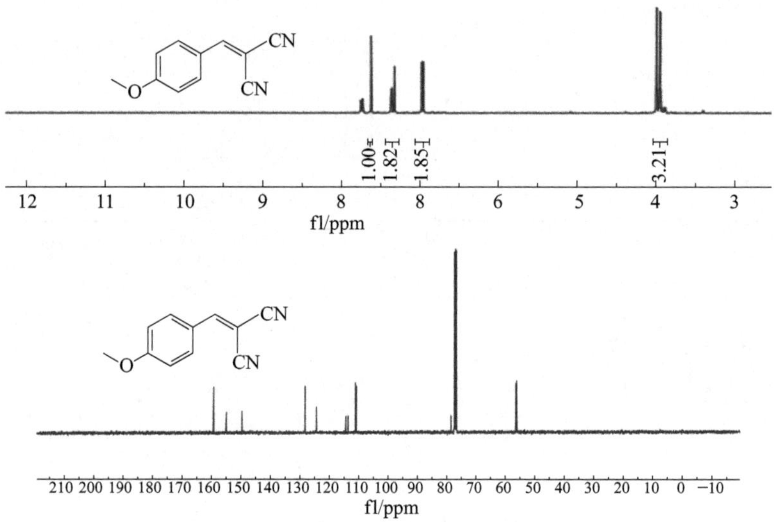

附图 22　2-(4-甲氧亚苄基)丙二腈的 ^{1}H NMR 和 ^{13}C NMR 谱图

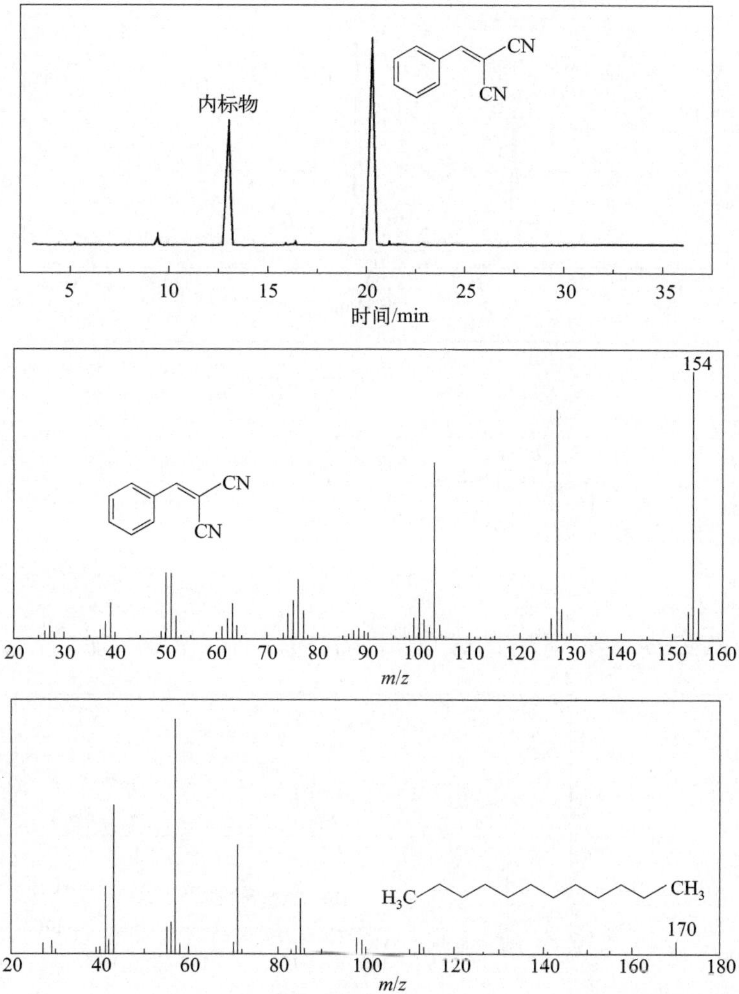

附图 23　苯亚甲基丙二腈的 GC-MS 数据

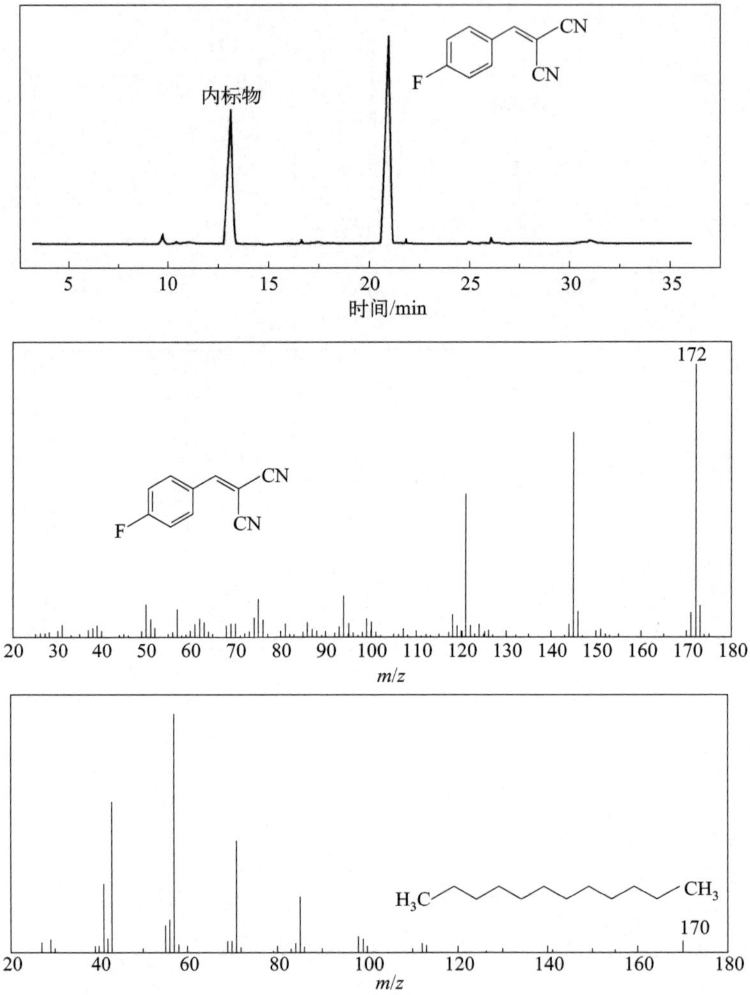

附图 24　2-(4-氟亚苄基)丙二腈的 GC-MS 数据

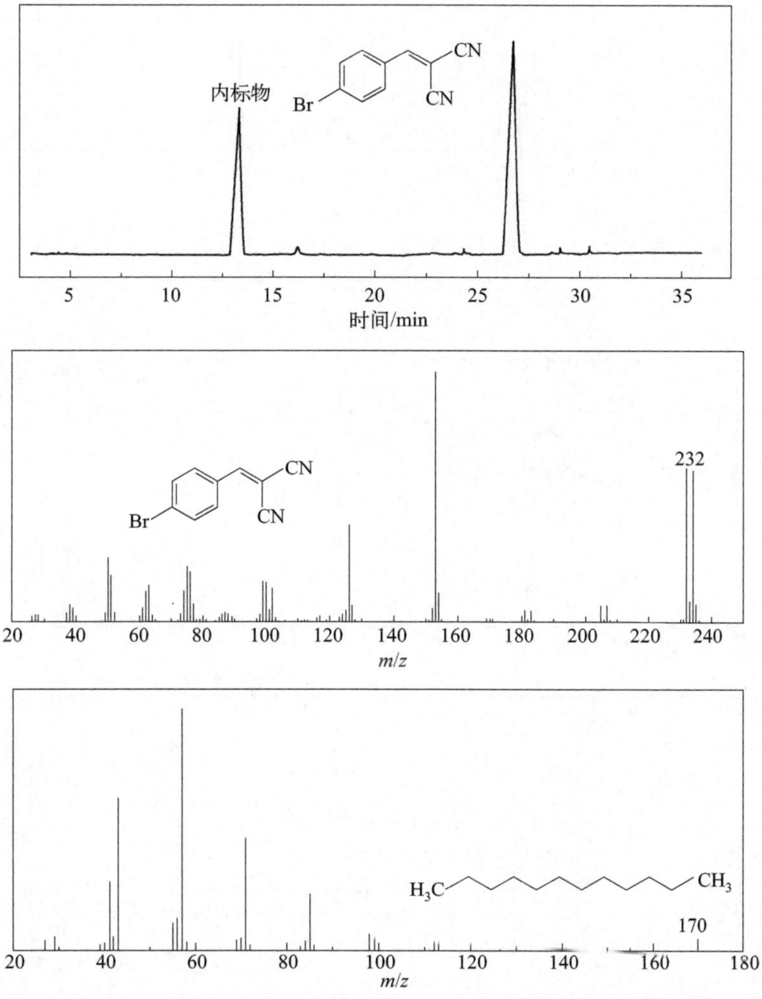

附图 25　2-(4-溴亚苄基)丙二腈的 GC-MS 数据

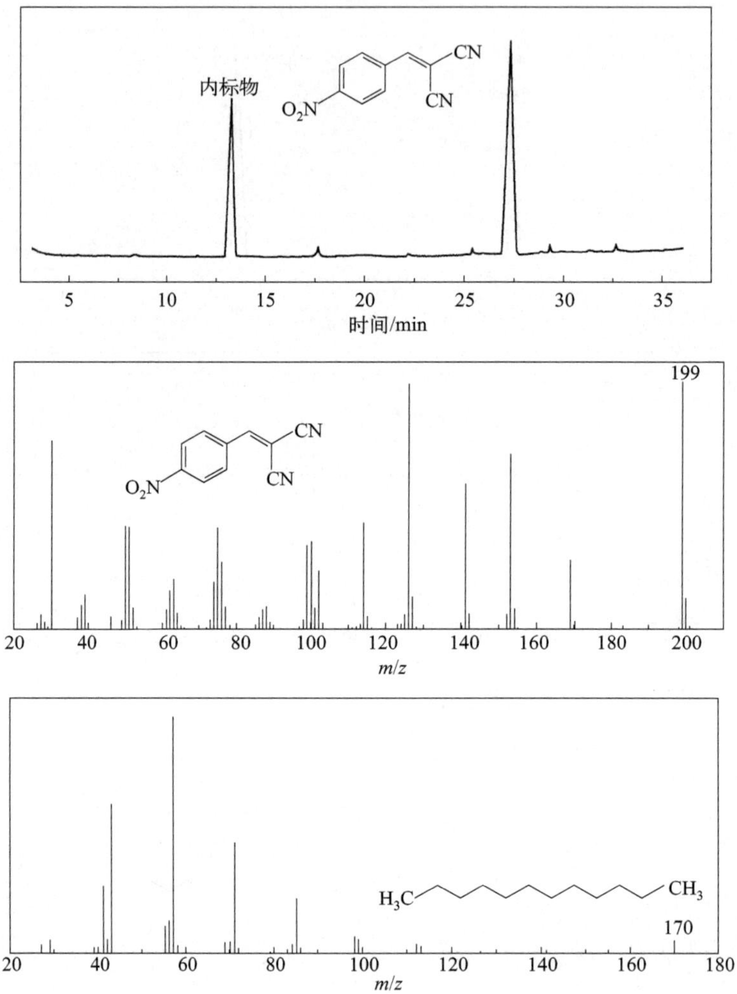

附图 26　2-(4-硝基亚苄基)丙二腈的 GC-MS 数据

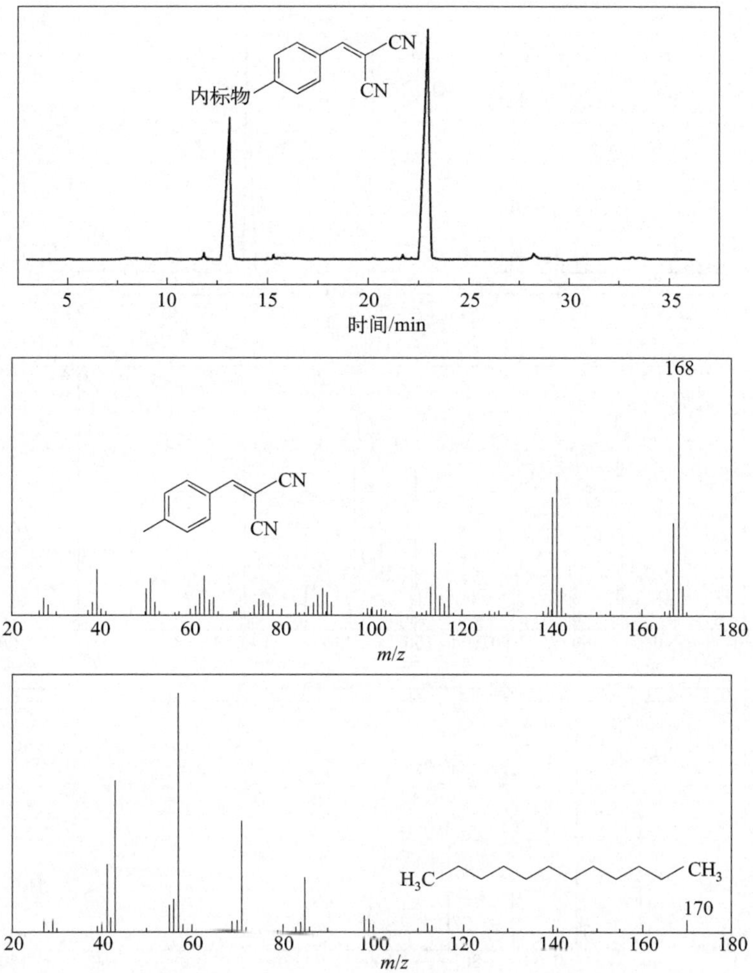

附图 27　2-(4-苄基)丙二腈的 GC-MS 数据

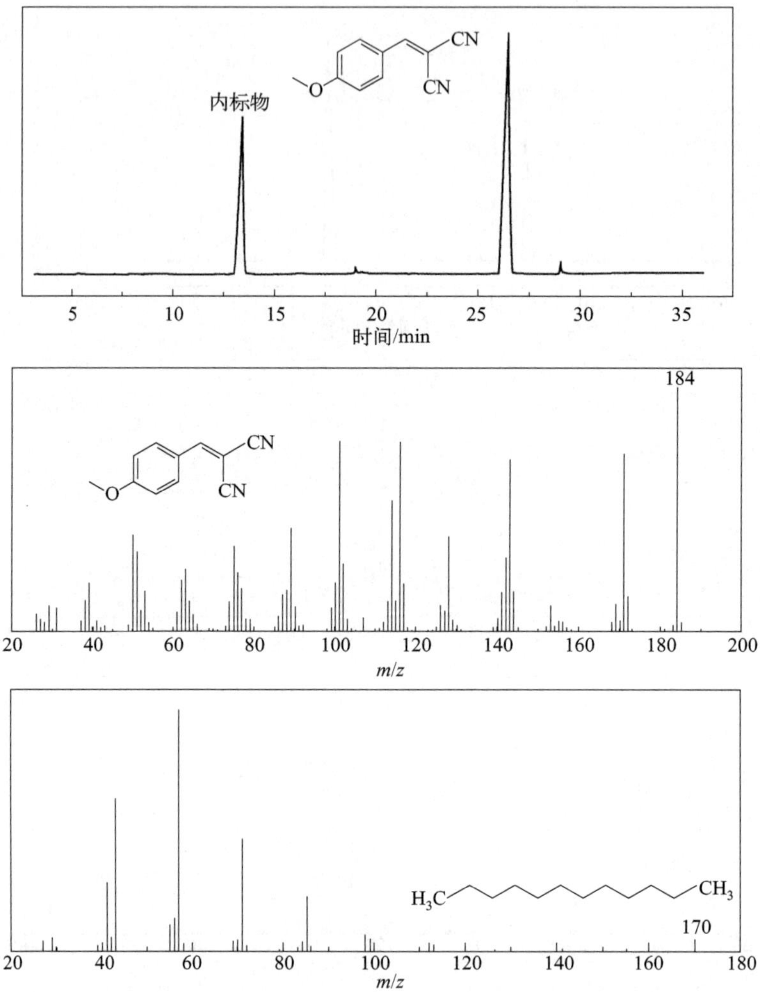

附图 28　2-(4-甲氧亚苄基) 丙二腈的 GC-MS 数据

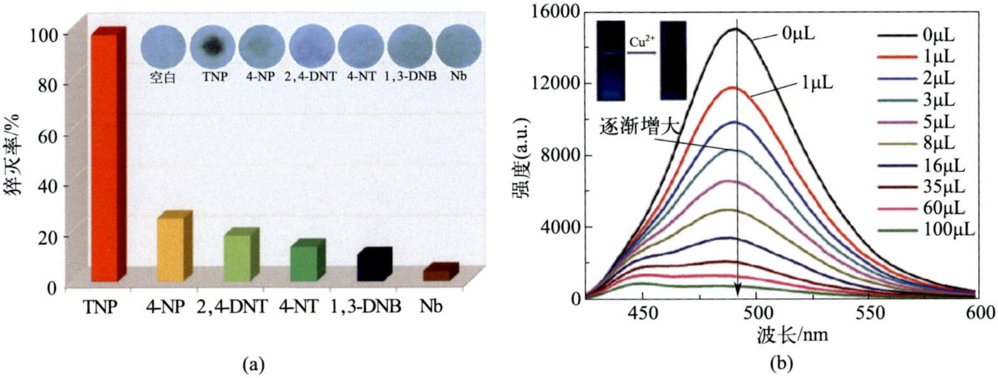

图 1-2 (a) Cd-MOF 与不同 NACs (5mmol/L, 100μL) 溶液相互作用的发光强度比较（插图是 Cd-MOF 与不同 NACs 溶液混合后在紫外光照射下的照片）；(b) 随着 Cu^{2+} 溶液浓度的增加 Cd-MOF 在溶液中的荧光发射光谱（λ_{max} = 390nm），插图显示了 Cu^{2+} 滴定前后 Cd-MOF 在水溶液中紫外光照射下的照片）

TNP—三硝基苯酚；4-NP—对硝基苯酚；2,4-DNT—二硝基甲苯；4-NT—4-硝基甲苯；1,3-DNB—1,3-二硝基甲苯；Nb—铌

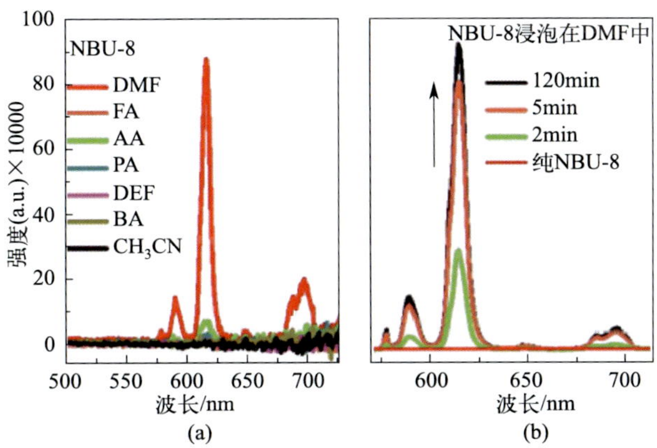

图 1-3 (a) NBU-8 在各种有机溶剂中的荧光增强图；(b) 传感时间对荧光强度的影响

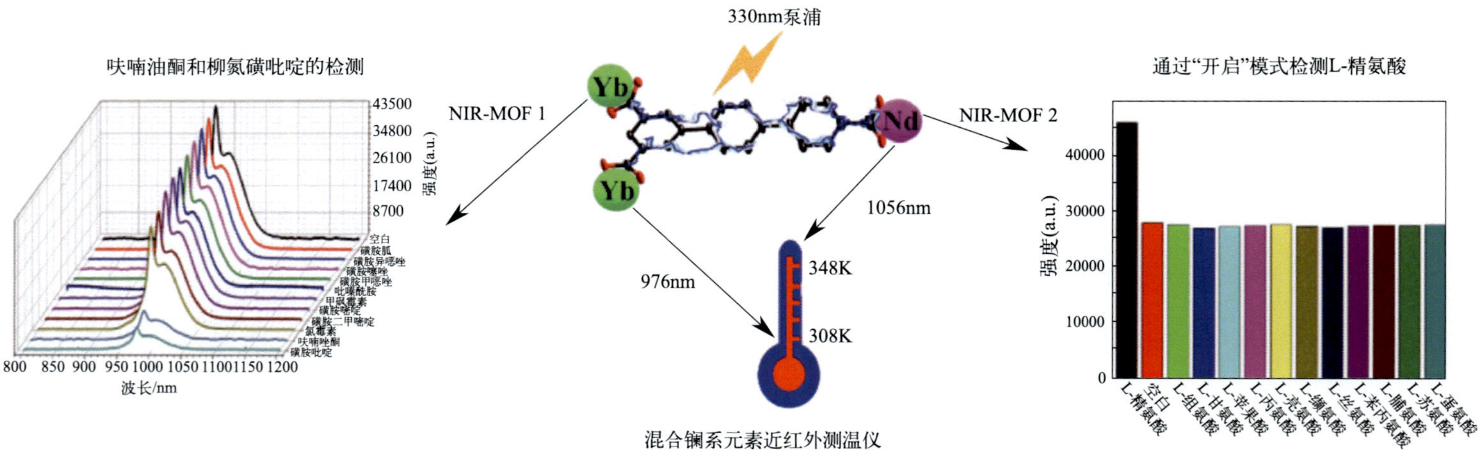

图 1-4 NIR-MOF1 和 NIR-MOF2 的比率温度传感、抗生素选择性检测和 L-精氨酸荧光“开启”鉴别原理图

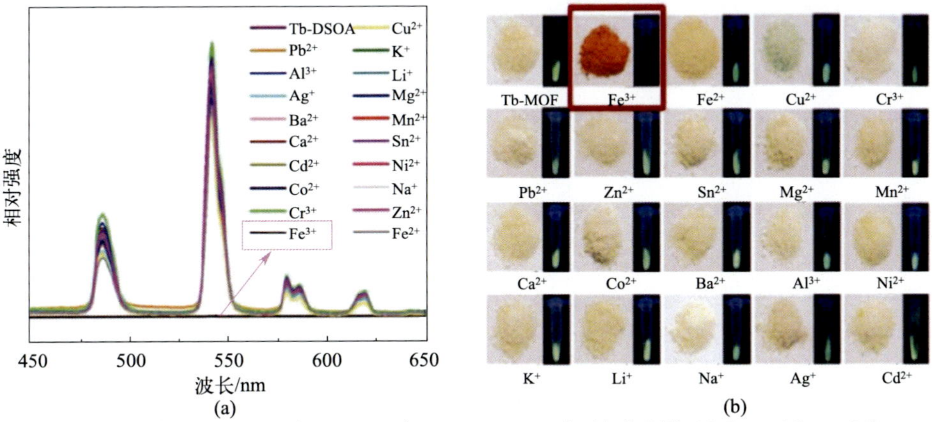

图 1-5 (a) Tb-DSOA 与不同 M^{n+} @Tb-DSOA（M^{n+} 分别为 Na^{+}、K^{+}、Li^{+}、Ag^{+}、Mg^{2+}、Ba^{2+}、Ca^{2+}、Pb^{2+}、Sn^{2+}、Fe^{2+}、Co^{2+}、Ni^{2+}、Cu^{2+}、Cd^{2+}、Zn^{2+}、Mn^{2+}、Al^{3+}、Cr^{3+}、Fe^{3+}）的光致发光强度比较；(b) M^{n+} @Tb-DSOA 样品在自然光下的照片（左）及其在 365nm 波长的紫外光照射下的颜色（右）

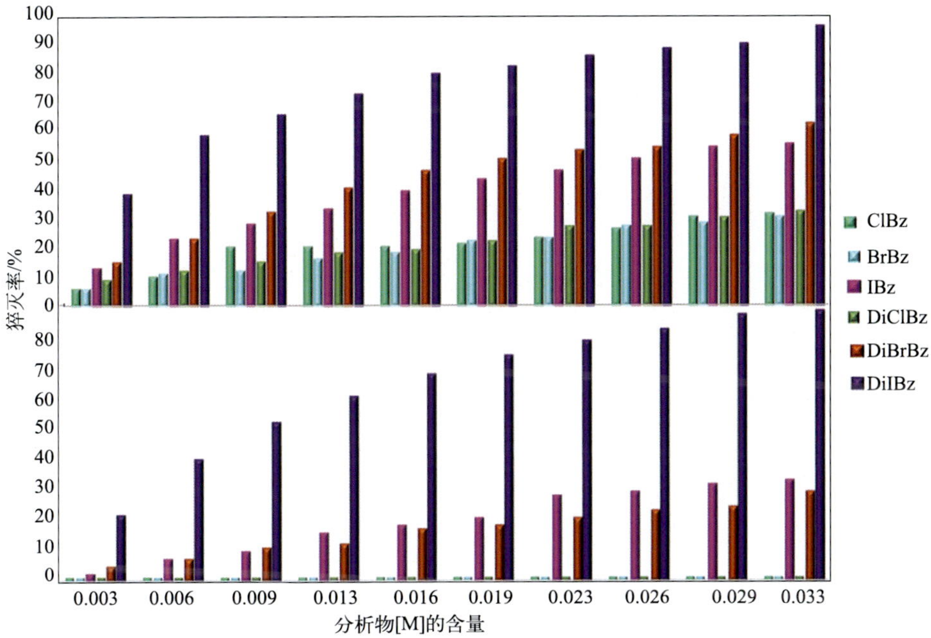

图 1-7 HAHs 对 UiO-67（下）和 UiO-67（I）$_2$（上）的荧光猝灭率

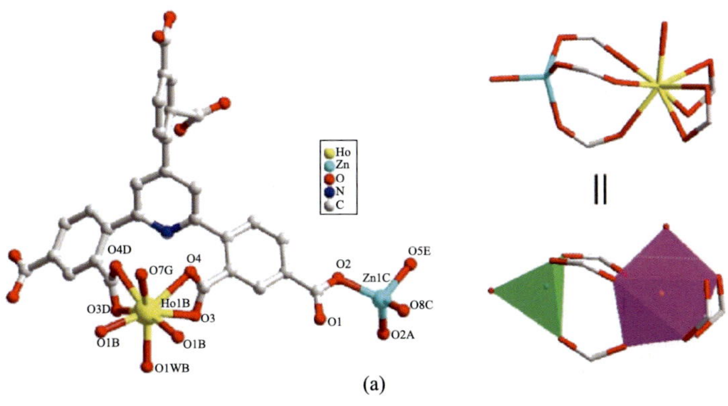

图 4-1

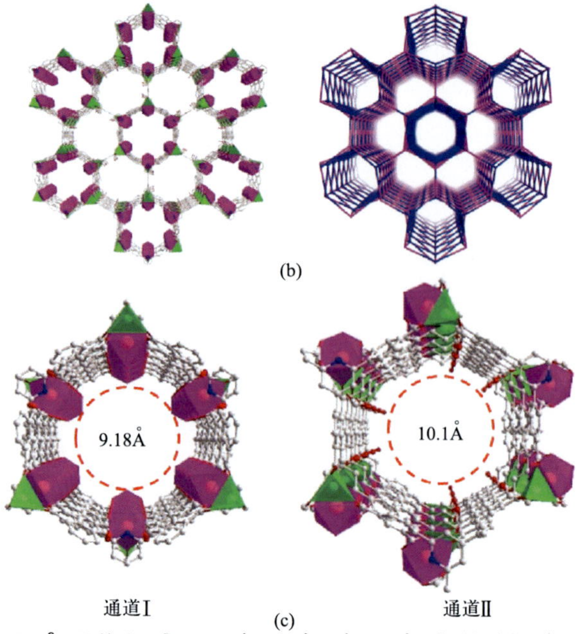

图 4-1 （a） TDP^{6-} 配体和 $[ZnHo(CO_2)_6(H_2O)]$ 的结构（彩图中 C，灰色；O，红色； Zn，青色； Ho，黄色； N，蓝色）；（b） TIT-1 三维双通道框架及其拓扑结构；（c） TIT-1 三维通道结构沿 c 轴方向的视图

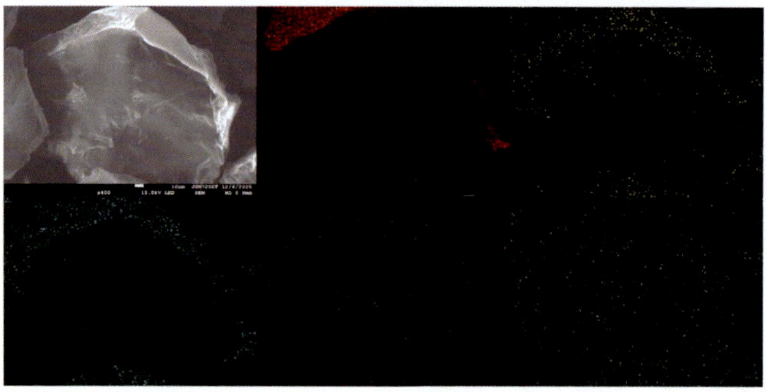

图 4-6 TIT-1 的 SEM-EDS 图像（C，红色； N，黄色； O，青色； Zn，紫色； Ho，绿色）

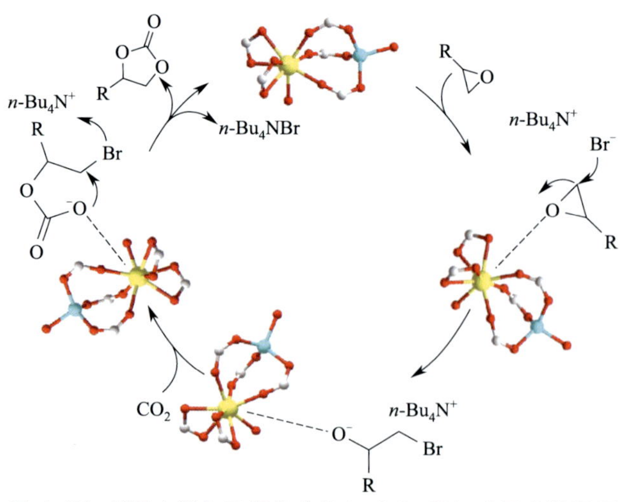

图 4-17 TIT-1 催化环氧化合物与 CO_2 环加成反应的机理

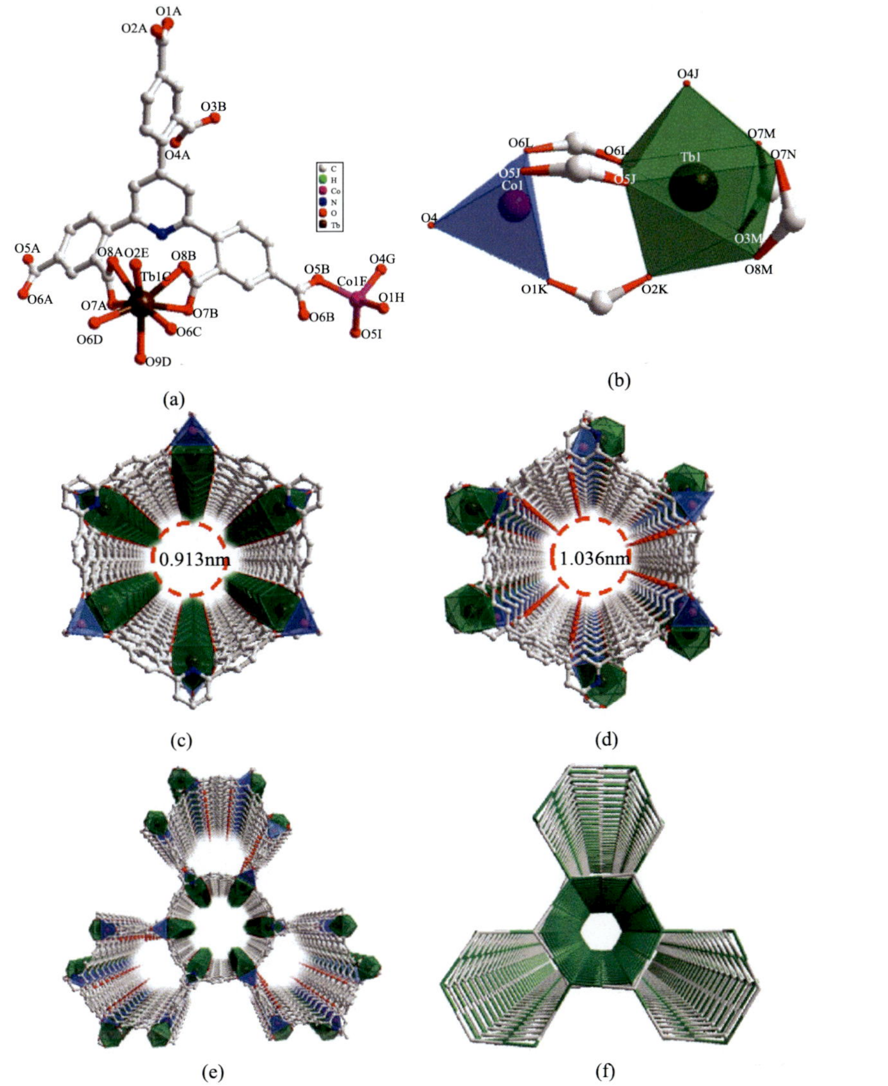

图 5-1 （a） H_6TDP 配体的配位方式；（b） TIT-2 的$[CoTb(CO_2)_6(H_2O)]$杂金属簇合物；（c）通道Ⅰ的结构细节；（d）通道Ⅱ的结构详情；（e） TIT-2 三维双通道骨架结构；（f） 3D 拓扑结构（灰色： H_6TDP 配体，绿色：杂金属簇）

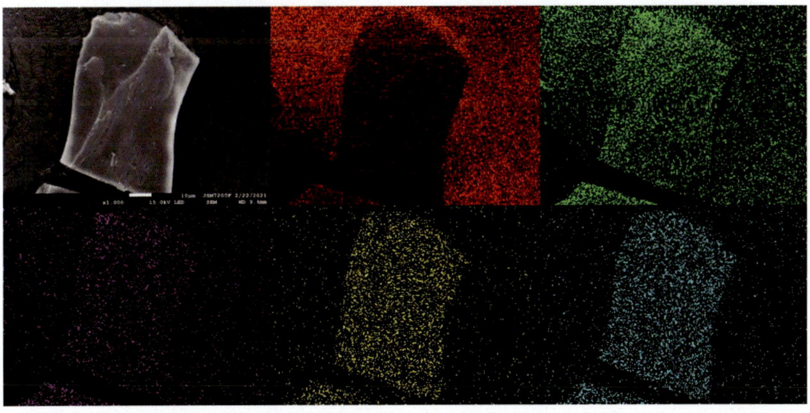

图 5-5 TIT-2 的 SEM-EDS 图像（C：红色； O：绿色； N：紫色；Co：黄色； Tb：青色）

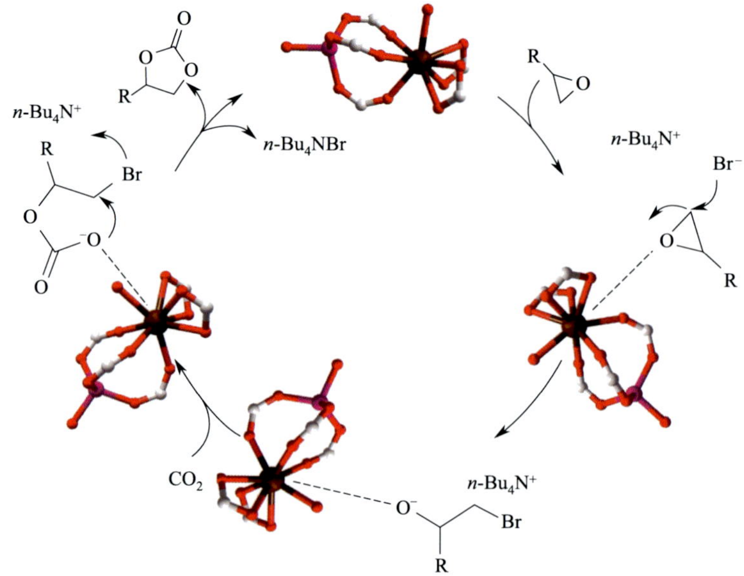

图 5-15 TIT-2 催化环氧化合物与 CO_2 环加成反应的机理

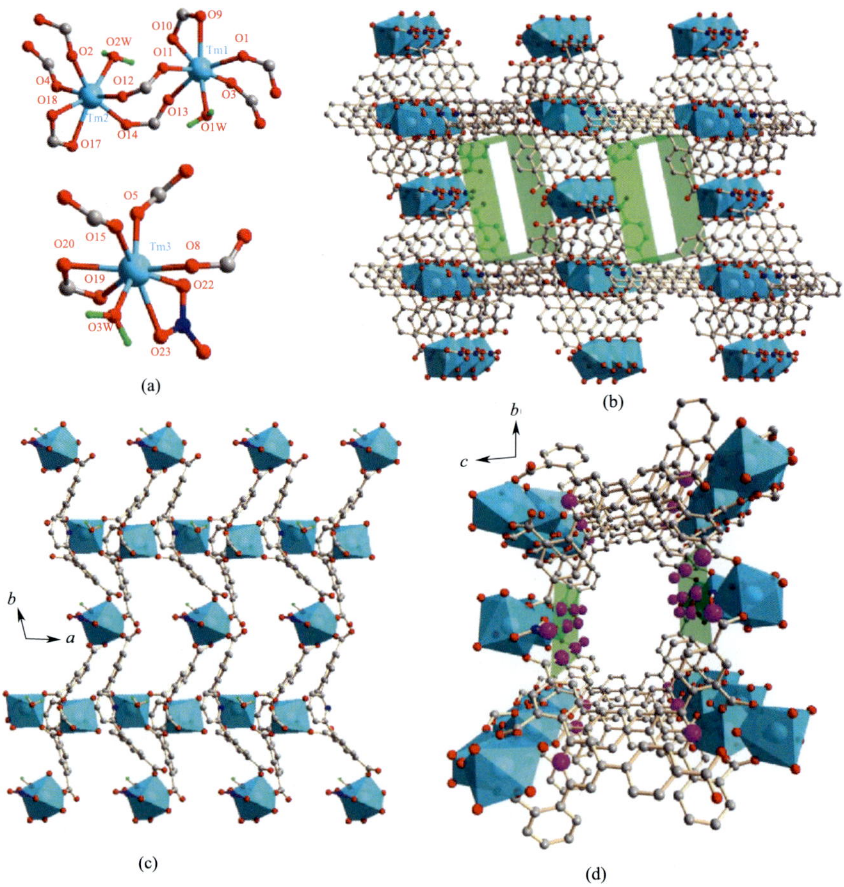

图 6-1 （a）$[Tm(1)Tm(2)(CO_2)_2(OH_2)_2]$SBUs 和$[Tm(CO_2)_4(NO_3)(OH_2)]$SBUs；（b） TIT-3 的 3D 双通道框架；（c）沿 c 轴方向观察的两种孔道的内表面环境；（d）通道 Ⅰ 的结构细节（紫色球= 潜在的 Lewis 基位点）

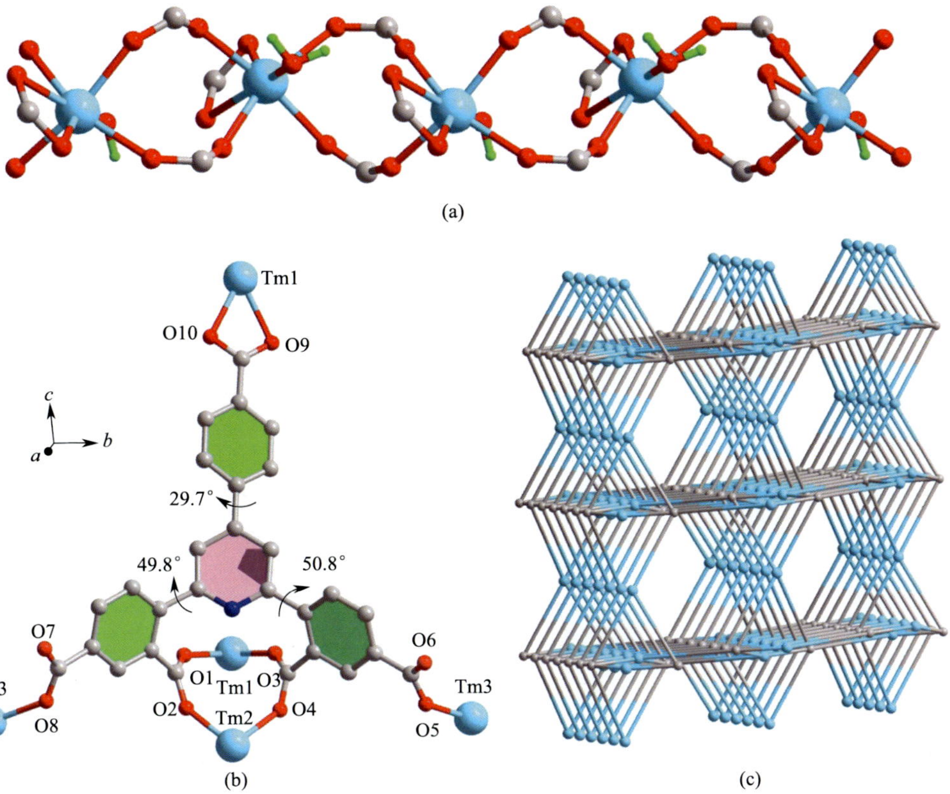

图 6-2 （a）$[Tm_2(CO_2)_8(OH_2)_2]_n$ 链状簇；

（b） TIT-3 中 $BDCP^{5-}$ 的配位模式；（c） TIT-3 的拓扑结构

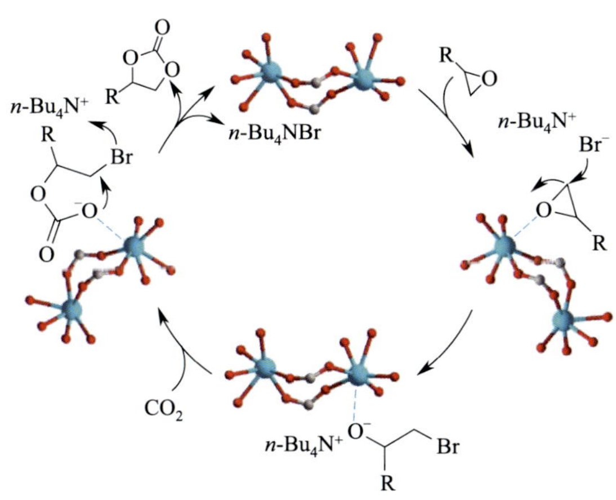

图 6-11 环氧化合物与 CO_2 的催化反应耦合机理

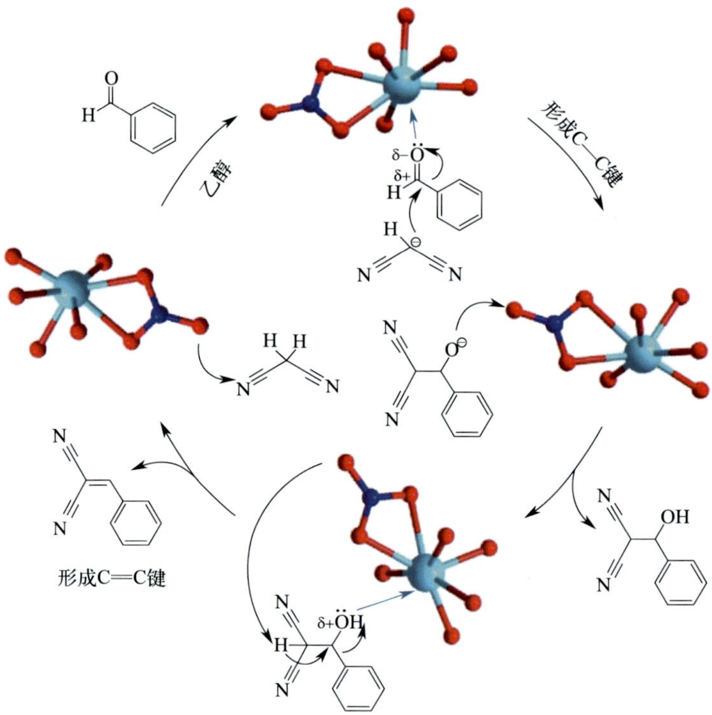

图 6-15　TIT-3 催化 Knoevenagel 缩合反应的反应机理

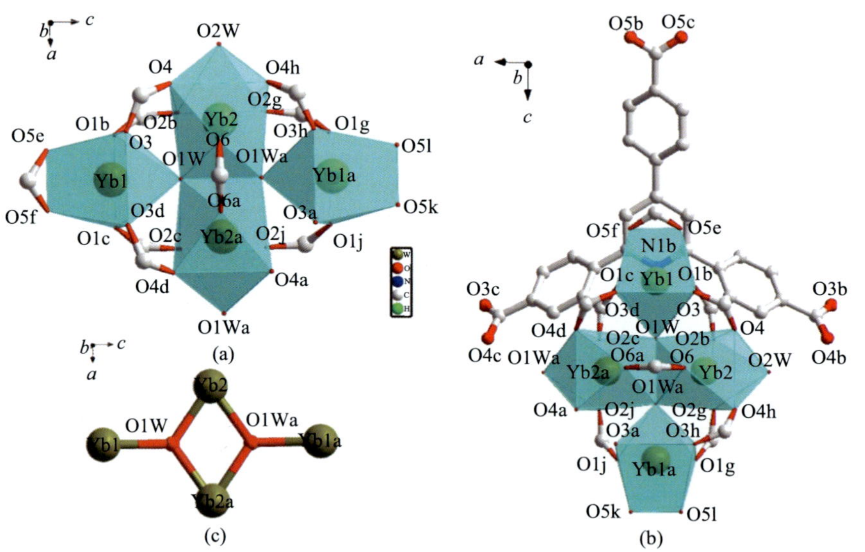

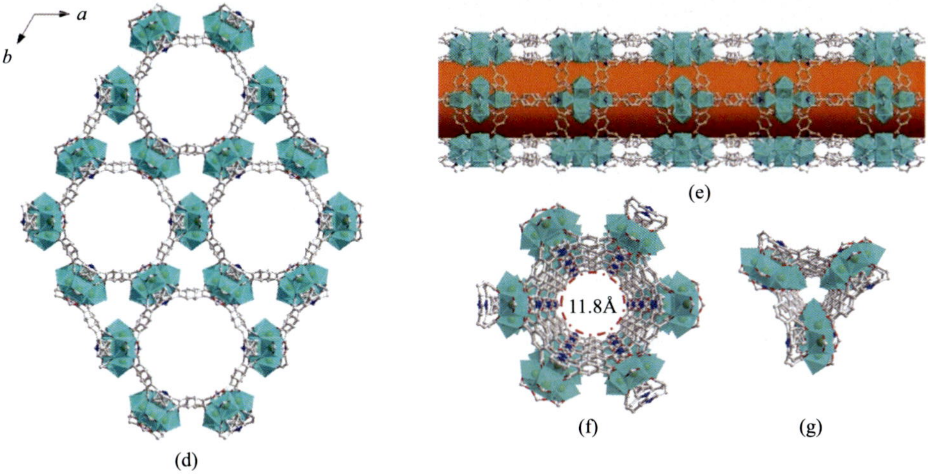

图 7-1　(a) 四核 $\{Yb_4^{III}\}$ 簇的配位模式；(b) H_5BDCP 配体的配位模式；(c) 氢氧化镱的结构；(d) 基于六方通道的 ZT-4 三维负离子结构；(e) 沿 [100] 方向的一维六边形通道视图；(f)、(g) [001] 方向的通道 (Ⅰ和Ⅱ) 视图

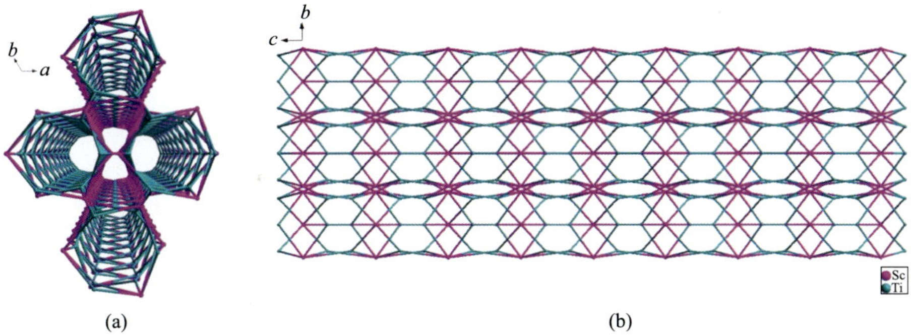

图 7-2　3D(4-c)$_2$(8-c)-双节 ScD0. 33 型网络，Schläfli 符号$\{4^6\}_2\{4^9.6^{18}.8\}$沿着[001] (a) 和[100] (b) 轴 (彩图中紫色为 H_5BDCP 配体，绿松石色为四核簇)

图 7-6　TIT-4 (a) 和 TIT-5 (b) 的 SEM-EDS 图像 (彩图中 C：红色；O：黄色；N：青色；Yb/Ho：紫色)

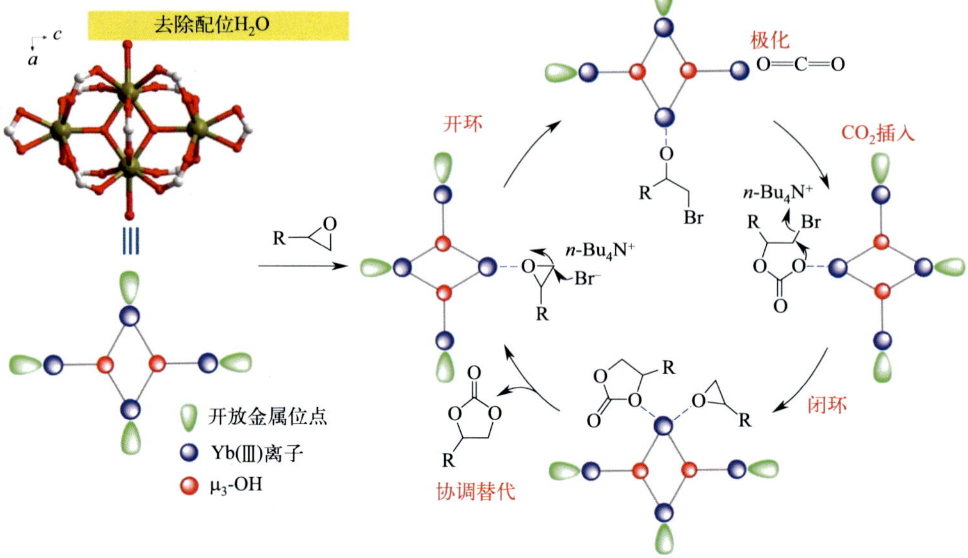

图 7-12　环氧化合物与 CO_2 的催化偶联反应机理

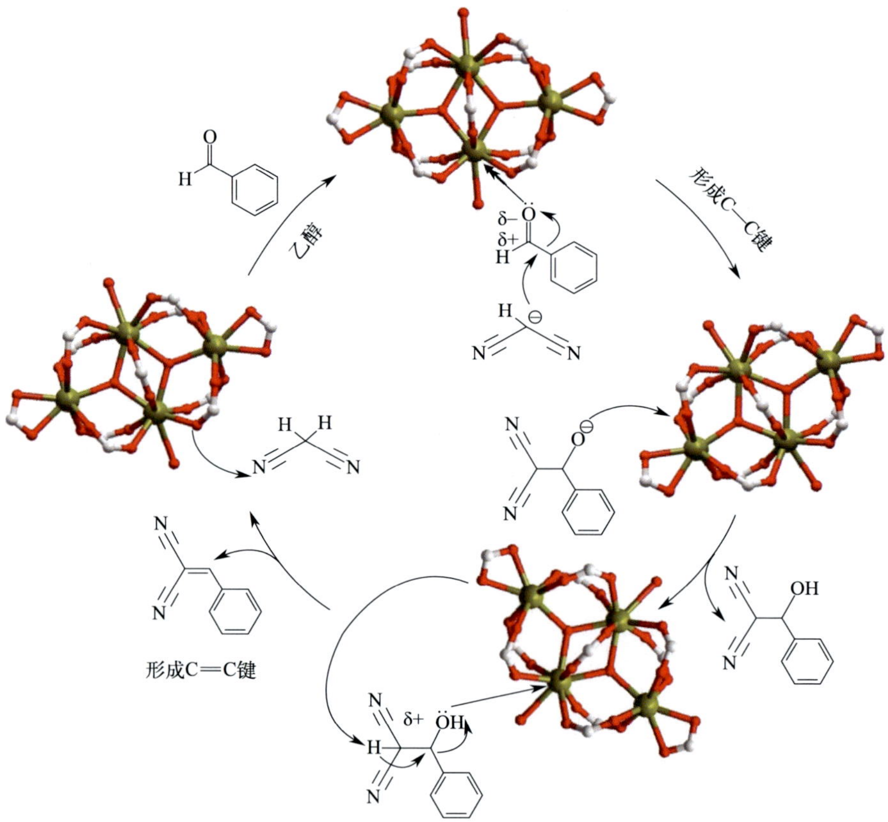

图 7-15　TIT-4 催化 Knoevenagel 缩合反应的反应机理